JN228172

Python による プログラミング

小林 郁夫・佐々木 晃 共著

はじめに

　本書は、情報系の大学1年後期のプログラミング副教材を土台にして執筆されました。

　大学1年の後期では、大学で初めてプログラミングを経験する学生でも、プログラミングとは何をどうすることなのかという入門的な部分は学習済みになります。本書ではその前提で次のステップに進むため、「入門の一歩先」を想定しました。

　本書は、入門 → 初級 → 中級 → 上級という流れを考えたときに、初級に位置づけられると考えています。入門ではないけれども、中級でもなく、「初級」という位置づけです。ゲーム作成というカジュアルなテーマを中心に、ときには「入門」や「中級」の領域にも、守備範囲をやや広げたような内容になりました。

　理論よりも実践的に「こういうアプローチをとると、こういうことが実現できます」という内容を意識しながら、副教材として作成しています。そのために「教科書」と呼ぶには理論的な部分がやや軽視されていないか、という疑問は、最後まで拭えていません。

　ただ、プログラミング言語は、それ自体は厳密な定義に基づいて構成されているものの、その使い方を学ぶことは英会話などと同様に「実用」を意識して技術として習得するという要素を色濃く持っていると考えます。これは企業などに採用されたプログラマの新人教育の場面では、より重要視される側面です。「理屈はいいから、とにかく動作させろ」という現場のニーズは、間違いなくあると思われます。これは英会話などで「文法的には多少間違っていてもいいから、とにかく正確に意思を伝えよう、話せるようになろう」というニーズに似ているとも考えます。これを考慮した結果、本書では読む側が「難しくて厄介だ」と感じるような要素は省き、多少厳密さが欠ける点には目をつぶりました。

こうした葛藤（迷走？）はありましたが、読者対象として本書は「入門編」を終えた情報系の大学1年後期、あるいは一般の大学2年生程度、企業で言えば「学校で多少はプログラミングを経験はしたけれど、自分で何かを作る自信はない」という新人の教育用テキストを想定したものに落ち着きました。

　さらに、入門編の部分をスキップして始まりますので、「Python 以外の言語の経験はあるけれども、Python は初めて」というプログラミング経験のある方にとっても、役立つものになればよい、という思いも込めました。新しい言語を覚えようとしたときに、変数とは何か、条件分岐とは何かなど、他の言語でも共通している概念を毎回ゼロから説明されるのはわずらわしい、Python の書き方だけ知りたいんだ、という方にも、選んでいただけたらと考えます。コラムなどでは、できるだけそうした方々に役立ちそうな話題を拾い上げました。

　とにかく本書では、「何を知っていれば、何ができるようになるか」を実践的に経験してもらうような作りを心がけました。そうした方々のお役に立てれば、嬉しいと考えています。

　本書の執筆に際し、大学の教材としての視点から有益な助言をくださいました法政大学情報科学部の伊藤克亘先生に感謝いたします。また、同大学大学院の橋場悠人さん、山能佑介さんの両名には、研究の合間をぬって、テキストのチェックのみならず、プログラムのデバッグまでしていただき、本当に助かりました。お礼を申し上げます。総務省統計局・統計研究研修所で統計講座の講師として社会人教育の経験があり、かつ「多少のプログラミング経験はあるが Python は初めて」という想定読者としての立場も満たし、細かい表現に至るまで目を通してチェックしてくださった小林の友人の高見朗君に深謝いたします。最後に、遅筆の両執筆者に対し、どちらにとっても初めてとなる本書の出版を、ただ忍耐強くご指導くださいましたオーム社の津久井靖彦様に、深く感謝の念を表させていただきます。

　2019 年 7 月

著者ら記す

目次

はじめに iii

第0章　プログラミングとは　　　　　　　　　　1

0.1 プログラミングとは 2
0.2 高級言語 6
0.3 コンパイラとインタープリタ 7
0.4 オブジェクト指向 8
0.5 計算資源 10
0.6 ファイルの実行や分割 10
0.7 GUI 環境 11

部の構成について 13

第1部　アクションゲームの作成演習　　　　15

第1章　Python の実行環境　　　　　　　　17

1.1 Python と IDLE 18
1.2 tkinter 23
1.3 図形の描画 24
1.4 数式の表現 34
1.5 まとめ / チェックリスト 41
　　　　　COLUMN モデルとモデリング 42

第2章　アニメーションの導入　　　　　　　45

2.1 ブロック崩しゲーム 46
2.2 ボールと壁の要件定義 47

2.3 まとめ / チェックリスト 63
　　　COLUMN　名前による色の指定 64

第3章　イベントによる対話的処理　　65

3.1 オブジェクトとメッセージング 66
3.2 イベントと状態 67
3.3 まとめ / チェックリスト 85
　　　COLUMN　Python の実行環境 86

第4章　プログラムの拡張　　89

4.1 衝突判定の落とし穴 90
4.2 終了条件と判定 93
4.3 ゲーム世界の拡張 98
4.4 内部状態の拡張 101
4.5 まとめ / チェックリスト 112
　　　COLUMN　コーディング規約 113

第2部　オブジェクト指向プログラミング演習　　115

第5章　クラスとモデリング　　117

5.1 モデリングとオブジェクト 118
5.2 クラス 119
5.3 属性 121
5.4 オブジェクトのメソッド 122
5.5 インスタンス 124
5.6 引数を取るメソッド 126
5.7 コンストラクタ 128
5.8 まとめ / チェックリスト 135
　　　COLUMN　C 言語の構造体 136

第6章　集約とポリモーフィズム　139

6.1　オブジェクト導入の準備.. 140
6.2　集約とコンポジション... 144
6.3　イベントハンドラメソッド.. 150
6.4　ポリモーフィズム.. 155
6.5　プロトコル.. 160
6.6　まとめ / チェックリスト... 163
　　　　COLUMN　import のふたつの書き方.............................164

第7章　継承、オーバーライド　167

7.1　ポリモーフィズムの応用.. 168
7.2　継承.. 172
7.3　メソッドのオーバーライドと super 関数........................... 175
7.4　まとめ / チェックリスト... 186
　　　　COLUMN　named arguments と positional arguments 187

第8章　リファクタリング　189

8.1　前半のまとめ.. 190
8.2　Python プログラムの書き方 191
8.3　初期化と設定方法.. 192
8.4　継承、コンポジションとカプセル化................................ 194
8.5　動きの制御.. 195
8.6　イベントハンドラの登録.. 198
8.7　ゲームの拡張.. 200
8.8　条件判定とループ処理.. 202
8.9　まとめ / チェックリスト... 205
　　　　COLUMN　クラス図..206

第3部　パズルゲームの作成演習　209

第9章　MVC による機能の分離　211

9.1　マインスイーパーの導入 212
9.2　状態のモデル化 213
9.3　モデル (状態の表現) 215
9.4　モデル (状態の変化) 219
9.5　ビュー(可視化) 221
9.6　コントローラ (操作) 225
9.7　MVC の分離 229
9.8　まとめ / チェックリスト 231
　　　　　　COLUMN　内包表記 232

第10章　モジュール化　235

10.1　「旗」機能の導入 236
10.2　ファイルの分割 240
10.3　全体のオブジェクト化 245
10.4　読みやすいコードを心がける 247
10.5　まとめ / チェックリスト 248

第11章　探索アルゴリズム　249

11.1　グラフ 250
11.2　幅優先探索 (Breadth First Search) 252
11.3　深さ優先探索 (Depth First Search) 255
11.4　キューとスタック 258
11.5　再帰呼び出し (Recursive Call) 260
11.6　まとめ / チェックリスト 264

第4部 ライブラリを利用したゲーム作成演習　267

第12章 ライブラリの利用　269

- **12.1** Pygame とは？ 270
  - COLUMN Pygame のリファレンスと、関連情報の取得 271
- **12.2** 初期化と簡単な描画 271
- **12.3** Surface 274
- **12.4** blit による画像合成と表示 275
- **12.5** Pygame のアニメーション 280
- **12.6** イベント処理 283
- **12.7** まとめ / チェックリスト 290
  - COLUMN pygame のリファレンスを読むポイント 291

第13章 スコープ、実体と参照　293

- **13.1** マウスイベントの処理 294
- **13.2** 変数の有効範囲（スコープ） 299
- **13.3** テキストの表示 300
- **13.4** 実体と参照 303
- **13.5** Deep Copy と Shallow Copy 305
- **13.6** 引数と参照 309
- **13.7** まとめ / チェックリスト 313
  - COLUMN 「値渡し」か「参照渡し」か 314

第14章 Sprite と Group　317

- **14.1** Sprite クラスを使用する準備 318
- **14.2** Sprite クラスの活用 324
- **14.3** Group クラスの活用 326
- **14.4** 仮想世界（ゲーム）のモデリング 331
- **14.5** まとめ / チェックリスト 332
  - COLUMN モデルとモデリング 333

第15章　風船割りゲーム　　335

15.1 風船割りゲームの世界.. 336
15.2 用語の定義.. 337
15.3 モデリング.. 338
15.4 状態遷移.. 345
15.5 アニメーション設定.. 350
15.6 アイテムデザイン.. 354
15.7 物理モデル.. 355
15.8 風船割りゲームの完成.. 358
15.9 まとめ.. 361

付録 A　エラー図鑑　　363

関連資料.. 375
索引.. 376

本書で使用した Python コードは、オーム社 Web サイト (https://www.ohmsha.co.jp/) からダウンロードできます。

注）・本ファイルは、本書をお買い求めになった方のみご利用いただけます。また、本ファイルの著作権は、本書の著作者である、小林郁夫氏と佐々木晃氏に帰属します。
・本ファイルを利用したことによる直接あるいは間接的な損害に関して、著作者およびオーム社はいっさいの責任を負いかねます。利用は利用者個人の責任において行ってください。

第 0 章

プログラミングとは

　本書は、「入門編の一歩先」の「初級」を目指します。プログラミングは完全に初めてという方には、聞いたこともない言葉、初めて目にする言葉がいきなり登場するかもしれません。そこで本章では、こういう考え方を背景にこの言葉を使っています、という予備知識を並べてみました。

　「入門編の復習」そして「初級編の予習」として、間にある「扉」を開くつもりで、駆け足でさっと読み進めてください。

0.1　プログラミングとは

そもそもプログラミングとは、何をすることでしょうか？

プログラミングとは、コンピュータに思い通りの動作をさせるための命令を書くことです。コンピュータは人間と違ってあいまいな指示は受け付けてくれません。いわゆる AI（人工知能）ですら、想定外の入力に対して適切な処理ができるとは限りません。一般的なプログラミングでは、一切のあいまいさを排除して論理構築を行います。

プログラミングの入門として、まず "Hello World!"（こんにちは、世界！）と画面に表示させるところから始めることがあります。この「画面に何かを表示する」ことができると、今度はコンピュータ内部の状態を表示できるようになります。プログラミングを学習する際に、処理の途中経過などを表示させて内部の状態を確認し、意図した動作になっているか見ながら進めることができるので、とても大切なはじめの一歩になります。

プログラミングでは、最初にどんな項目を学習していくことになるでしょうか？　基本要素としては、次のようなものが考えられます。

- 画面に文字列を表示する
- 「変数」を定義して、その「変数」に値を代入する
- 「変数どうし」で四則演算などの計算処理を行う
- 変数の値を表示する
- 「条件分岐」によって、処理を分岐させる
- 外部からの入力を受け付けて、入力によって処理を分岐する
- 「反復処理」を行う
- 「ブロック」の書き方など、基本的な文法構造を理解する
- 繰り返し実行される処理を、関数という形で定義する

これらの「はじめの一歩」は、新しい言語を学習する入門者が、まず必ず理解しなければならない部分です。言語によって固有の書き方があるため、文法につい

ての基礎的な知識が大半を占めます。これは、自動車の運転にたとえると、「アクセルを踏むと加速する」「ブレーキを踏むと減速する」「ハンドルを操作して方向を変える」という基本的な知識や操作から学習するのに似ています。あるいは、英語を学ぶ際に、日常的な挨拶や、基本的な文法から理解を進めるのに似ています。

それでは、入門編を済ませたらどうなるでしょうか？ 自動車の運転の場合、すぐに路上を走ることはできるでしょうか？ 英語の勉強の場合、英語で道順を聞いたり、仕事の上での指示を出したり、あるいは指示を聞き取って理解したりといったことはできるでしょうか？

自動車の運転であれば、交通ルールを覚えたり、車線変更をしたりと、次の段階で覚えることが出てきます。英語についても、多少込み入った文法を学んだり、状況に応じた様々な慣用句を覚えたりということが必要になってきます。

ここで、次の段階を考える前に、最終目標は何かを考えてみましょう。自動車の運転では、「どんな場所にでも、自分で車を運転して安全に行くことができる」ということでしょうか。英語の勉強の場合は、「相手が英語で話している内容をすべて聞き取れる」あるいは「自分が思ったことを何でも英語で表現できる」というあたりが最終目標になるでしょうか。

では、プログラミング学習の場合の最終目標は、何でしょうか。たとえば、次のような目標が考えられます。

- プログラムで実現したい機能を、プログラムの構造としてイメージし、プログラムを記述できる
- コンピュータが特定の処理を実行する際に、内部で何が起きているか説明できる
- プログラムで機能を実現するために必要な、コンピュータの資源量を見積もることができる
- 特定の機能を実現するのに、どの程度のプログラム量が必要か予想することができる

「資源」という言葉が登場しました。この言葉の説明は、**0.5 節**で扱います。

さらに上の目標もあるかもしれませんが、この最終目標まで到達できれば、通常はプログラミングで困ることは、ほぼなくなるでしょう。でも、たとえば英語の勉強で、「英語で何でも表現できる」という目標を立てると、励みにはなるか

もしれませんが、ゴールが遠すぎて途中で息切れしそうです。こんな「何でも来い」という目標を掲げて勉強すると、気が遠くなってしまいます。

そこで、最終的なゴールを意識しつつ、入門編から次に何を学んだらよいのかを考えてみましょう。

- ●【大目標】プログラムで実現したい機能を、プログラムの構造としてイメージし、プログラムを記述できる
  - ・ 様々な「状態」が、プログラムのどんな構造で表現できるか、試してみる
  - ・ 現実世界（物理モデル）を、プログラムでどう写し取るか、試してみる
- ●【大目標】コンピュータが特定の処理を実行する際に、内部で何が起きているか説明できる
  - ・ プログラムがコンピュータ内部でどう表現されるかを調べ、学ぶ
  - ・ 異なるライブラリによる実装を試みて、実装手法の違いから内部表現の理解を深める
- ●【大目標】プログラムで機能を実現するために必要な、コンピュータの資源量を見積もることができる
  - ・ 大量のデータを扱うときに、どんなプログラムを書くとどんな動作をするか試してみる
  - ・ アルゴリズムの違いで、実行時間やメモリ使用量がどう変わるかを考えて、試す
- ●【大目標】特定の機能を実現するのに、どの程度のプログラム量が必要か予想することができる
  - ・ 種類の異なる様々なプログラムを書いてみて、経験値を高める
  - ・ ライブラリなど、言語をサポートする様々な機能モジュールを多く知り、試す

本書で想定しているのは、この「入門の次の部分」です。

入門の次とは、「実現したい機能が提示されたときに、どのようにその機能を実現するか」という部分になると、私たちは考えます。

「プログラムをどう書くと何ができるか」、逆の見方をするならば、「あるものを実現するにはプログラムをどのように書けばよいか」という、文法とは異なる表現についての学習が必要になります。そのためには、自動車の運転練習で様々な道路を走ったり、英語の勉強で多くの表現を学んだりするのと同様に、たくさ

んの例題に触れることが大切だと考えました。

　ここで扱う例題の素材として、本書ではゲームを扱うことにしました。より実用的な、目標を具体化する素材として、特定のビジネス対応のロジック構築の例題を示すことも考えられますが、それでは興味を持って学べる方が限られてしまいます。そのため、より多くの方が興味を持てそうな素材にすることにしました。導入したい概念によっては、かなり強引にゲーム世界に持ち込んだものもありますが、その点は目をつぶっていただけたらと思います。

　また本書では、より高度な知識なども実践的に理解できるようになっています。たとえば、第13章で紹介する「Deep Copy」や「Shallow Copy」などは、知らない場合は誤動作しかねないプログラムを書くことになります。「参照渡し」や「値渡し」などと言われる変数受け渡しの方法などについても、より実践的にプログラミングを学習する上では必要となる知識です（これも第13章で紹介します）。

　ここで、次の質問に Yes/No で答えてもらえますか？

1. プログラミング言語とは、コンピュータと人間の両方が理解できる言語です
2. Python では、中括弧 {} で囲んだ部分をブロックと呼びます
3. Python では、インデント（段下げ）でブロックを表現します
4. if 文や else 文では、条件によって実行される部分が異なります
5. for 文では、特定の条件式が true となる間、反復処理を行います
6. 「君の書くプログラムは、スパゲッティだね」は、褒め言葉です

　この6問に即答して、5問は正解を出してほしいところです[1]。大まかな目安として、正解が3問以下の人は、本書を読む前に入門編を学習していただけたらと思います。

---

[1]　正解は、1：Yes、2：No、3：Yes、4：Yes、5：No、6：No です。
　（2問目）中括弧でブロックを表現するのは C、Java、PHP などです。
　（5問目）特定の条件を満たしてる間反復するのは、while 文です。
　（6問目）ちょっと冗談っぽいセリフですが、「スパゲッティ」とは、構造化されていないために論理のつながりが読みにくく、どことどこが関連してつながっているかまるでわからない、出来の悪いプログラムのことです。

0.2　高級言語

　今さらというお話ですが、Python はプログラミング言語です。そして、Python は高級言語です。高級言語って何？　低級言語の方は機械語など人間にとって理解しにくい言語を指し、人工言語のうち、機械語よりも人間の使う言葉に近いものを高級言語と称しています。ここでは自然言語と機械語を対比してみましょう。

　自然言語は、たとえば日本語、英語、中国語など、人間が使う言葉です。文法というルールはありますが、必ずしも文法的ではない表現であっても、聞き手が理解できれば会話は成立します。このように人間どうしの会話に使用されるのが自然言語です。

　機械語は、最終的には 0 か 1 かの 2 進数に置き換えられて、CPU で直接実行される実行プログラムのことです。この実行プログラムは、Windows や macOS などのオペレーティングシステムが、実行プログラムを読み込んで CPU に実行させ、その結果を受け取ったら画面やファイルに出力する、という形で処理されていきます。2 進数（バイナリ）表現は機械語という「言語」ではありますが、2 進数や、それをまとめた 16 進数の連続であり、一般的には、人間にとって読みやすいものではありません。

　そこで、人間が機械語を記述する際、なるべく人間の思考に近い形で記述できるように、かつ、コンピュータが理解できる機械語に置き換えやすいように設計された人工言語が工夫されました。それが**高級言語**と呼ばれるプログラミング言語です。古くは Fortran、COBOL、BASIC などが多く使われ、その後、C、C++、Java、PHP、Python、Ruby など、多くの言語が考案されるようになりました。

　いずれの言語も、より人間の思考に近い形で記述できるように、様々な工夫が行われています。また、言語の仕様が改定され刷新されるたびに、よりコンパクトなプログラム表現で機能を実現できるように進化を続けています。

0.3 コンパイラとインタープリタ

人工言語を翻訳して機械語に処理する道具（言語環境などと言います）は、大きく2種類あります。逐次実行するインタープリタと、一気に翻訳して機械語に置き換えるコンパイラです。コンパイラで処理された機械語プログラムは、一般的にはリンカ（連結編集プログラム）を通して「実行可能なファイル」に変換されます。

それぞれに長所・短所がありますが、簡単にまとめると**表0.1**のようになります。

表0.1 コンパイラとインタープリタ

項目	インタープリタ	コンパイラ
実行速度	遅い	速い
エラー	エラーがある場所までは実行可能	ひとつでもあると実行不可
配布時ソース	読める	読めない

この表を見ると、インタープリタ環境はプログラムを少しずつ作りながらテストランさせて、その結果を確認しながら作業を進めるような場合に適していることがわかります。コンパイラ環境は、綿密に設計通りにプログラムを書き上げて、コンパイルエラーを修正しながら完成させ、ソースコード[2]を他者に見せることなく、実行プログラムだけをユーザに使ってもらうような場面で利用します。プログラミングのノウハウを外部に見せずに[3]、完成した機械語だけを提供するようなビジネス向けです。

Pythonにはインタープリタ環境がありますが、py2exe（Windows）やpy2app（macOS）を使えば実行環境に合わせてコンパイルして配布することもできます。インタープリタ環境で、人間の思考速度に合わせながら何度も修正・実行して完成させたプログラムを、コンパイルして配布する、ということも可能です。

【2】 人間が書いた、いわゆるプログラムです。

【3】 機械語から等価なソースコードを逆生成してソースコードを知る、リバースエンジニアリングと呼ばれる方法もあるため、完璧にノウハウを隠すことはできません。

　本書では、読者の皆さんは「学習中」という前提ですので、インタープリタ環境を使います。このインタープリタ環境の設定は、第1章の**実習課題 1.1** で行います。

<table><tr><td>0.4</td></tr></table>

0.4　オブジェクト指向

　さて、Python の特徴のひとつに、オブジェクト指向言語であることが挙げられます。

　オブジェクト指向のプログラミングでは、個々のデータを対象に処理を行う従来型のプログラミングとは異なり、いくつかのデータを元に作成する「オブジェクト」（対象とかモノと考えてください）を最初に定義します。また、それらのオブジェクトがどのような属性値を持つか、あるいは、それらのオブジェクトにどのような動作をさせるか、などを漠然と（抽象的に）定義しておきます。そして、その「オブジェクト」の具体的な「実体」（インスタンス）を定義して扱います。

　オブジェクト指向の考え方では、「オブジェクトにどのような動作をさせるか」を最初に決めます。外から「データ（オブジェクト）に対して処理を行う」というよりも、そのオブジェクト自身のインスタンス（実体）に、主体的に「行動」させていきます。このようなオブジェクトの動作記述を「メソッド」と呼びます。

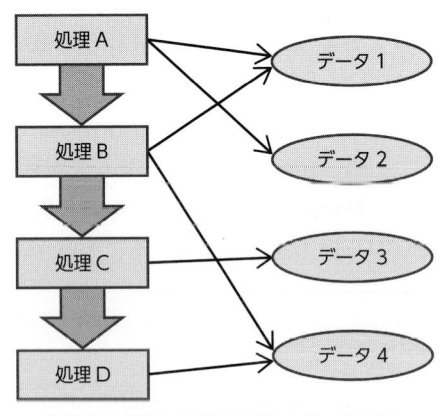

図 0.1　手続き型言語におけるデータの扱い

　図0.1で示すように、従来型の言語（手続き型言語）では、個々のデータに対して処理が行われるため、データは特定の処理に関連付けられていません。それに対してオブジェクト指向のプログラムでは、**図0.2**のように、先に定義された個々のオブジェクトがそのデータ（属性）や処理（メソッド）を内包しており、プログラム全体としては、オブジェクトの実体（インスタンス）を生成し、インスタンス自身にデータ（属性値）を処理させる形になります。

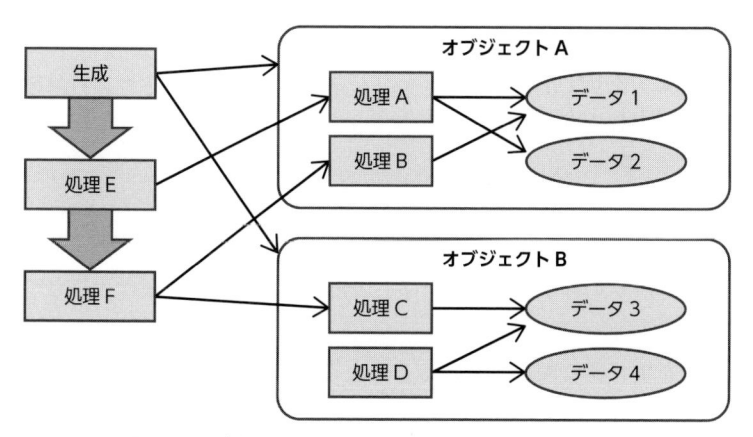

図0.2　オブジェクト指向のプログラムにおけるデータの扱い

　「オブジェクト」を抽象的に定義する際には、複数のオブジェクトを階層的に定義する考え方も学びます。たとえば、「ヒト」は「哺乳類」で「動物」です。「ネコ」も「哺乳類」で「動物」です。「トカゲ」は「爬虫類」で「動物」です。いずれも「動物」として共通の項目、たとえば「目」があり「口」があるといった特徴があります。また、「食べる」とか「移動する」などは「動物」の共通の動作として定義できます。さらにヒトとネコには、「哺乳類」として、卵ではなく子供を産むという共通の性質もあります。共通の性質があるものは「共通」に定義することで、考え方がスッキリとする場合があります。本書では、オブジェクト指向の特徴や考え方を活かして設計・コーディングを進める方法についても、解説を試みました。

0.5　計算資源

　プログラミングを学んだ最終目標のひとつに、「必要なコンピュータの資源量を見積もる」ということを挙げていました。

　「資源を大切に」と言うと、石油を使いすぎないようにしましょうとか、水を汚さないようにしましょうとか、そんなことがコンピュータに関係あるの？というお話になりそうですが、そうではありません。コンピュータの世界で「資源」と言う場合は、メモリ容量やファイルの大きさなど、コンピュータ自身が持っている性能をどの程度使うかという、コンピュータ自身に関係したものを指します。

　最近のコンピュータは、複数のコア（計算を実行する本体部分）を持っていて、複数のプログラムを、コアを100%占有するのではなくシェア（共有）しながら実行することが多くあります。このコアの占有率なども計算資源のひとつと考えられます。

　同じ機能を実行する際に、できることならば無駄をなくして、原則としては、使用するメモリも、コアの占有率も、ハードディスクなどへのファイルの書き出しも、必要最小限で済ませるように考えます。原則でない場合とは、とにかくスピード最優先で、応答時間が最短となるように設計する場合です。そうした場合には、「資源の節約」の優先度が低くなることもあります。

0.6　ファイルの実行や分割

　プログラムは、ひとまとまりの機能を持ったものをファイルとして保存します。本書の学習では、プログラムをテキスト入力しながら、課題ごとにファイルを作成して保存し、実行結果を確認していきます。

　最初は、ひとつのファイルにすべての機能を書き込む形で例題を進めていきます。そして、オブジェクト指向の「クラス」の概念に馴染んできたら、クラス

を独立したファイルにして保存し、後から利用しやすいように[4]コンポーネント（component）化していくというアプローチをとっていきます。

Don't Repeat Yourself

DRY という言葉を覚えてください。「Don't Repeat Yourself」の頭文字を取った言葉です。ちょっと長いプログラムを書こうと思うと、ついつい、以前書いたプログラムの一部分をコピー＆ペーストしてしまい、同じような記述があちこちに存在する、という状況になりがちです。内容的に同じ機能を持つものは、関数やメソッドとして独立させる、あるいはモジュール化していき、「手間を惜しまない」ことが大切です。最初にその手間を惜しまずに書いておくと、後から自分を助けることになります。

ファイルを分割するときには、内容についてしっかりと考えて、様々な部品を作り、本体プログラムのファイルはそれらの部品を呼び出しているだけ、という形にまとまると、読みやすいプログラムになります。

また、ファイル名（クラス名、モジュール名）をつける際には、わかりやすい名前をつけることが大切です。特に、複数の人が作業をする場合には、名前の付け方のルールを決めている場合もあります。最初から意識して進めていきましょう。

0.7 GUI 環境

GUI とは、グラフィカル・ユーザ・インタフェース（Graphical User Interface）の略です。いわゆる Window[5]のような画像的な表示領域にデータやメニューを表示し、その画面上でマウスを操作してアイコンをクリックしたり、あるいは、Window 内のテキスト入力領域でキー入力したりすることで、コンピュータを操

【4】 再利用可能性のことをリユーザビリティ（reusability）と呼びます。

【5】 Microsoft 社の Windows という OS では、アプリケーションやファイルごとに Window を表示して操作しますが、Window は Microsoft だけのものではありません。macOS や Linux でも、Window System が一般的になっています。

作します。現在一般的に使われている OS のインタフェースは、ほとんどが GUI です。

　Python で利用可能な GUI 用のモジュール[6] のひとつに、tkinter があります。本書では、他にも例題として turtle（タートルグラフィックス）を扱い、第 12 章以降では Pygame を扱います。

　また、本書におけるプログラムの操作では、IDLE という Python の統合開発環境が提供する学習用の GUI 環境を使うことを前提とし、それに合わせたプログラムを示しています。このため、直接コマンドラインで操作する際に必要になる記述は省略しています。この点に注意すれば、コマンドラインの操作に慣れている方は、IDLE を使わずにプログラムを実行しても一向に支障はありません。

　動作可能なバージョンの組み合わせの確認は、ちょっと厄介です。「最新バージョン」の組み合わせで試す際には、ネット検索などで読者の方ご自身に確認していただく必要も出てきます。IDLE と Pygame などのバージョンの組み合わせについては、ご自身で調べるか、それが面倒な場合には、本書で採用しているバージョンの組み合わせで実行してください[7]。

　Python という言語における入門編の次のステップとして、オブジェクト指向の考え方をどのように活かせば「機能を実現できるか」というプログラミングの表現方法を、本書を通じて学んでいただければ幸いです。

【6】 Python では、ライブラリではなくモジュールと呼び、import して使います。言語によって include したり、require したり、use したり、混乱しますね。でも Python では import です。

【7】 稀に、モジュールのバージョンが変わると、動作結果も変わってしまう場合があります。

部の構成について

第1部　アクションゲームの作成演習

　第1章から第4章では、ブロック崩しゲームを題材にアクションゲームの完成を目指します。ここでは、Python の復習をしつつ、静止画の描画方法から始めて、ゲームの特徴でもあるアニメーション処理の方法を学びます。さらに、キーボードやマウスからの入力などのイベントをリアルタイムに受け付けて処理をするプログラミングを見ていきます。

　アニメーションとイベント処理の両方を組み合わせることで、何か操作をすると画面に変化がリアルタイムに反映されるという、アクションゲームの基本となるリアルタイムのインタラクティブな処理が実現できます。

第2部　オブジェクト指向プログラミング演習

　第5章から第8章では、近代のプログラミング言語では欠かせない、オブジェクト指向機構を用いたプログラミングを学びます。複雑なプログラムを作る場合、そのプログラムで解決したい問題を「モデル（模型）」で表します。そのモデルをプログラムに焼き直していくときに便利な手段が、オブジェクト指向プログラミングです。

　まず、オブジェクト指向プログラミングの基本的な道具立てである、クラス、オブジェクト、メソッドについて学びます。次に、オブジェクト指向の機能である、クラスの継承、集約、ポリモーフィズム、プロトコル、オーバーライドなどを順に学び、オブジェクト指向プログラミングならではの設計方法を導入します。最終的には、第1部で作成したブロック崩しゲームをオブジェクト指向プログラミングで完成させます。

第3部 パズルゲームの作成演習

第9章から第11章では、マインスイーパーというゲームを題材にして、パズルゲームの完成を目指します。複雑なプログラムを作っていく上では、ソフトウェアをアーキテクチャ（建築物）として見なす方法が有用です。ここでは、MVC（モデル・ビュー・コントローラ）という古典的なソフトウェアアーキテクチャを学びます。また、パズル的な問題をプログラミングするために、離散数学で学ぶグラフ探索アルゴリズムを応用します。

第4部 ライブラリを利用したゲーム作成演習

第12章から第15章では、Pygame というゲーム作成に特化したグラフィックス・ライブラリを利用し、ゲームを作成することを目標とします。

第3部まではインタラクティブなプログラミングを行うための汎用的な GUI ライブラリである tkinter を利用します。一方で、ここで使う Pygame はゲームを作ることを専門に道具立てを揃えたライブラリです。ライブラリを適切に用いると、すでに備えられた便利な機能を組み合わせて、作りたいプログラムをわかりやすく簡単に作ることができます。

また、変数のスコープ、オブジェクトの実体と参照という、複雑なプログラムを扱う上で知るべき「言語の実装」に関する話題も扱います。

最後に、本書の集大成として、少し大がかりなアクションゲームを完成させます。ここでは、何もないゼロの状態からプログラムを設計します。ゲームの仕様書を用意し、それをもとにプログラムを実現していきますが、そのアプローチや、考え方などに触れてください。

付録

付録として、プログラミング経験の浅い人が陥りやすいエラーの、原因や対策をまとめてみました。授業で毎年繰り返される FAQ のいくつかを扱ったものです。

第1部

アクションゲームの作成演習

第1章
Python の実行環境

第2章
アニメーションの導入

第3章
イベントによる対話的処理

第4章
プログラムの拡張

第1章

Python の実行環境

　Python はプログラミング言語です。一般的な Windows の PC では、Python の実行環境は標準でインストールされていません。

　そこで、まずお使いのコンピュータに Python をインストールするところから始めましょう。インストールできたことを確認し、以降のプログラム課題を実行できることを確認するために、いくつかの課題を設定したので、インストールできたら挑戦してください。

1.1　Python と IDLE

実習課題 1.1　**IDLE 環境の確認**

　Windows の場合は Windows メニュー（**図 1.1**）から Python 3.x を起動させてください。

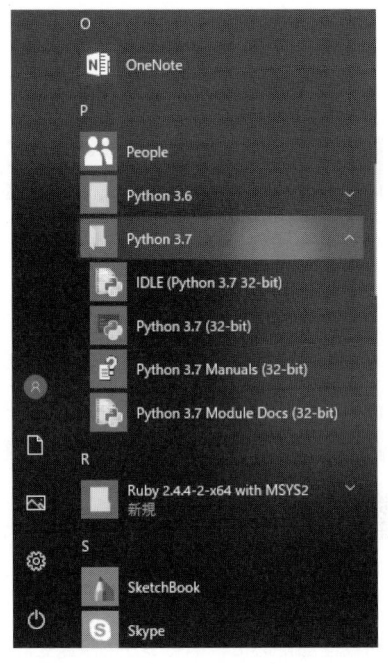

図 1.1　Windows のスタートメニュー

　Windows 環境では、スタートメニューに Python 3.x の項目があればインストール済みです。スタートメニューから IDLE を選択すると、Python Shell が表示されます。表示されたなら、準備 OK です。

　macOS の場合は「ターミナル」（**図 1.2** のアイコン）を起動します。Linux の方は、「Terminal」（**図 1.3** のアイコン）を開いてください。

図 **1.2** macOS ターミナルのアイコン

図 **1.3** Linux ターミナルのアイコン

macOS 環境や Linux 環境の場合、コマンド実行の環境で、

```
> python --version
```

と入力してみてください。

```
Python 3.7.2
```

などと表示されたなら、Python はインストール済みです。なお、本書では原則として Python 3.7 以上の環境を前提とします。同様に、小文字のコマンドで

```
> idle
```

と入力して Python Shell が表示されたなら、idle が実行可能です。idle が起動すると図 **1.4** のようなウィンドウが表示されます。表示されたら準備 OK です。

```
Python 3.7.2 (v3.7.2:9a3ffc0492, Dec 24 2018, 02:44:43)
[Clang 6.0 (clang-600.0.57)] on darwin
Type "help", "copyright", "credits" or "license()" for more information.
>>>
```

図 **1.4** idle のポップアップウィンドウ

　Windows のスタートメニューでは IDLE と大文字で表示されていますが、コマンドライン入力では idle と小文字になることに注意してください。

　新しくプログラムを書くときは、**図 1.5** のように IDLE のメニューバーで「File」から「New File」を選びます。

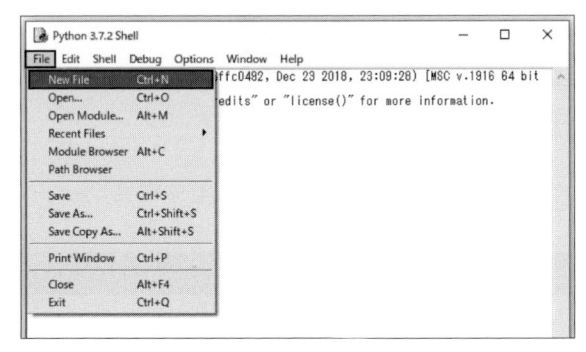

図 1.5　IDLE でプログラムを新規作成

すると、**図 1.6** のような編集用のウィンドウが開きます。

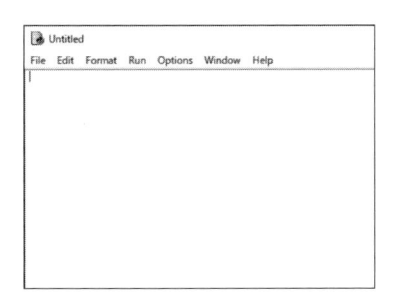

図 1.6　Python プログラムのファイルウィンドウ

　図 1.6 のメニューバーの「Run」でプログラムを実行することができます。Python Shell には「Run」というメニューはなく、プログラムファイルを開いたファイルウィンドウにのみ「Run」のメニューがあるので注意してください。

　保存済みのファイルを開く場合は、**図 1.7** のようにメニューバーで「File」から「Open」を選びます。

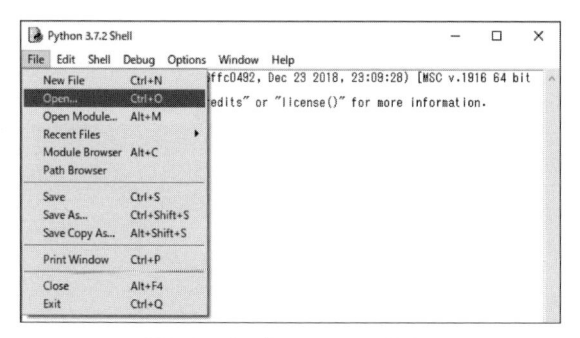

図 1.7　プログラムファイルを開く

　ファイルを選択するダイアログが開くので、保存したディレクトリから編集したいファイルを選びます（図 1.8）。

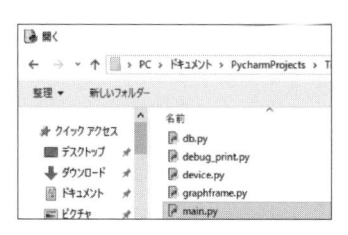

図 1.8　ファイルを選んで開く

　それでは、Windows 環境でスタートメニューに Python が表示されていない場合、あるいは、macOS、Linux 環境で python コマンドや idle コマンドが実行できなかった場合は、どうしましょうか。

　Python のパッケージは、図 1.9 のサイトからダウンロード可能です。Python のダウンロードサイトの URL は https://www.python.org/downloads/[1] です。

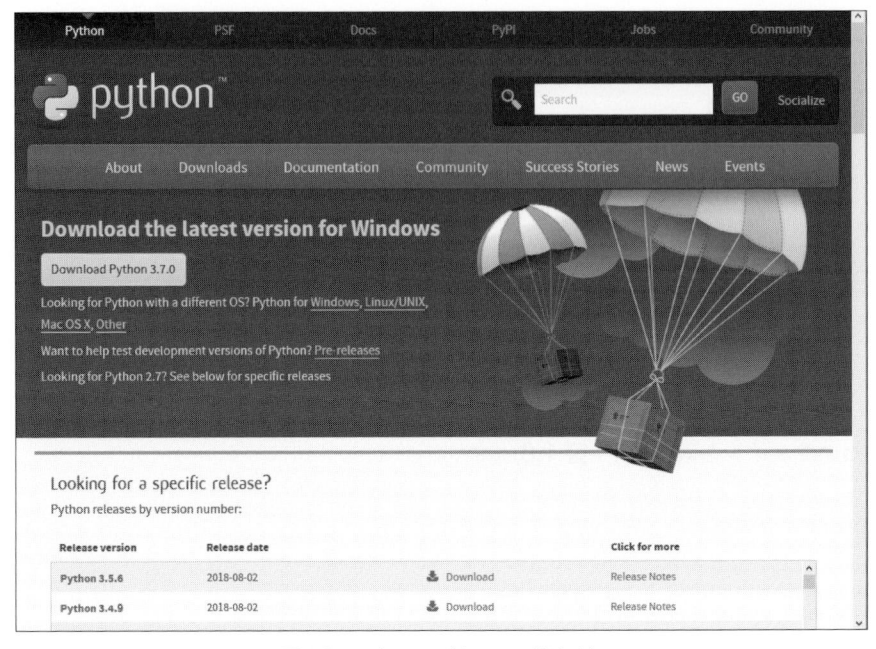

図 1.9　Python のダウンロードサイト

　この画面から、お使いの OS 用の Python をダウンロードしてインストールし
てください。

　本書執筆時に動作確認したのは、**Python 3.7.2** です。dataclass モジュール
は Python 3.7 以降で利用可能ですが、問題があった際、検索などしても問題が
解決しなかったときには、Python のバージョンを下げるという対応策がとられ
る場合もあります。

1.2 tkinter

実習課題 1.2 tkinter の確認

　tkinter はグラフィックスやキーボード・マウス入力を扱うモジュール（機能群）です。**図 1.4** の IDLE 画面で

```
import tkinter
```

と入力してください。成功した場合には、**図 1.10** のように、次の入力受付のプロンプトが表示されます。

```
>>> import tkinter
>>> |
```

図 1.10　tkinter の import 成功

　一方、tkinter の組み込み（インポート）ができないと、**図 1.11** のように

```
ImportError: No module named tkinter
```

というエラーが表示されます。

```
>>> import tkinter

Traceback (most recent call last):
  File "<pyshell#1>", line 1, in <module>
    import tkinter
ImportError: No module named tkinter
>>>
```

図 1.11　tkinter の import 失敗

　tkinter のインポートができなかった場合の対処については、エラー図鑑 1 の内容を参照してください。

やっと準備が完了しました。さあ、いよいよプログラミングを始めましょう！

1.3 図形の描画

例題 1.1 プログラムの試作（プロトタイピング）

(1) tkinter の Canvas を利用して、**図 1.12** のような「家」を描け。

図 1.12 例題 1.1 「家」

リスト 1.1 01-house-11.py

```
 1  # Python によるプログラミング：第 1 章
 2  #    例題 1.1 「家」
 3  # -------------------------
 4  # プログラム名: 01-house-11.py
 5
 6  from tkinter import *
 7
 8  tk=Tk()
 9  canvas = Canvas(tk, width=500, height=400, bd=0)
10  canvas.pack()
11
12  canvas.create_polygon(100, 100, 0, 200, 200, 200,
13                        outline="red", fill="red")
```

```
14   canvas.create_rectangle(0, 200, 200, 300,
15                           outline="gray", fill="gray")
```

　最初にモジュールのインポートや Canvas の初期化を記し、個々の関数の引数に直接パラメータを書き記して、絵が描けることを確認します。

　また、プログラムを走らせる手順を確認してください。IDLE の Python Shell を起動して「家」の絵が表示されることを確認してください。先頭の 4 行にはコメントとしてプログラムの説明を書きました。これを書いておくと、後で困ることが少なくなります。

　なお、**リスト 1.1** では各パラメータに具体的な値を指定していますが、実際に動作を確認するときには、これらの値を色々と変更して、どのように描画が変化するか確認してみてください。これは以降のプログラムについても同様です。

---

(2) 異なる外観を持つ家を横に並べて描画することを考える。

　　(a) まず、家を Canvas に描画する draw_house_at 関数を作成し、これを利用して**リスト 1.1** と同じ動作をするプログラムを作成せよ。

リスト 1.2　01-house-12.py

```
 1   # Python によるプログラミング：第 1 章
 2   #    例題 1.1 draw_house_at 関数を作成
 3   # ---------------------------
 4   # プログラム名: 01-house-12.py
 5
 6   from tkinter import *
 7
 8   def draw_house_at(x, y, w, h, roof_color, wall_color):
 9       rtop_x = x + w/2    # 家根のtop x
10       wtop_y = y + h/2    # 壁のtop y
11       bottom_x = x + w    # 家のbottom x
12       bottom_y = y + h    # 家のbottom y
13       # 三角形で家根を描く（ みっつの点の座標を指定する ）
14       canvas.create_polygon(rtop_x, y,      # 頂点
15                             x, wtop_y,      # 左下
16                             x + w, wtop_y,  # 右下
```

```
17                            outline=roof_color, fill=roof_color)
18      # 四角形で家を描く（ 左上と右下の座標を指定する ）
19      canvas.create_rectangle(x, wtop_y, bottom_x, bottom_y,
20                            outline=wall_color, fill=wall_color)
21
22  tk=Tk()
23  canvas = Canvas(tk, width=500, height=400, bd=0)
24  canvas.pack()
25
26  draw_house_at(0, 100, 200, 200, "red", "gray")
```

　このプログラム[1] では、家の外壁の高さを、屋根までの高さ（height）の半分
としています。

　ここでは、draw_house_at 関数を作成して、「家」の描画に必要なパラメータの
一覧を抜き出します。描画に必要なパラメータは、関数への引数として記述され
ます。ここでは、どこに「家」を描くか（x、y）、家の幅と高さ（w、h）、そして屋
根の色（roof_color）と壁の色（wall_color）が引数となっています。それらの値
から、図形描画に必要なパラメータを計算し、関数の中で図形描画を実行してい
ます。

　この関数を定義した結果、「（ここに、こんな）家を描く」というひとかたまり
の動作を実現するには、ひとつの関数を呼び出すだけでよい、ということになり
ます。

> **(b)** (a) を利用して、同じ外観の家を 4 軒横に並べて表示させよ。

リスト 1.3　01-house-13.py（変更部分のみ）

```
x0 = 0
W = 100
H = 150
PAD = 10
for x in range(4):
```

【1】 コーディング規約に従い、原則として演算子の前後に空白を入れています。ただし本書では、四則演
　　算で定数を乗除している部分には空白を入れない形式を採用しました。

```
    draw_house_at(x0, 50, W, H, "red", "gray")
    x0 += W + PAD
```

　本書では、あるベースとなる小さめのプログラムから始めて、変更を加えてい
く形[2]で、目的とするプログラムに近づけていきます。**リスト1.3**ではプログラ
ムの変更部分のみ記しましたが、**リスト1.2**のどの部分を書き換えればよいか、
工夫して実行してみましょう。

　for文は学習済みですね？　**リスト1.3**では、xの値をrange(4)（リストで、
[0,1,2,3]を返します）の要素に順次設定し、x = 0、x = 1、x = 2、x = 3と値を
変えながら4回処理を実行します。

(c) 図1.13のように、異なる外観を持つ家を横に並べて描画せよ。ただし、デ
　　ザインは各自がアレンジして構わない。

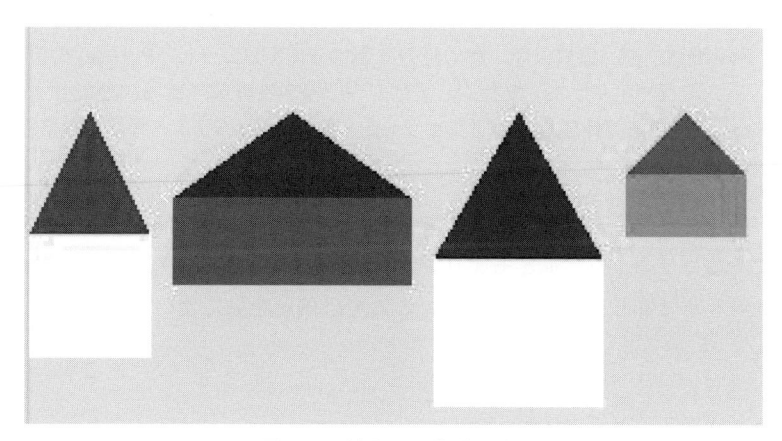

図1.13　例題1.1　「4軒の家」

リスト1.4　01-house-14.py（変更部分のみ）

```
canvas = Canvas(tk, width=500, height=400, bd=0, bg="whitesmoke")
    ...
```

【2】特に断りがなければ、直前にリストされたプログラムをベースとします。

```
x = 0
y = 100
PAD = 10
draw_house_at(x, y, 50, 100, "green", "white")
x = x + 50 + PAD
draw_house_at(x, y, 100, 70, "blue", "gray")
x = x + 100 + PAD
draw_house_at(x, y, 70, 120, "blue", "white")
x = x + 70 + PAD
draw_house_at(x, y, 50, 50, "red", "orange")
```

　こんな風な家を並べてみたい、というイメージに一致したものが描けるか、試してみましょう。パラメータを変えながら、関数呼び出しを反復します。

例題 1.2　処理の抽象化

> (1) 家を高さ、幅、屋根の色、壁の色の 4 属性でモデリングし、Python のデータクラス (@dataclass) を利用してオブジェクトを作成できるようにせよ。以下、この方法で作成したオブジェクトを「家オブジェクト」と呼ぶことにする。

　モデリングという言葉がここで登場しました。モデリングについては、本章の章末にあるコラム「モデルとモデリング」を参照してください。@dataclass については第 5 章で詳しく説明しますが、ここでは例題を見て使い方を覚えてください。

リスト 1.5　01-house-2.py (変更部分のみ)

```
# Pythonによるプログラミング：第1章
#    例題 1.2   「家」の抽象化
# ------------------------------
# プログラム名: 01-house-2.py

from tkinter import *
from dataclasses import dataclass
```

```
@dataclass
class House:
    w: int
    h: int
    roof_color: str
    wall_color: str

house = House(200, 200, "red", "gray")
print(house)
```

(2) 家オブジェクトを Canvas 上に描画する関数 draw_house を作成せよ。

リスト 1.6 01-house-2.py (変更方法の概要)

```
from tkinter import *
from dataclasses import dataclass

@dataclass
class House:
    # リスト1.5 と同じ

def draw_house_at(x, y, w, h, roof_color, wall_color):
    # リスト1.2 と同じ

def draw_house(house, x, y):
    w = house.w
    h = house.h
    roof_color = house.roof_color
    wall_color = house.wall_color
    draw_house_at(x, y, w, h, roof_color, wall_color)

tk=Tk()
canvas = Canvas(tk, width=500, height=400, bd=0)
canvas.pack()

house = House(200, 200, "red", "gray")
print(house)
```

```
draw_house(house, 0, 100)
```

　draw_house_at 関数は**リスト 1.2** と同じものを使います。これは「ここにこんな家を描け」という関数です。class House は**リスト 1.5** で示したのと同じものです。これらを当てはめて「穴埋め」していきます。最終的に**図 1.12** と同じ絵が描けることを確認してください。

　ここでは、「家というもの」を表すオブジェクト（家オブジェクト）を house という「個々の家」で具体化しています。具体化する過程では、家オブジェクトに具体的な値を設定し「個々の家」を生成するための class House の宣言で house を生成し、「ここに家を描け」という関数 draw_house を「ここにこんな家を描け」という関数 draw_house_at にかぶせて [3]、抽象的な「家オブジェクト」と具体的な「個々の家」の橋渡しをしています。

　単純に四角形と三角形を組み合わせて家を描くのに比べて、この例題の方法はまわりくどいと思いますか？　しかし、このように「オブジェクト」という単位でデータをやり取りすると、プログラミングが楽になります。徐々に慣れてください。

　なお、家オブジェクトの具体的な house から、roof_color という属性値を取り出すときは、house.roof_color のように、.（ピリオド）を用いて連結します。

例題 1.3　リスト化

表 1.1 に示す 4 軒の「家」を考える。

(1) 家オブジェクトと Python のリストを利用して、「4 軒の家」を Python のプログラムで表現せよ。

----

[3]「かぶせる」（＝被せる）とは、wrapping、wrap する（＝ラップする）などと言いますが、「関数を呼び出す関数を定義する」ことなどにより、「抽象的なものをより具体的にする」作業を指します。ここでは、ひとまとめになっているパラメータ（house）から内部パラメータ（house.roof_color など）を取り出し、メインのプログラムではより少ないパラメータだけを使えるようにするために、ラップしています。

表1.1 4軒の家

	家1	家2	家3	家4
幅	50	100	70	50
高さ	100	70	120	50
色（屋根）	"green"	"blue"	"blue"	"red"
色（壁）	"white"	"gray"	"white"	"orange"

リスト1.7 01-house-3.py（変更部分）

```
@dataclass
class House:
    # リスト1.5 と同じ

houses = [
    House(50, 100, "green", "white"),
    House(100, 70, "blue", "gray"),
    House(70, 120, "blue", "white"),
    House(50, 50, "red", "orange"),
    ]

for house in houses:
    print(house)
```

　ここではまだ描画はしていません。リストに家のパラメータがきちんと設定されていることを確認してください。

(2) (1)の「4軒の家」をCanvas上に表示するプログラムを作成せよ。

リスト1.8 01-house-3.py（変更方法の概要）

```
from tkinter import *

def draw_house_at(x, y, w, h, roof_color, wall_color):
    # リスト1.2 と同じ

def draw_house(house, x, y):
    # リスト1.6 と同じ
```

```
tk=Tk()
canvas = Canvas(tk, width=500, height=400, bd=0, bg="whitesmoke")
canvas.pack()

houses = [
    House(50, 100, "green", "white"),
    House(100, 70, "blue", "gray"),
    House(70, 120, "blue", "white"),
    House(50, 50, "red", "orange"),
    ]

x = 0
y = 100
PAD = 10
for house in houses:
    draw_house(house, x, y)
    x += house.w + PAD
```

今度は、**図 1.13** と同じ絵が描けることを確認してください。

何ができるようになりましたか？　必要最小限の修正で、新しい家を追加する、あるいは、家のパラメータを変えることができます。また、定義が 1 か所にまとまっているので、修正が楽です。

練習問題 1.1　外観の異なる「車」を描く

(1) tkinter の Canvas を利用して、**図 1.14** のような「乗用車」(以下「車」) を描け。デザインは変えてもよい。
（ファイル名：ex01-car-1.py)

図 1.14　練習問題 1.1 (1)　「車」

(2)　異なる外観を持つ車を横に並べて描画することを考える。

    (a)　車を Canvas に描画する draw_car_at 関数を作成し、これを利用して (1) と同じ動作をするプログラムを作成せよ。

    (b)　(a) で作成した関数を利用して、同じ外観の車を 4 台横に並べて表示させよ。

    (c)　異なる外観を持つ車を横に 4 台並べて描画せよ。**図 1.15** は例である。

（ファイル名：ex01-car-2.py)

図 1.15　練習問題 1.1 (2)　「4 台の車」

(3) 乗用車を全長 (length) 、高さ (height) 、車輪の直径 (wd) 、車の色 (body_color) 、タイヤの色 (wheel_color) の 5 属性でモデリングすることを考える。@dataclass を利用してオブジェクトを作成できるようにせよ。以下、この方法で作成したオブジェクトを「車オブジェクト」と呼ぶことにする。

 (a) 車オブジェクトを Canvas 上に描画する関数 draw_car を作成せよ。

 (b) 4 台の車を考える。車オブジェクトと Python のリストを利用して、「4 台の車」を Python のプログラムで表現せよ。

 (c) (b) の「4 台の車」を Canvas 上に表示するプログラムを作成せよ。

（ファイル名：ex01-car-3.py）

1.4　数式の表現

　ここまでは図形の描画を練習してきました。今度は数学的なグラフ描画に挑戦してみましょう。

例題 1.4　グラフ描画

(1)　$f(x) = x$ とし、Canvas に $y = f(x)$ $(0 \le x \le 800)$ の各点をプロットせよ。

リスト 1.9　01-draw-1.py

```
 1  # Python によるプログラミング：第 1 章
 2  #     例題 1-4 (1) y = x のプロット
 3  # ------------------------
 4  # プログラム名: 01-draw-1.py
 5
 6  from tkinter import *
 7  import math
 8
 9  def draw_point(x, y, r=1, c="black"):
10      canvas.create_oval(x - r, y - r, x + r, y + r,
11                         fill=c, outline=c)
```

```
12
13  def f(x):
14      return x
15
16  tk = Tk()
17  canvas = Canvas(tk, width=1000, height=800, bd=0)
18  canvas.pack()
19
20  for x in range(0, 800):
21      draw_point(x, f(x))
```

出力例は、図 1.16 のようになります。ここでは、math モジュールをインポートしています。

図 1.16 例題 1.4 (1) 直線グラフ

tkinter モジュールのインポートでは

```
from tkinter import *
```

と記述しました。

「import モジュール名」とすることで、外部モジュールに定義されているクラスなどを、そのプログラム中で利用できるようになります。これをモジュールのインポートと言います。このとき、「モジュール名 . 関数名」と記述すること

で、インポートしたモジュールに定義された関数を利用できます。例題 1.4 では、math モジュールを必要とする関数を扱わないので、この import 文は省略可能ですが、後の例題や練習問題で利用する場合に必要となります。

---

(2) (1) と同様に $f(x) = x \times x$ として、プロットしてみよ。何が起こるか。

リスト 1.10　01-draw2.py (変更方法の概要)

```
# 関数 f のみ変更すればよい
def f(x):
    return x * x
```

　ここで注意しなければならないことがあります。**図 1.16** を見てください。一般に関数のグラフは、y 軸は上方向が正の向きですが、tkinter では y 座標の値が大きいほど下に向かっていきます。

---

(3) 関数 $f(x) = x^2$ $(-5 \leq x \leq 5)$ を、Canvas に表示せよ。x 軸、y 軸も表示せよ。

リスト 1.11　01-draw-3.py

```
 1  # Python によるプログラミング：第 1 章
 2  #    例題 1-4 (3) y = x^2 のプロット
 3  # ---------------------------
 4  # プログラム名: 01-draw-3.py
 5
 6  from tkinter import *
 7  import math
 8
 9  OX = 400      # (OX, OY)がキャンバス上での原点の位置
10  OY = 500
11  MAX_X = 800  # 座標軸の最大 (キャンバス座標)
12  MAX_Y = 600
13  SCALE_X = 80 # キャンバス座標への変換係数
14  SCALE_Y = 80
```

```
15
16  START = -5.0
17  END = 5.0
18  DELTA = 0.01
19
20  def draw_point(x, y, r=1, c="black"):
21      canvas.create_oval(x - r, y - r, x + r, y + r,
22                         fill=c, outline=c)
23
24  def make_axes(ox, oy, width, height):
25      canvas.create_line(0, oy, width, oy)
26      canvas.create_line(ox, 0, ox, height)
27
28  def plot(x, y):
29      draw_point(SCALE_X * x + OX, OY - SCALE_Y * y)
30
31  def f(x):
32      return x * x
33
34  tk = Tk()
35  canvas = Canvas(tk, width=MAX_X, height=MAX_Y, bd=0)
36  canvas.pack()
37
38  make_axes(OX, OY, MAX_X, MAX_Y)
39
40  x = START
41  while x < END:
42      plot(x, f(x))
43      x = x + DELTA
```

出力例は、**図 1.17** のようになります。

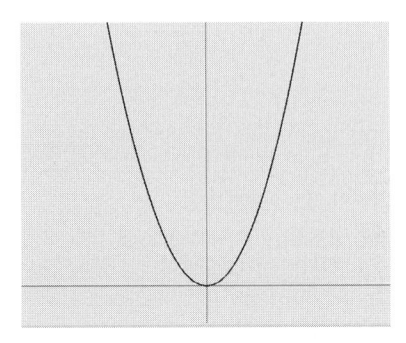

図 1.17　例題 1.4 (3)　放物線グラフ

例題 1.5　媒介変数の利用

円 $x^2 + y^2 = 1$ を Canvas に表示せよ。

リスト 1.12　01-circle.py

```
 1  # Python によるプログラミング：第 1 章
 2  #    例題 1-5   x^2 + y^2 = 1 円の描画
 3  # -------------------------
 4  # プログラム名: 01-circle.py
 5
 6  from tkinter import *
 7  import math
 8
 9  OX = 400      # (OX, OY)がキャンバス上での原点の位置
10  OY = 300
11  MAX_X = 800  # 座標軸の最大（キャンバス座標）
12  MAX_Y = 600
13  SCALE_X = 100
14  SCALE_Y = 100
15
16  START = 0
17  END = 2 * math.pi
18  DELTA = 0.01
19
20  def draw_point(x, y, r=1, c="black"):
```

```
21        canvas.create_oval(x - r, y - r, x + r, y + r, fill=c, outline=c)
22
23  def make_axes(ox, oy, width, height):
24      canvas.create_line(0, oy, width, oy)
25      canvas.create_line(ox, 0, ox, height)
26
27  def plot(x, y, r=1, c="black"):
28      draw_point(SCALE_X * x + OX, OY - SCALE_Y * y, r, c)
29
30  def f1(x):
31      return math.cos(x)
32
33  def f2(x):
34      return math.sin(x)
35
36  tk = Tk()
37  canvas = Canvas(tk, width=800, height=600, bd=0)
38  canvas.pack()
39
40  make_axes(OX, OY, MAX_X, MAX_Y)
41
42  theta = START
43  while theta < END:
44      plot(f1(theta), f2(theta))
45      theta = theta + DELTA
```

円を描画する場合には、x と y が、$x = \cos\theta$、$y = \sin\theta$（$0 \leq \theta < 2\pi$）の関係にあることを利用し、x を変化させるのではなく、θ を変化させることで表現します。

出力例は、**図1.18** のようになります。

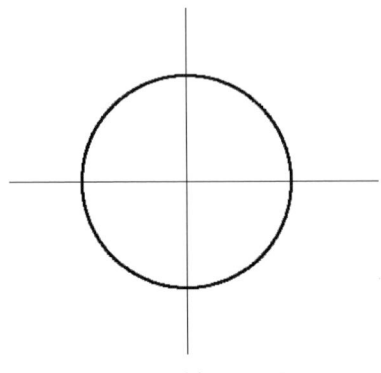

図 1.18　例題 1.5　円

練習問題 1.2 　関数のグラフを描く

以下のプログラムでは、x 軸、y 軸もわかりやすく表示せよ。
(1) 関数 $f(x) = x^3 + x^2 + x + 1$ $(-2.0 \leq x < 2.0)$ を、Canvas に表示せよ。
（ファイル名：ex01-cubic.py）
(2) 関数 $f(x) = \sin(x)$ $(0 \leq x < 4\pi)$ のグラフを Canvas に表示せよ。円周率や、sin や cos の値は、math 標準モジュールを利用せよ。
（ファイル名：ex01-sin.py）

練習問題 1.3 　楕円を描く

円 $x^2 + y^2 = 1$ および、楕円 $4x^2 + \dfrac{y^2}{4} = 1$ のグラフを同時に Canvas に表示せよ。ふたつの図形は色を変えてプロットせよ。
（ファイル名：ex01-ellipses.py）

1.5 まとめ / チェックリスト

■ まとめ

1. 何かを作ろうとしたら、最初に描画や計算の基本になる部分のプログラムを試作（プロトタイピング）します。
2. 次に、どんなパラメータを使っているか、そのパラメータをどう使うか考えて、「ひとつの機能」を持った関数を書きます。
3. プログラムで扱う「データ」部分は、できるだけひとまとまりに記述します。
4. プログラムを記述する対象が、ある程度抽象化されているか確認します。
5. for ループによる処理の反復では、「for x in ジェネレータ (range):」という文が使えます。ジェネレータの代わりにリストを書くこともできます。
6. tkinter でグラフを描画する場合は、y 座標は下に行くほど値が大きいことに注意します。
7. グラフ描画の際に、x が単調増加でないような場合には、数学的に考察して媒介変数を使います。

■ チェックリスト

☐ 現在使っている Python のバージョンは、確認できていますか？

☐ tkinter で描画する手順は覚えましたか？

☐ 作成しているプログラムに適切なファイル名をつけて保存できますね？

☐ プログラムに、わかりやすい見出しのコメントをつけていますか？

☐ Python では、インデントでブロックを表現します。このやり方には慣れましたか？

☐ C や Java、PHP などと違って、文末に ; (セミコロン) は打ちません。OK ？

☐ 関数定義や、for 文でブロックが始まる箇所では、行末に : (コロン) が来ます。OK ？

☐ リストの定義方法 (houses) と、その中身の取り出し方は、理解しましたか？

□　後述するコーディング規約で、インデントは 1 段階で空白 4 文字とされています。本書ではこの書き方で統一します。

モデルとモデリング

　モデルとかモデリングという言葉は、様々な領域で用いられているようです。言葉の意味を探るために、いくつか例を見てみましょう。

例 1.　「この開発企画は、どんなビジネスモデルに基づいているんだね?」

事業を展開する場合 (何かを売って、会社などが利益を得て、社員は給料をもらえるという一連のプロセス) で、「お客様は何を買ってくれるか」「継続的に事業が展開できるのか」といった一連の「事業戦略」や「収益構造」を示す用語、とされています [2]。Web サービスや無料のゲームアプリなどがあふれていますが、ビジネスとして成功している場合、たとえば「広告」で利益を得ているのか、ゲーム内課金で利益を得ているのか、ビジネスモデルは様々です。

例 2.　「新型スポーツカーの風洞実験シミュレーションをやるから、モデリングできない?」

自動車や飛行機など、空気の中を高速移動する乗り物は、空気抵抗が小さければそれだけ燃費がよくなりますね。現実の風洞実験はお金がかかりますが、コンピュータ上でシミュレーションを行えば安く済みます。ですが、シミュレーションを実施するには、数値計算を行うための「モデル」が必要になります。ここでの「モデル」とは微分方程式などの数式や、「新型スポーツカー」を方程式に適用するための「数値化された表現」を指すことになります。例題 1.2 で「モデリング」という書き方をしましたが、ここでの「モデリング」という表現は、こうしたシミュレーションや、統計解析などでの「数値化表現」に最も近いかもしれません。

例 3.　「あたしね、大きくなったらモデルさんになるの。」

これも考えてみましょう。ファッションモデルなどの「モデル」は、英語の元々の「手本、模範」という意味が当てはまるでしょうか。つまり、どういう「衣装」をどう着こなしたら、どうスタイリッシュに見えるか、その「模

範」を示している、ということになります。モデル (model) には、「手本、模範」という意味と、「型、模型」という意味があります。この例は、その前者の意味の典型的な使い方かもしれません。

これらの例から、プログラミングにおけるモデリングとは、コンピュータの中の世界での「手本」や「型」を定義していく作業、と考えることができそうです。

# 第 2 章

アニメーションの導入

　　コンピュータのプログラムを書きました、という実感が欲しい気がします。お絵描きで「家」や「車」を描いてみました、と言っても簡単な図形の組み合わせだけです。何かちょっと、動きが欲しいですね。

　　今度はアニメーションを導入しましょう。ここでもやはり、簡単な図形ではありますが、それでも「動かす」ということができるようになると、だんだんと「できる」ことの範囲が広がります。「動き」のプログラミングに挑戦しましょう。

2.1 ブロック崩しゲーム

　本書では、ゲームを作りながらプログラミングを学んでいきます。最初のゲームの題材は、「ブロック崩しゲーム」です。飛んでいるボールをパドル（長方形の反射板）で跳ね返して、ボールを後ろ（下）に逃さないようにしながら、並んでいるブロックにボールを当てるゲームです。ブロックにボールが当たったらブロックを消していき、ボールを逃さずに最後の 1 個までブロックを消したらゲームクリアになります。

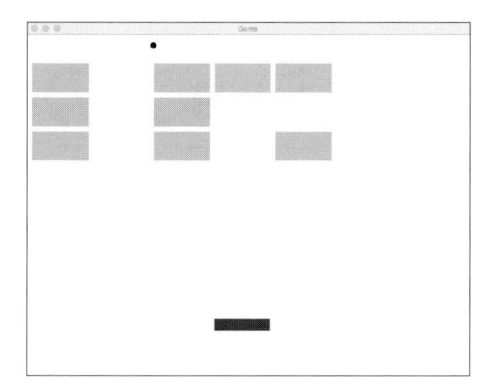

図 2.1　ブロック崩しゲーム

　単純なゲームですが、工夫次第ではある程度楽しめるものにできるでしょう。本章で学ぶのは、ゲーム全体のうち次の基本的要素だけです。

1. ボールを動かす
2. 壁やパドルで、ボールが跳ね返るようにする

　まずは、基本的な「ゲーム」として成立するように、動きの描画を覚えましょう。
　次章でブロックを描き、キー操作でパドルを動かしたり、ブロックを消したりする処理や、ゲームオーバやゲームクリアなどの判定処理を加えていきます。最

終的には、たとえば次のようなアレンジが考えられます。どこまでできるか、挑戦してみましょう。

1. パドルの位置によって反射の角度が変化する
2. スコアを表示する
3. アイテムや敵などが上から降ってくる
4. 条件によって、ボーナス点などを設定する
5. 次第にボールの速度が上がるようにする
6. 次第にパドルの長さが短くなる
7. ブロックの裏側にもボールが当たる[1]
8. 2行以上ブロックを配置する
9. ブロックの堅さを設定する
10. ボールが複数飛ぶ
11. 音をつける

他にも、自分が思いついた機能を試してみましょう。

2.2　ボールと壁の要件定義

　誰もが知っているゲームですが、何をどう作るか考えて、プログラムの動作をきちんと整理していくことが大切です。プログラムによって何ができるか、プログラムに何をさせるかを、文章などで記述したものを要件定義と言います。

　ここではまず、ボールと壁だけについて性質を考えましょう。

● ボール
- 障害物にぶつからない限り、等速直線運動をする
- 壁やパドルに衝突すると、跳ね返る

---

[1] サイドのブロックが消えて、ボールが上の壁まで到達して、上から回り込んで当たった場合に、ブロックの裏側からボールが当たります。

- **壁**
  - ・ 4 つの境界がある (left、right、top、bottom) [2]
  - ・ 動かない
  - ・ ボールが衝突した場合には、跳ね返す

　ボールでは「跳ね返る」が、壁には「跳ね返す」が出てきました。どちらも同じことを言っていますが、実装する [3] 際には「何が、どれを、どうする」という点が大切になってきます。

例題 2.1　動きのプログラミング

> Canvas を利用してボール (パック) の動きをアニメーションで表現することを考える。
> 右にボールが移動するアニメーションを作成せよ。

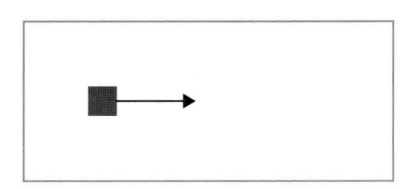

図 2.2　ボールを動かす

リスト 2.1　02-ball-1.py

```
1  # Python によるプログラミング：第 2 章
2  #    例題 2.1 動きのプログラミング
3  # --------------------------
4  # プログラム名: 02-ball-1.py
5
6  from tkinter import *
```

【2】 left や right という語が、他にも定義されていて紛らわしい場合には、west、east、north、south という定義を用いる場合もあります。

【3】 設計段階の文書を作成することではなく、実際にプログラムを書くことを指す場合もあり、ここではその意味で使っています。インストールを意味する言葉でもあります。

```
 7  import time
 8
 9  DURATION = 0.001    # sleep 時間 = 描画の間隔
10  X_RIGHT = 400       # x の最大値
11  X = 0               # ボールの X 初期値
12  Y = 100             # ボールの Y 初期値
13  D = 10              # ボールの直径
14
15  tk = Tk()
16  canvas = Canvas(tk, width=600, height=400, bd=0)
17  canvas.pack()
18  tk.update()
19
20  id = canvas.create_rectangle(X, Y, X + D, Y + D,
21                      fill="darkblue", outline="black")
22                  # 四角を描画して、その id ( 識別子 ) を取得する
23  for x in range(X, X_RIGHT):
24      canvas.coords(id, x, Y, x + D, Y + D)  # 「新しい座標」を設定
25      tk.update()                # 描画が画面に反映される
26      time.sleep(DURATION)       # 次に描画するまで、sleep する
```

動きをプログラミングするには、時間を管理する必要があります。

たとえば、テレビ放送の画面は動いて見えますが、実際には毎秒 30 回[4] 止まっている絵を描き換えます。連続した絵では動きのある部分が「ほんの少し」ずつ移動しますが、人間の目が変化に追いつかないために、パラパラ漫画と同じ原理で動いているように見えることになります。1 秒間に 30 回の描き直しということは、ひとつの絵を描き始めた後、次の絵を描くまでに 0.033 秒の「間」があくことになります。

ここでは時間を管理するために、time というモジュールをインポートして使います。time モジュールの sleep という関数を使い、設定された時間 (秒数) の間、呼び出したスレッド[5] の実行を停止します。ただ、描画にかかる時間があるので、

【4】 日本やアメリカが採用している NTSC 方式の場合は 1 秒間に 30 コマで、映画は毎秒 24 コマです。ハイビジョンやスーパーハイビジョンはそれぞれ毎秒 60 コマ、毎秒 120 コマです。

【5】 コンピュータ内部での処理の実行単位のひとつです。本章では、細かい定義よりもまず言葉に慣れてください。

実際には sleep で設定された秒数に描画に要した時間を加えた時間がコマとコマの間隔になっています。

次に、「ほんの少し」だけ動かす部分は、どうしたらよいでしょうか。

第 1 章では「止まっている絵」を描画する際に、create_rectangle や create_oval などの関数を利用しました。これらの関数で描画された図形は、描画後に属性や座標などを変更することができるため、それぞれどの図形かを示す識別子 (Identifier、ここでは id) [6] を返します。今回はその識別子を受け取り、「動かす」際に利用します。すでに描画されている図形の座標を変える関数としては、coords を用います。

なお、グラフィカルなゲームの開発では、絵だけを与えていけばよいような開発環境もありますが、ここではあくまでもプログラミングの学習と考え、細部の処理についても内部の理解を試みてください。

例題 2.2　壁の導入

壁を配置し、ボールが右側の壁に当たったら跳ね返ってくるようにせよ。

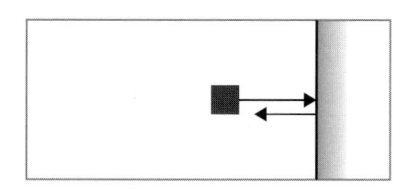

図 2.3　壁で跳ね返る

リスト 2.2　02-ball-2.py

```
1  # Python によるプログラミング：第 2 章
2  #    例題 2.2 壁の導入
3  # --------------------------
4  # プログラム名: 02-ball-2.py
```

---

[6] ここでの識別子は、図形ごとに割り振られた番号です。なお、「id」は同名の組み込み関数が定義されているため、本来は変数名などに利用しないことが望ましい名前です。本書ではわかりやすさを優先して、この名前を用います。

```
 5
 6  from tkinter import *
 7  import time
 8
 9  DURATION = 0.001    # sleep 時間 = 描画の間隔
10  STEPS = 600         # ボールを書き直す回数
11  Y = 200             # ボールの Y 初期値
12  D = 10              # ボールの直径
13
14  # 壁を描画する関数の定義
15  def make_walls(ox, oy, width, height):
16      canvas.create_rectangle(ox, oy, ox + width, oy + height)
17
18  tk = Tk()
19  canvas = Canvas(tk, width=800, height=600, bd=0)
20  canvas.pack()
21  tk.update()
22
23  x = 150             # ボールの X 初期値
24  vx = 2              # ボールの移動量
25
26  make_walls(100, 100, 600, 400)  # 実際にここで壁を描画
27  id = canvas.create_rectangle(x, Y, x + D, Y + D,
28                               fill="darkblue", outline="black")
29                  # 四角（ボール）を描画して、その id（識別子）を取得する
30  for s in range(STEPS):
31      x = x + vx              # x 座標の値を変える
32      if x + D >= 700:
33          # もしボールの右端が 700 を越えたら、
34          vx = -vx            # 向きを反転させる
35      canvas.coords(id, x, Y, x + D, Y + D)  # 新しい座標を設定
36      tk.update()             # 描画が画面に反映される
37      time.sleep(DURATION)    # 次に描画するまで、sleep する
```

　for 文の繰り返し変数が変わったことに注意してください。**リスト 2.1** では x を直接変化させていましたが、**リスト 2.2** では時間 s を変化させて、x の変化量は vx としています。vx の値がマイナスになると、x は小さくなる、つまりボールは左に移動することになります。

　この例では「跳ね返る位置」がわかりやすいように、壁も描画します。このため、make_wall という関数を定義しました。関数の定義はプログラムの先頭部分に寄せておきます。ここでは、Canvas の初期化の直後に置き、ボールに関する様々なパラメータを代入した後で呼び出しました。

　tk.update() は、画面を再描画させます。これがないと for の繰り返しが終わるまで再描画されません。

例題 2.3　ボールと壁のモデリング

「ボール」を次の属性を持つオブジェクトとして表現することを考える。
- id：管理番号
- x：位置（x 座標）
- y：位置（y 座標）
- d：直径
- c：色

以下では、位置は正方形の左上を表すものとする。
(1)　Python の @dataclass を用いて、ボールを定義できるようにせよ。そして、例題 2.1 と同様に、ボールが右に移動するアニメーションを作成せよ。

リスト 2.3　02-ball-3.py

```
 1  # Python によるプログラミング：第 2 章
 2  #     例題 2.3 ボールと壁
 3  #  (1) アニメーション
 4  # -------------------------
 5  # プログラム名: 02-ball-3.py
 6
 7  from tkinter import *
 8  from dataclasses import dataclass
 9  import time
10
11  DURATION= 0.001     # sleep 時間 = 描画の間隔
12  X = 0               # ボールの X 初期値
13  Y = 100             # ボールの Y 初期値
14  D = 10              # ボールの直径
```

```
15
16  @dataclass
17  class Ball:
18      id: int
19      x: int
20      y: int
21      d: int
22      c: str
23
24  # 直径 d は、省略されたら 3 に、色 c は、省略されたら "black" になる
25  def make_ball(x, y, d=3, c="black"):
26      id = canvas.create_rectangle(x, y, x + d, y + d,
27                                   fill=c, outline=c)
28      return Ball(id, x, y, d, c)
29
30  # ボールを再描画する関数。coords をラップしている
31  def redraw_ball(ball):
32      d = ball.d
33      canvas.coords(ball.id, ball.x, ball.y,
34                    ball.x + d, ball.y + d)
35
36  tk = Tk()
37  canvas = Canvas(tk, width=800, height=600, bd=0)
38  canvas.pack()
39  tk.update()
40
41  ball = make_ball(X, Y, D, "darkblue") # 実際のボールを作成
42
43  for p in range(0, 600, 2):    # 媒介変数 p を変化させる
44      ball.x = p                # ボールの x 座標に、p を代入
45      redraw_ball(ball)         # ラップした関数を呼び出して、移動
46      tk.update()               # 描画が画面に反映される
47      time.sleep(DURATION)
```

　ひとつのボールを、ball というたったひとつの変数で扱えるようにします。そのために、ここでは「@dataclass で定義されたもの」を返す関数 make_ball を実装してみました。その ball には、id（管理番号）や描画に関するすべての値を定義して持たせています。

　第 1 章では「家というもの」を表すオブジェクト（家オブジェクト）を house という「個々の家」で具体化しましたが、ひとつの具体的なボールを ball という変数で扱えるように、関数 make_ball は、Ball(...) で生成されるボールオブジェクトを戻り値とします。このような作業は一見面倒に思えるかもしれませんが、複雑なプログラムを作る上で重要な作業になるので、慣れてしまいましょう。

　ボールを扱う関数は全部でふたつになりました。make_ball は最初にボールを描画する位置（x、y）や大きさ d、色 c を定義するので、パラメータを 4 つ（x、y、d、c）を受け取る形になっています。ただし、大きさと色が省略された際には 25 行目で設定された d や c の値になるので、ふたつのパラメータを渡すだけでもボールの作成はできます。

---

(2) 壁を配置し、左右の壁に当たったら跳ね返るようにせよ。属性として速度（vx）を持たせるようにする。

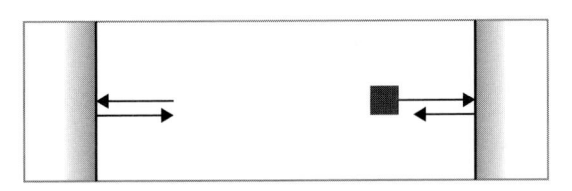

図 2.4　左右の壁で跳ね返る

リスト 2.4　02-ball-4.py（変更箇所のみ）

```
 1  # パラメータは、1か所にまとめておく
 2  DURATION = 0.001      # sleep 時間 = 描画の間隔
 3  X0 = 150              # ボールの X 初期値
 4  Y0 = 150              # ボールの Y 初期値
 5  D = 15                # ボールの直径
 6  VX0 = 2               # ボールの移動量
 7
 8  @dataclass
 9  class Ball:
10      # (1)と同じ属性リストの5番目 (d:int と c:str の間) に以下を挿入
11      vx: int
12
```

```
13  @dataclass
14  class Border:
15      left: int
16      right: int
17      top: int
18      bottom: int
19
20  def make_ball(x, y, d=3, vx=2, c="black"):
21      id = canvas.create_rectangle(x, y, x + d, y + d,
22                                    fill=c, outline=c)
23      return Ball(id, x, y, d, vx, c)
24
25  # ボールの移動を、プログラム本体から抜き出した
26  def move_ball(ball):
27      ball.x = ball.x + ball.vx
28
29  # 壁を描画する関数の定義
30  def make_walls(ox, oy, width, height):
31      canvas.create_rectangle(ox, oy, ox + width, oy + height)
32
33  # ボールを再描画する関数。coords をラップしている
34  def redraw_ball(ball):
35      d = ball.d
36      canvas.coords(ball.id, ball.x, ball.y,
37                    ball.x + d, ball.y + d)
38
39  # tkinter/canvasの初期化部分  ... (1)と同じ
40
41  # 壁の座標を与える。(left, right, top, bottom)
42  border = Border(100, 700, 100, 500)
43
44  # 初期化処理
45  make_walls(
46      border.left,
47      border.top,
48      border.right - border.left,
49      border.bottom - border.top
50      )
51  ball = make_ball(X0, Y0, D, VX0)
52
```

```
53   while True:
54       move_ball(ball)    # まず、ボールを移動させる
55       # もし、移動後のボールの左上座標が、左の壁よりもさらに左になるか、
56       # または、ボールの右端が、右の壁よりも右になるならば、
57       if (ball.x + ball.vx < border.left \
58           or ball.x + ball.d  >= border.right):
59           ball.vx = - ball.vx    # ボールの移動方向を反転させる
60       redraw_ball(ball)       # ラップした関数を呼び出して、移動
61       tk.update()             # 描画が画面に反映される
62       time.sleep(DURATION)
```

プログラムは、上から順番に

1. パラメータの初期値の設定
2. 関数の定義
3. tkinter / canvas の初期化部分
4. 実行時の初期化処理
5. メインのループ処理

という流れになっています。

リスト 2.4 のプログラムの 57 行目で、if 文を 2 行に分割しています。この行末には、＼（バックスラッシュ、backslash）が書かれています。これは、論理的には 1 行の構造を複数の物理行に分割する際に使う「明示的な行継続を意味するバックスラッシュ」です。これを書くことによって、:（コロン、colon）までの部分が if 文の「条件」として解釈されます。

if 文の分割について、本書では and や or などの利用で条件式が長くなる場合、if の後に空白をひとつ置いて括弧で条件を囲む書式と、and や or が行頭にくるように（論理的な関係が目に入りやすくなるように）し、4 文字のインデントで条件部分を続ける、という書式を採用しました。**リスト 2.4** の 57 行目と 58 行目では、括弧を記述した上で、バックスラッシュによる物理行分割の指定を行っていますが、これはいずれか一方を省略しても物理行を分割できます。

22 行目、37 行目、46〜50 行目での、関数の引数リストを途中で改行した後のインデントや、58 行目の if 文での改行後のインデントに、制約はないのでしょ

うか? Python の言語仕様では、これらはひとつの行として扱われるので制約はありませんが、読みやすいように適切に字下げをすべきです。

しかし、「while True:」という53行目の無限ループから始まるブロックは、同じインデントレベルの行によって構成されています。この無限ループブロックに属す行は、すべて同じインデントの深さである必要があります。具体的には、54、57、60〜62行目のインデントは、すべて同じ深さでなければなりません。

---

(3) 複数のボールを配置し、壁に当たったら跳ね返るようにせよ。

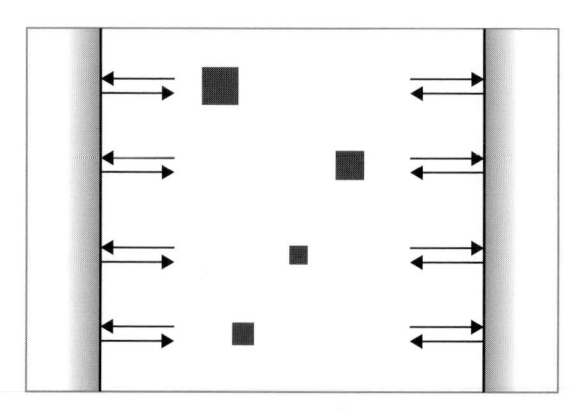

図 2.5 複数のボール

リスト 2.5 02-ball-5.py (変更箇所のみ)

```
 1  # 複数のボールを「リスト」として準備する
 2  balls = [
 3      make_ball(100, 150, 20, 2, "darkblue"),
 4      make_ball(200, 250, 25, -4, "orange"),
 5      make_ball(300, 350, 10, -2, "green"),
 6      make_ball(400, 450, 5, 4, "darkgreen")
 7      ]
 8
 9  while True:
10      for ball in balls:    # すべてのボールに、処理を反復
11          move_ball(ball)    # まず、ボールを移動させる
12          # ボールが壁に当たるなら、
```

```
13        if (ball.x + ball.vx < border.left \
14            or ball.x + ball.d  >= border.right):
15            ball.vx = - ball.vx     # ボールの移動方向を反転させる
16        redraw_ball(ball)  # ボール移動の描画
17    tk.update()                # 描画が画面に反映される
18    time.sleep(DURATION)       # 次に描画するまで、sleep する
```

　前半部分は**リスト 2.4** と同じです。どこから置き換えるかは、比べながらしっかりと考えてください。

　例題 2.3 では、ボールをオブジェクトとして表現し、ボールのデータ（モデル）と、実際に表示する部分（ビュー）を分離して、それらに明確な役割分担を与えています。このようにしておくと、ボールの動きのプログラミングは、ボールがどのように表示されているかを気にすることなく、ボールのモデルに集中して行うことができます。逆にボールオブジェクトをどのように画面に表現するかは、ビュー部で集中的に記述できます。モデルとビューとの分割については、第 8 章で再び詳しく扱います。

　先頭部分にコメントとして、そのプログラムの概要を書き記しています。安易に「コピペ」を繰り返していると、往々にしてヘッダ（＝先頭部分のコメント）を修正し忘れることがあります。しかし、ひとつのプログラムを作成するときは、「何のために」「どんな機能を」「どうやって」実現しようとしているのか、また、そのプログラムの元々の名称は何か、「誰が」「いつ」作成したかなど、必要な内容をきちんと書き記しておくことが大切です。

練習問題 2.1　「車」を動かす

第 1 章の練習問題 1.1 で用意した車を利用して、車を x 方向に移動するアニメーションを作成せよ。複数の車を同時に動かすようにせよ。
例題 2.3 と同様に、左右の壁で反転させるようにせよ。例題 1.1 で作成した「家」をアニメーションさせてもよい。
（ファイル名：ex02-1-cars.py）

　リスト **2.3** では、create_rectangle 関数で描画した図形を、id という管理番号で変数に保存して動かせるようにしました。ボールの場合はひとつの図形だけを動かしましたが、乗用車の場合は「車体」とふたつの「車輪」というみっつの図形が含まれます。みっつの id を保存するためには、ids というリストを用意するとよいでしょう。リストを @dataclass による定義の中で属性として利用するには、次のように定義します。

```
ids: list
```

　ここで、画面に描画する前の段階でアニメーション用の図形を生成し、id を最初に取得しておく make_car という関数を作ってみます。この make_car 関数は次のようになります。

リスト 2.6　ex02-1-cars.py (複数 id の list 化)

```
# 自動車を初期位置に描画する。
def make_car(x, y, l, h, wr, vx, bcolor):
    # 座標の0, 0, 0, 0は、ダミーの値
    id0 = canvas.create_rectangle(0, 0, 0, 0,
                                  fill=bcolor, outline=bcolor)
    id1 = canvas.create_oval(0, 0, 0, 0,
                             fill="black", outline="black")
    id2 = canvas.create_oval(0, 0, 0, 0,
                             fill="black", outline="black")
    ids = [id0, id1, id2]
    return Car(ids, x, y, l, h, wr, vx, bcolor)
```

　リスト **2.6** を利用して、車のモデル化に挑戦してください。

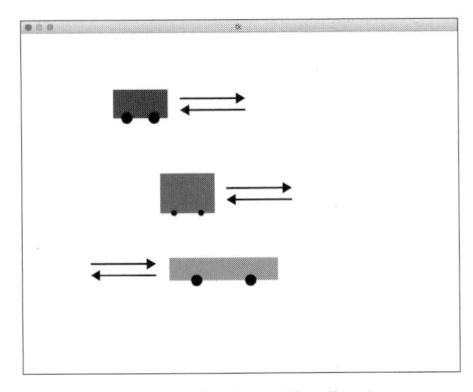

図 2.6　複数の車を同時に動かす

練習問題 2.2　二次元的にボールを動かす

例題 2.3 を応用し、ボールが斜めの方向にも移動できるようにして、4 方向の壁で
跳ね返るようなアニメーションを作成せよ。
（ファイル名：ex02-2-bounce.py）

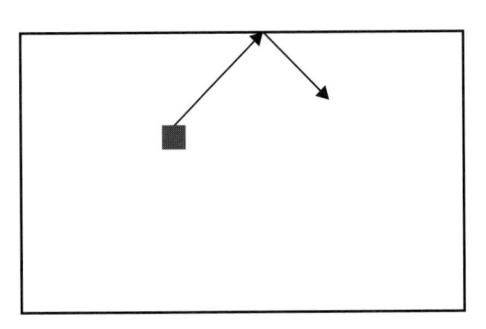

図 2.7　二次元的にボールを動かす

練習問題 2.3　**複数のボールを動かす**

練習問題 2.2 を応用して、複数のボールが箱の中を動き回るアニメーションを作成せよ。
（ファイル名：ex02-3-balls.py）

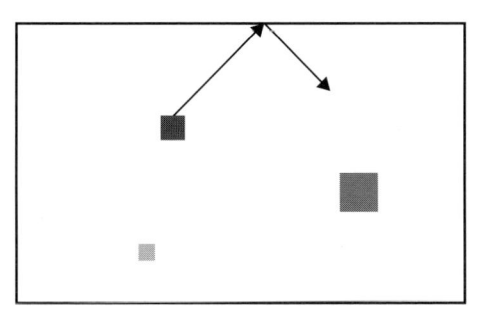

図 2.8　複数のボールを動かす

発展問題 2.4　**ウイルス感染のシミュレーション**

次のルール（各自で適宜調整してよい）にしたがって、ウイルス感染のシミュレーションを作成せよ。

(1)　練習問題 2.3 のアニメーションにおいて、ボールを「人」と見立てる
(2)　人は「感染」または「未感染」の状態である。**図 2.9** では、黒が「感染」状態の人を表す
(3)　ウイルスを持っている人が、他の人に接触した場合、相手はウイルスに感染する
(4)　全員が「感染」の状態になったらシミュレーションを停止する
（ファイル名：ex02-4-epidemic.py）

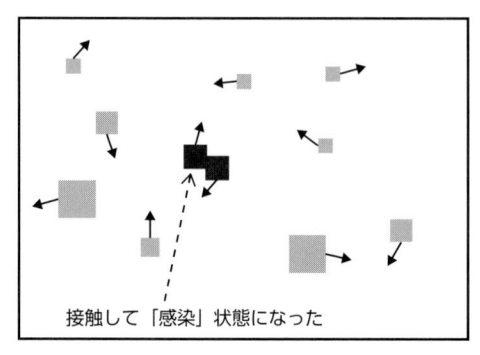

接触して「感染」状態になった

図 2.9　ウイルス感染のシミュレーション

　リスト 2.1 で、ボールを動かす際には coords 関数を利用しました。一般的に、座標以外の属性値を変更する場合には itemconfigure 関数を利用します。itemconfigure 関数には、図形を示す識別子 id と、変更したい属性値とその値を引数として渡します。たとえば、id という識別子を持つ図形の fill（塗りつぶし色）を "red" に変えたい場合には、

```
canvas.itemconfigure(id, fill="red")
```

とプログラムします。

　また、この課題では、人の初期位置を定める際に「乱数」[7] を使用するとよいでしょう。

```
import random
```

と記載すると、乱数モジュールを使用することができます。そして

```
random.randint(a, b)
```

と記載すると、$a \leq N \leq b$ であるようなランダムな整数 N を返します。活用し

---

[7] 乱数とは、数字が不規則かつ等確率に現れるように生成された数列から抽出された数字です。ゲームなどで毎回違った動作をするようにプログラムする際に使います。

てみてください。

2.3　まとめ / チェックリスト

まとめ

1. 何かを作る際には、最初に「何を」作るか、言葉にします。
2. 作るべき「対象」に適切な名前をつけて、特徴をリストアップします。
3. 「こんなわかりきったこと」と思っても、他の人はそう考えないかもしれません。省略せずに、考えた内容は漏れなく書きます。
4. 複雑な動作は、単純な動作に分解して、その「単純」な動作をひとつずつプログラムします。二次元的な動きを考える前に、まず一次元的に動かします。
5. 「動き」は細かく分解します。少しの時間にどんな変化があるか、考えます。
6. プログラムのコメントは、できるだけ正確に、必要な場所に書き込みます。
7. 「モデル」の定義、「ビュー」(見え方) に関する関数定義、初期化、プログラム本体部分は、できるだけ分離して書きます。
8. 論理行を複数行にまたがって記述する場合は、行末に \ を書きます。
9. if 文の条件式では、論理和 (or) や論理積 (and) が使えます。
10. 無限ループは、「while True:」で表現できます。
11. ブロックを表現するときには、インデントで文を揃えます。
12. tkinter では、tk.update() を実行しないと画面に反映されません。一方で頻繁に実行されすぎると処理が重くなります。適切に書かれていないと画面が変わりません。

チェックリスト

☐ インデントの揃え方で、ブロックが表現できる点は、理解しましたか？

☐ 片側だけを判定する「壁とボールの衝突」を、左右の両方に衝突がある場合に、どう拡張するか、説明できますか？

☐ 衝突や接触を判定する際に、「次に描画するときに重ならないようにする」ため

には、速度成分も判定に含める必要がありますが、どこでその処理を行っているか、説明できますか？

☐　動いているものと止まっているものとの衝突の判定、動いているものどうしの衝突の判定では、どういう点に気をつけたらよいか、説明できますか？

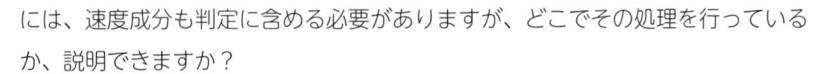

名前による色の指定

Web のプログラミングに慣れている人は、16 進数で #FFFF00 などと記載して色を指定する方法をご存じだと思います。#FFFF00 は黄色です。ですが、色を英語の「名前」で指定することも可能です。

ウェブカラーは X11 color names から派生したものであり、tkinter の色も同様に X11 から派生しています。ほとんど同じと考えてよいでしょう。

Wikipedia の https://ja.wikipedia.org/wiki/ウェブカラー[3] を調べてみてください。たとえば、緑だけでも LawnGreen、Lime、LimeGreen、PaleGreen、LightGreen、MediumSpringGreen、SpringGreen、MediumSeaGreen、SeaGreen、ForestGreen、Green、DarkGreen、YellowGreen、OliveDrab、Olive、DarkOliveGreen などが「名前」として定義され、それぞれ 16 進数で指定された場合の「色」も規定されています。

つまり、同じ名前の「色」は同じ 16 進数に変換され、ディスプレイの「色相表示」が同じならば完全に同じ色が再現されるはずです（実際は、モニターによって微妙に色の感じが違ってくるようですが）。

本章のプログラムでは、「色」をつける部分は全部「名前」で "orange" や "darkblue" などと記しました。

「計算」結果を色のグラデーションで表示して、微妙な変化を視覚的にわかりやすく伝える際には、16 進数の「色」を計算で導いてもよいかもしれませんが、こうした「名前」で色を表現するプログラミングの方法もあるということは、覚えておいても損はないでしょう。

第3章

イベントによる
対話的処理

　ここまでのプログラミングでは、外からの干渉はなくて、閉じた世界の中での動きを表現していました。でも、それだけでは「動くものをじっと見ている」だけで、ゲームにはなりません。この章ではオブジェクトに対して外から働きかけ、そうした働きかけに対して「応答」させます。

　オブジェクトに突然何かの働きかけが起きることを、イベントと呼びます。イベントをどのように扱ってパドルを動かすのか、見ていきましょう。

3.1　オブジェクトとメッセージング

　前章では、現実世界に存在する様々な「もの」を、モデル化することでオブジェクトとして扱うことを考えてきました。できるだけ「抽象化」して扱い、そこから具体的な「属性値」を持った個々の「もの」を @dataclass で生成しました。

　それらの「もの」の世界では、「もの」が「描画」されて姿を現したり、あらかじめ定められたように「移動」したりしました。また、時間的な変化の中で「壁」に「ボール」が衝突して跳ね返るなど、アニメーションで動きを表現しました。本章では、さらにステップを進めて、ゲームの形を作り上げていきます。

　さて、アプリケーションをゲームとして成立させるためには、あらかじめ定められた動きを起こすだけではなく、人が働きかけて、それに応答するような動作をさせる必要があります。この人とコンピュータのやり取りを、「対話」と呼びます。そして「対話的」に処理を進めることを、インタラクティブ（interactive）な処理と言います。インタラクティブに処理を進めるためには、ゲームの世界にプレイヤ（操作する人／ゲームを遊ぶ人）から働きかけを行う必要があります。

　オブジェクト（目的物）に対して何らかの働きかけが行われることを「メッセージング」（messaging）と言います。

- 歩いていたら「こんにちは」と声をかけられた
- 空から雨が降ってきた
- スマートフォンにメールが届いた（これは本物のメッセージングですね）

　こうした「自分以外」からの何らかの働きかけがあったときに、「私」というオブジェクトが、外から「メッセージ」を受け取ったことになります。また、「私」というオブジェクトが、「友人」というオブジェクトに「お元気ですか？」というメッセージを送る場合もあります。オブジェクトの世界では、オブジェクトどうしの「交信」がメッセージングです。

　以降の節では、このような働きをプログラム上で実現させる方法を学びます。

3.2 イベントと状態

　ゲームの世界はコンピュータの中で動いていますね。そして、私たちはコンピュータの外からゲームを操作します。その際の入力装置（インタフェース）としての代表格は、キーボードとマウスですね。最近では、仮想現実の世界の入力用グローブ（手袋）や、モーションキャプチャ（動作認識入力）などの進化した方法も考えられますが、まずは基礎から固めていきましょう。

　私たちが、キーボードを操作する、あるいはマウスをクリックする、こうした「操作」はコンピュータ側から見ると「突然」に発生します。突然発生して、「何かが起きたよ」という形で通知されます。この「何かが起きたよ」という通知が「イベント」（Event）です。コンピュータでは、次のようなものがイベントになります。

1. キーボードのキーが押された、離された
2. マウスが移動した、ボタンが押された、離された
3. タイマーが設定時刻になった
4. 通信データが送られてきた

　どれも「いつ起きるかが事前にわかる」ものではなく、突然に発生します。ですから、構えてそこでずっと待つ、というのはコンピュータにとって時間の無駄です。また、通常のアルゴリズムの中で「この部分でイベントが発生する」という形ではプログラムできません。では、どうプログラムするのでしょうか。

　それには、発生する「イベント」と、「イベントハンドラ」（Event Handler）と呼ばれる関数を結びつけます。このイベントが発生したら、この関数を呼び出すという形で定義していくのです。

　イベントハンドラでは、突然発生した出来事に対応しますが、常に同じ処理をするわけではありません。例として、携帯電話に電話がかかってきた場合を考えましょう。次の4通りの場合を想定します。

1. 自動車の運転中
2. 電車の中
3. 授業中や会議中、学校・会社内で周囲に人がいるとき
4. 一人で部屋にいるとき

　自動車の運転中の場合には、その場では電話に出ませんね。電車の中でも、一般的には応対しないか、「今電車の中なので、後で折り返します。」程度の返事をするだけで、基本的にはその場では話をしませんね[1]。会議中などの場合、相手によってはその場で断りを入れ、携帯を持ったまま慌てて席を外すなどして、「お待たせしました」などと応対することがあります。ただ、遅れが発生します。一方、一人で部屋にいるときには、すぐに本題に入って応対するケースがほとんどでしょう。これらは、何が違うのでしょうか？　電話を受け取るあなたの「状態」（state）が異なるために、電話の着信というイベントに対する処理の方法が違ってくるのです。イベントハンドラでは「状態」を識別し、「状態」に応じた処理を行います。イベントと状態のプログラミングは、第15章で改めて説明します。ここでは一人で部屋にいるときの携帯着信のような、つまり、すぐに処理できる状態で考えていきます。

例題 3.1　キーイベントの取得

> キーイベントを取得し、押されたキーの文字を表示せよ。

　「キーボードのキーが押されたら何かを行う」のような処理を行うために、システムが感知する「イベント」を取得して、それに対する処理を記述します。次のプログラムを動かしてみてください。

---

[1] Ack/Acknowledgement：認知した＝着信があったことは確認したよ、という応答をまず返して、具体的な中身については別の通信で確認する、というやり方は、コンピュータどうしの通信ではよく行います。

リスト 3.1 03-key-event.py

```
 1  # Python によるプログラミング：第 3 章
 2  #     例題 3.1 Key が押されたとき、keysym を表示
 3  # -------------------------
 4  # プログラム名: 03-key-event.py
 5
 6  from tkinter import *
 7  tk = Tk()
 8  canvas = Canvas(tk, width=400, height=300)
 9  canvas.pack()
10
11  # Key Event Handler
12  def on_key_press(event):
13      # 文字を表示する
14      print("key: {}".format(event.keysym))
15
16  # イベントハンドラとイベントを結びつける
17  canvas.bind_all("<KeyPress>", on_key_press)
```

システムに通知される「イベント」は、キーボードやマウスといった入力機器の動作が起こったときに発生するものが代表的です。tkinter においてキーボードのイベントを感知して、それに対する処理を行うためには、

```
canvas.bind_all(イベント名, 関数名)
```

を利用します[2]。

第 1 引数のイベント名には、"<KeyPress>"、"<KeyRelease>" などが指定できます。それぞれ「何らかのキーが押された」「離された」というイベントを表します。

第 2 引数に指定するのはイベントハンドラです。第 1 引数のイベントに結びつけたい処理を記述した関数の名前を指定します。上の例では on_key_press がイ

---

[2] 画面上のラベルやボタンなどの描画部品（ウィジェット、widget）へのイベント発生は、bind というメソッドで処理できますが、他の部品がクリックされているなどで自分にフォーカス（focus）がないときでもイベントを受け取るためには、bind_all メソッドを使わなければなりません。

ベントハンドラです [3]。

　イベントハンドラ on_key_press を見ていきましょう。イベントハンドラは、引数（ここでは event）として、イベントの情報を保持したイベントオブジェクトを受け取ります。キーボードイベントに対しては event.keysym とすれば、「どのキーに対するイベントを受け取ったか？」という情報を取り出すことができます。なお、bind_all のイベント名に "<KeyPress-a>" を指定した場合は、キーボードの「a」を押したときのみ、イベントハンドラが起動されます。押されたキーによって処理を切り替えたいときには、この機能を用いて、押されるキーごとにイベントハンドラを分離するのがよいでしょう。マウスイベントの処理の例は、第9章以降で出てきます。

例題 3.2　　イベント処理 / パドルの導入

上下にパドルを動かすプログラムを作成せよ。

図 3.1　パドルを上下に動かす

リスト 3.2　03-paddle.py

```
1  # Python によるプログラミング：第 3 章
2  #    例題 3.2 上下にパドルを動かす
3  # -------------------------
4  # プログラム名: 03-paddle.py
5
6  from tkinter import *
```

【3】イベントハンドラの関数名は、慣例的に on_ で始まるものをよく用います。on という前置詞には、時や事象を原因として説明する用例があり、たとえば on his arrival（彼が着いたらすぐに）などのように、「何かが起きたら」ということを表現します。

```
 7  from dataclasses import dataclass
 8  import time
 9
10  # 初期状態の設定
11  DURATION = 0.01     # 描画間隔（秒）
12  PADDLE_X0 = 750     # パドルの初期位置(x)
13  PADDLE_Y0 = 200     # パドルの初期位置(y)
14  PAD_VY = 2          # パドルの速度
15
16  @dataclass
17  class Paddle:
18      id: int
19      x: int
20      y: int
21      w: int
22      h: int
23      vy: int
24      c: str
25
26  # パドルの描画・登録
27  def make_paddle(x, y, w=20, h=100, c="blue"):
28      id = canvas.create_rectangle(x, y, x + w, y + h,
29                                   fill=c, outline=c)
30      return Paddle(id, x, y, w, h, 0, c)
31
32  # パドルの移動（上下）
33  def move_paddle(pad):
34      pad.y += pad.vy
35
36  # パドルの再描画
37  def redraw_paddle(pad):
38      canvas.coords(pad.id, pad.x, pad.y,
39                    pad.x + pad.w, pad.y + pad.h)
40
41  # ------------------------
42  # パドル操作のイベントハンドラ
43  def up_paddle(event):           # 速度を上向き（マイナス）に設定
44      paddle.vy = -PAD_VY
45
```

```
46   def down_paddle(event):         # 速度を下向き（プラス）に設定
47       paddle.vy = PAD_VY
48
49   def stop_paddle(event):         # 速度を0に設定
50       paddle.vy = 0
51
52   # -----------------------
53
54   tk = Tk()
55   canvas = Canvas(tk, width=800, height=600, bd=0)
56   canvas.pack()
57   tk.update()
58
59   paddle = make_paddle(PADDLE_X0, PADDLE_Y0)
60
61   # イベントと、イベントハンドラを連結する
62   canvas.bind_all('<KeyPress-Up>', up_paddle)
63   canvas.bind_all('<KeyPress-Down>', down_paddle)
64   canvas.bind_all('<KeyRelease-Up>', stop_paddle)
65   canvas.bind_all('<KeyRelease-Down>', stop_paddle)
66
67   # -----------------------
68   # プログラムのメインループ
69   while True:
70       move_paddle(paddle)         # パドルの移動
71       redraw_paddle(paddle)       # パドルの再描画
72       tk.update()                 # 描画が画面に反映される [4]
73       time.sleep(DURATION)        # 次に描画するまで、sleep する
```

　この例では、イベントハンドラを利用し、キーボードからの入力に応じてパドルを上下させています。このプログラムでのイベント処理は、次のようになります。

- 「↑」キーが押されると、イベントハンドラ up_paddle が呼び出され、上方向に進むようにパドルの速度を設定する

【4】 厳密には，update() では中断されているイベントハンドラの実行も行います。

- 押されている「↑」キーが離されると、イベントハンドラ stop_paddle が呼び出され、パドルの速度を 0 に設定する
- 「↓」キーについても同様の処理を行う

例題 3.3　ボールとパドルの衝突

(1)　左から向かってくるボールがパドルに当たったときに、パドルの色を変えるようにせよ。

リスト 3.3　03-paddle-ball.py (変更箇所のみ)

```
 1  import random
 2    ...
 3  # 変える色を用意する    ← 初期化部分に加える
 4  COLORS = ["blue", "red", "green", "yellow", "brown", "gray"]
 5    ...
 6  # パドルの色を変える    ← パドルの関数群に加える
 7  def change_paddle_color(pad, c="red"):
 8      canvas.itemconfigure(pad.id, fill=c)
 9      canvas.itemconfigure(pad.id, outline=c)
10      redraw_paddle(pad)
11    ...
12
13  # これから書き加える、ボールが当たったときの処理に1行加える
14  change_paddle_color(paddle, random.choice(COLORS)) # 色を変える
```

　ボールオブジェクトの属性に色を表す c を追加した場合、**リスト 3.3** のようにすれば色を変更できます。ここでは色の変え方だけ示しましたが、この change_paddle_color は、**リスト 3.4** の 56 行目のように書き加えます。

(2)　パドルでボールを跳ね返せるようにせよ。また、ボールがパドルに当たった瞬間にパドルの色が変わるようにせよ。ボールを逸らした場合にはプログラムを終了させよ。

図 3.2　ボールを跳ね返す

リスト 3.4　03-paddle-ball.py (変更箇所のみ)

```python
 1  # 初期状態の設定
 2  DURATION = 0.01      # 描画間隔 (秒)
 3  PADDLE_X0 = 750      # パドルの初期位置(x)
 4  PADDLE_Y0 = 200      # パドルの初期位置(y)
 5  BALL_Y0 = PADDLE_Y0 + 20 # ボールの初期位置(y)
 6
 7  PAD_VY = 2           # パドルの速度
 8  BALL_VX = 5          # ボールの速度
 9
10  # 変える色を用意する
11  COLORS = ["blue", "red", "green", "yellow", "brown", "gray"]
12
13  @dataclass
14  class Ball:
15      id: int
16      x: int
17      y: int
18      d: int
19      vx: int
20      c: str
21
22  # ball
23  # ボールの描画・登録
24  def make_ball(x, y, d, vx, c="black"):
25      id = canvas.create_rectangle(x, y, x + d, y + d,
26                                   fill=c, outline=c)
27      return Ball(id, x, y, d, vx, c)
28
29  # ボールの移動(左右)
30  def move_ball(ball):
```

```
31    ball.x += ball.vx
32
33 # ボールの再描画
34 def redraw_ball(ball):
35     canvas.coords(ball.id, ball.x, ball.y,
36                 ball.x + ball.d, ball.y + ball.d)
37
38 ...  パドルのクラスと関数群は、例題 3.2 を参考に適宜書く
39 paddle = make_paddle(PADDLE_X0, PADDLE_Y0)
40 ball = make_ball(200, BALL_Y0, 10, BALL_VX)
41
42 ...  イベントハンドラの設定は、例題 3.2 と同じ
43
44 # ------------------------
45 # プログラムのメインループ
46 while True:
47     move_paddle(paddle)      # パドルの移動
48     move_ball(ball)          # ボールの移動
49     if ball.x + ball.vx <= 0: # ボールが左端についた
50         ball.vx = -ball.vx
51     if ball.x + ball.d >= 800:# ボールを右に逸らした
52         break
53     # ボールがパドルの左に届き、ボールの高さがパドルの幅に収まっている
54     if (ball.x + ball.d >= paddle.x \
55         and paddle.y <= ball.y <= paddle.y + paddle.h):
56         change_paddle_color(paddle, random.choice(COLORS)) # 色を変える
57         ball.vx = -ball.vx     # ボールの移動方向が変わる
58     redraw_paddle(paddle)     # パドルの再描画
59     redraw_ball(ball)         # ボールの再描画
60     tk.update()               # 描画が画面に反映される
61     time.sleep(DURATION)      # 次に描画するまで、sleep する
```

例題 3.3 からは、パドルと別に「ボール」を導入しています。

メインループでは、move_paddle、move_ball により、パドルとボールを移動した後に、ボールの衝突判定と処理を行います。

● 最初の if 文 (49 行目)：ボールが左端に当たった場合に跳ね返る処理

- 次の if 文 (51 行目)：ボールが右端に当たった場合にループから抜ける処理
- 次の if 文 (54 行目)：ボールとパドルの衝突判定を行い、衝突した場合は逆向き
  に同じ速度で跳ね返す処理

　メインのループ処理では、ボール、パドルの新しい位置を決めてから、redraw_paddle、redraw_ball で Canvas 上の図形の位置を変えます。

例題 3.4　ブロックの導入

(1) 右から向かってくるボールがブロックに衝突したら、消去するようにせよ。
(2) (1) で、さらにボールが跳ね返るようにせよ。

リスト 3.5　03-block.py (03-paddle-ball.py への変更箇所のみ)

```
 1  BLOCK_X = 10          # ブロックの位置(x)
 2  BLOCK_Y = 60          # ブロックの位置(y)
 3  BLOCK_W = 40          # ブロックの幅
 4  BLOCK_H = 120         # ブロックの高さ
 5  # ボール、パドルの初期状態は適宜記述する
 6
 7  @dataclass
 8  class Block:
 9      id: int
10      x: int
11      y: int
12      w: int
13      h: int
14      c: str
15  ...
16  # ボールとパドルの処理は、例題3.3と同じ
17  ...
18  # block
19  # ブロックの描画・登録
20  def make_block(x, y, w=40, h=120, c="green"):
21      id = canvas.create_rectangle(x, y, x + w, y + h,
22                                   fill=c, outline=c)
```

```
23        return Block(id, x, y, w, h, c)
24
25    # ブロックを消す
26    def delete_block(block):
27        canvas.delete(block.id)
28
29    # -----------------------
30    # wall
31    # 壁の生成
32    def make_walls(ox, oy, width, height):
33        canvas.create_rectangle(ox, oy, ox + width, oy + height)
34
35    ...
36
37    make_walls(0, 0, 800, 600)
38    # ballとpaddleの生成は、例題3.3と同様
39    block = make_block(BLOCK_X, BLOCK_Y, BLOCK_W, BLOCK_H)
40
41    # キーボードイベントの処理の設定は例題3.2と同様
42    ...
43
44    # -----------------------
45    while True:
46        move_paddle(paddle)        # パドルの移動
47        move_ball(ball)            # ボールの移動
48        if ball.x + ball.vx <= 0: # 左端の枠外：跳ね返す
49            ball.vx = -ball.vx
50        if ball.x + ball.d >= 800:# ボールを右に逸らした
51            break
52
53        # ボールがパドルの左に届き、ボールの高さがパドルの幅に収まっている
54        if (ball.x + ball.d >= paddle.x \
55            and paddle.y <= ball.y <= paddle.y + paddle.h):
56            change_paddle_color(paddle, random.choice(COLORS)) # 色を変える
57            ball.vx = -ball.vx        # ボールの移動方向が変わる
58
59        # ブロックが存在し、ボールの X 位置がブロックに届き、Y 位置もブロックの範囲内
60        if (block != None \
61            and ball.x <= block.x + block.w \
```

```
62        and block.y <= ball.y <= block.y + block.h):
63        ball.vx = - ball.vx      # ボールを跳ね返す
64        delete_block(block)      # ブロックを消す
65        block = None             # ブロックが消された状態をNoneとする
66
67    redraw_paddle(paddle)        # パドルの再描画
68    redraw_ball(ball)            # ボールの再描画
69    tk.update()                  # 描画が画面に反映される
70    time.sleep(DURATION)         # 次に描画するまで、sleep する
```

　リスト 3.5 のプログラム例のメインループには if 文が 4 つありますが、4 つ目の if 文がボールとブロックに対する処理です。

- 条件式 block != None は、「まだブロックが消されていなかったら処理を行う」という意味です。
  その後の and 演算子の後の条件は、ブロックの右端にボールの左端が触れたかどうかをチェックしています。つまり、「ブロックが存在し、そのブロックにボールが触れたら」という意味です
- 上述の条件が成立したときには、ボールの向きを逆向きにして、ブロックを消します。ブロックを消すために delete_block 関数を呼んでおり、その中で、Canvas 上の指定した図形を消去する canvas.delete 関数を利用しています。canvas.delete 関数の引数には、図形の識別番号を指定します。最後に、block = None として、消すべきブロックがないことを指定します

　なお、and でつなげられた論理式は、左の項から順番に計算し、結果が False になった項があれば、それ以降の計算を行わずに、論理式全体を False と決定します。このような演算子を、ショートサーキット演算子と呼びます。

　リスト 3.5 の 4 つ目の if 文の条件式は、次のような論理式なので、たとえば block != None が成立しない、つまり block が None であれば、その後ろの項を計算することなく、論理式全体の結果を False とします。

```
# ショートサーキット演算了 and
block != None
```

```
and ball.x <= block.x + block.w
and block.y <= ball.y <= block.y + block.h
```

　同様に or もショートサーキット演算子です。論理演算子の「または」という演算子は「どれかひとつが True ならば、True」という意味です。つまり or 演算子の場合には、第 1 項の論理式が True と判定されたなら、式全体の結果も True と確定するため、その後の論理式は一切判定されません。ショートサーキット演算子を使用した場合、2 番目以後の論理式に関数呼び出しなどがあって、その手前で論理判定が確定していると、関数呼び出しすらされないことになります。この点にも注意が必要です。

例題 3.5　　ボールと複数のブロック

複数のブロックを配置して、すべて消去できたらプログラムを終了するようにせよ。

図 3.3　複数のブロック

リスト 3.6　03-blocks.py (03-block.py からの変更箇所のみ)

```
1  NUM_BLOCKS = 4        # ブロックの数
2  ...
3  # 複数のブロックを生成する
4  def make_blocks(n_rows, x0, y0, w, h, pad=10):
5      blocks = []
6      for x in range(n_rows):
7          blocks.append(make_block(x0, y0, w, h))
```

```
 8          x0 = x0 + w + pad
 9      return blocks
10  ...
11  blocks = make_blocks(NUM_BLOCKS, BLOCK_X, BLOCK_Y, BLOCK_W, BLOCK_H)
12  ...
13  # ----------------------------
14  # プログラムのメインループ
15  while True:
16      # ボール、パドルの処理部分は例題3.4までと同じ
17
18      for block in blocks:
19          # ボールの X 位置がブロックに届き、Y 位置もブロックの範囲内
20          if (ball.x <= block.x + block.w \
21              and block.y <= ball.y <= block.y + block.h):
22              ball.vx = -ball.vx       # ボールを跳ね返す
23              delete_block(block)      # ブロックを消す
24              blocks.remove(block)     # ブロックのリストから、このブロックを削除
25              break
26      if blocks == []: break       # blocks リストが空になったら終了
27      ...
```

ここでは、4つ（NUM_BLOCKS = 4）のブロックを登録するために

```
blocks = make_blocks(NUM_BLOCKS,...)
```

としています。blocks は、ブロックオブジェクトを要素とするリストです。

　リスト 3.6 の 18 行目、メインループ内の for 文が、各ブロックに対するボールの処理とブロックの消去の処理です。ブロックとボールが触れたかどうかの判定は、例題 3.3 でのパドルとボールの衝突と同様です。ブロックを消去する際には、blocks.remove(block) として、リスト blocks から、取り出しているブロック block を消去しています。

練習問題 3.1　二次元的なボールとパドル操作

図 3.4 のようなブロック崩し (1 列) を完成させることが目標である。
この練習問題では、パドルを左右に動かし、ブロックを横に並べる。
パドルを左右に動かし、パドルで一度だけボールを打ち返すゲームを作成せよ。
ボールは y 方向だけでなく、x 方向にも動くものとする。つまり斜めの方向に動く
ようにする。この段階で、ブロックはまだ作成しなくてよい。
(ファイル名：ex03-1-paddle.py)

　今回は、create_rectangle の代わりに、create_oval で円 (ボール) を描画する
方法を示します。

リスト 3.7　make_ball での円の描画

```
# ボールの描画・登録
def make_ball(x, y, d, vx, vy, c="black"):
    id = canvas.create_oval(x, y, x + d, y + d,
                            fill=c, outline=c)
    return Ball(id, x, y, d, vx, vy, c)
```

　oval とは楕円のことです。create_oval では「楕円を囲んで外接する長方形」
の左上の頂点の座標と、右下の頂点の座標を指定します。このような、対象とな
る図形に外接して取り囲む、目に見えない長方形の枠のことを、バウンディング
ボックス (Bounding Box) と言います。create_oval の x と y が円の中心の座標
ではないことに注意してください。衝突判定には、このバウンディングボックス
の境界線を使います。第 14 章では衝突判定のツールが登場しますが、そこでも
バウンディングボックスが利用されます。

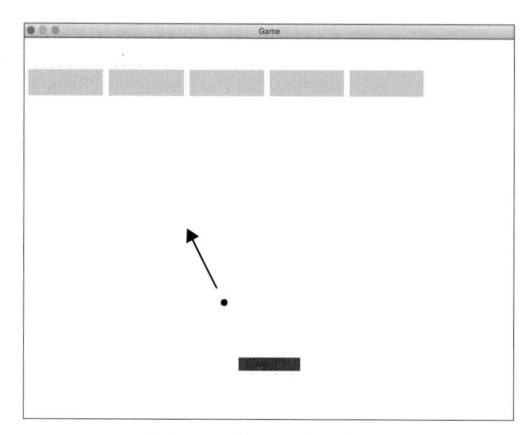

図 3.4　ブロック崩しゲーム

- （ステップ 1）まず、左右にパドルを動かすプログラムを作成せよ。「←」「→」のキーボードに対するイベント名はそれぞれ "<KeyPress-Left>"、"<KeyPress-Right>" である
- （ステップ 2）次に、パドルがボールと重なったかどうかを判定し、重なったらパドルの色を変えるプログラムを作ってみよ
- （ステップ 3）最後に、パドルがボールと重なったときにボールを反射させるようにせよ

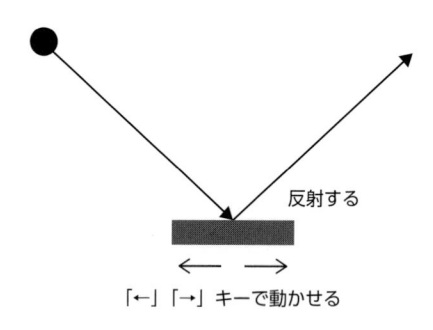

図 3.5　斜めに跳ね返す

パドルを使って、向かってくるボールを跳ね返すゲームを作成せよ。
なお、ボールは上部、左、右の3方向の壁で跳ね返るものとする。また、上方から向かってくるボールをパドルで打ち返せずに、ボールが画面の下部に出てしまった場合はゲームオーバとする。
（ファイル名：ex03-2-paddle.py）

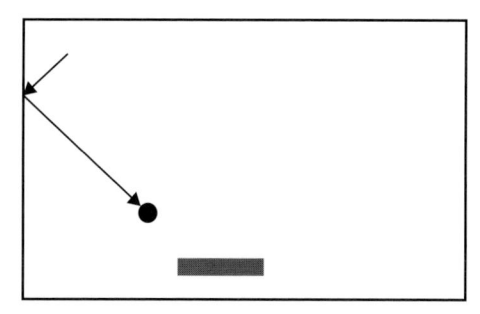

図 3.6 壁で跳ね返る

練習問題 3.2　1列のブロックを並べて消す

ブロック崩し（1列）を完成させよ。
横にブロックを並べ、ブロックにボールが当たったらブロックを消すようにプログラムせよ。
（ファイル名：ex03-3-blocks.py）

多少ゲームらしくしてみましょう。

これまでのプログラムでは、実行するといきなりボールが飛んできます。これでは、パドル操作が間に合わないかもしれません。そこで、**リスト 3.8** のようなコードを追加してみます。どこに追加するかは、自分で工夫しましょう。

リスト 3.8　ex03-3-blocks.py（一部分）

```
1  @dataclass
2  class Game:
3      start: int
```

```
 4  # --------------------
 5  def game_start(event):
 6      game.start = True
 7  ...
 8  game = Game(False)
 9
10  canvas.bind_all('<KeyPress-space>', game_start)  # SPACE が押された
11  ...
12  # ------------------------
13  # SPACE の入力待ち
14  id_text = canvas.create_text(400, 200, text = "Press 'SPACE' to start",
15                                  font = ('FixedSys', 16))
16  tk.update()
17
18  while not game.start:     # ひたすら SPACE を待つ
19      tk.update()
20      time.sleep(DURATION)
21
22  canvas.delete(id_text)    # SPACE 入力のメッセージを削除
23  tk.update()
24  ...
25  # この後、プログラムのメインループ
```

この例で、

```
id_text = canvas.create_text(400, 200, text = "Press 'SPACE' to start",
                                font = ('FixedSys', 16))
```

の部分で、画面に文字を表示しています。この例では、x = 400、y = 200 の位置
に text の文字列 ("Press 'SPACE' to start") を表示します。
　「スペースキーが押される」イベントを game_start メソッドで受け付け、ゲー
ム制御用データクラスの start の値を True に切り替えます。そうすると、最初
のループを抜け、プログラムのメインループに移ることができ、いきなりゲーム
が始まるという動作を変えることができます。
　Game Over! や、Clear! などの表示も工夫してみてください。

発展問題 3.3 **パドルの位置で角度を変える**

> パドルの位置で、跳ね返る角度を変えよ。
> （ファイル名：ex03-4-blocks.py）

現在は、入射角と反射角が同じ（x 軸方向の速度が一定）になっています。これでは、思い通りの方向にボールを飛ばせません。

そこで、パドルの中央に当たったら正面に向かって真っ直ぐ、パドルの右寄りに当たったら右向き、左寄りなら左で、端に当たるほど角度がつくように動きを変えてみましょう。

1 行追加するだけで、この処理を実現できます。

3.3 まとめ/チェックリスト

まとめ

1. canvas.bind_all 関数で、イベントとイベントハンドラを結びつけます。
2. キーイベントの場合は、event クラスの属性から「文字」を取り出すことができます。
3. ひとつひとつのキーに対し、押された、離されたというイベントを指定できます。

チェックリスト

- ☐ キーが「押された」とは別に「離された」イベントが発生します。それぞれを分けて考えていますか？
- ☐ 書式指定で、データをコンソールに出力するときは「print(" 書式指定文字列 ".format(変数))」関数を呼び出します。書式の書き方は、確認できましたか？
- ☐ 「while True:」の無限ループでは、if 文で break することでループを抜けられます。その書き方はわかりますね？

☐ ショートサーキットで and と or それぞれの「判定」を打ち切る条件は、理解できていますか？

☐ tkinter でオブジェクトの「色」を変える変え方は、わかりますか？

☐ ランダムに配列から要素を取り出す書き方は、わかりますか？

COLUMN **Python の実行環境**

　本書では、IDLE を利用し、IDLE からソースファイルを開く、あるいは、IDLE でソースファイルを入力してプログラムを実行させる、という流れで Python プログラムの実行を導入しました。

　Python のプログラムは、コマンドラインからも実行できます。コマンドラインとは、Windows のコマンドプロンプトや Power Shell、macOS や Linux の Terminal を用いて、GUI を経由せずにコンピュータに処理を実行させる際の命令のことです。python というコマンドが利用可能ならば、

```
> python ファイル名
```

と入力することで、そのプログラムを実行できます。ですが、その場合には、いくつか気にしなければならない点があります。

　まず encoding (符号コード) です。

　現在よく使われている日本語の encoding としては、Windows や macOS などで使用される Shift-JIS、Web プログラムなどで使用される UTF-8、そして、Linux などで使用される EUC といったものが挙げられます。Ruby や Python では、encoding をインタープリタに伝えるために「シェバング」というものを書くことがあります。たとえば、encoding が Shift-JIS であることを伝えるシェバングは次のようになります。

```
# -*- coding: shift-JIS -*-
```

　この 1 行をプログラムの先頭に書くと、Ruby や Python に encoding が Shift-JIS だと伝えることができます。

　次に注意が必要なのは、tkinter の描画プログラムです。

　コマンドラインから起動した場合は、プログラムの実行が終了すると、tkinter の Canvas は消えてしまいます。第 1 章の課題プログラムなどを実行すると、一瞬の描画が終わるとすぐに終了するため、何が描かれていたのか全く見えません。そうした場合には、tk を待たせる工夫が必要になります。

```
tk.mainloop()
```

という 1 行を最後に書き込んでください。tk が「閉じる」のを待ってくれるため、表示を確認する時間が取れます。

　最後に、コマンドラインから実行された際に、「最初に呼び出されたファイルの main 関数だけを実行する」ための慣例的な記述について説明します。これは、多くの Python の入門書などで記されています。

　メインプログラムを**リスト 3.9** のような形で記述します。

リスト 3.9　__main__ の判定

```
def main():
    # ここにプログラム
    sys.exit()

if __name__ == "__main__":
    main()
```

　"__main__" は、python コマンドが実行されたときに呼び出されたプログラムで「定義済みの名前」として __name__ に設定されます。それ以外のプログラムでは、プログラムのファイル名 (他のプログラムからインポートされて実行されているプログラムのモジュール名で、ファイル名の拡張子 (.py) を含まない部分) が __name__ に設定されます。

　IDLE で実行する場合は、ファイルから直接「実行」するので、常にそのファイルが実行されることになります。そのため、上記のような記述を行っても行わなくても、常に main 関数が実行されます。

　main 関数を定義すると、メインプログラムがどの部分かなのか明確になるため、そうした目的では読みやすくなりますが、必ずしも「実行するのに必要」というわけではありません。

第 4 章

プログラムの拡張

　「ゲーム」と呼ぶにはまだ余りにも単純すぎる、ボールとブロックのプログラムを書きました。

　これはまだ「ラフスケッチ」です。「プログラムできるかな？　まず基本的な動きを簡単に試してみようか」という程度の動きになっています。思わず熱中してしまうような本格的な「ゲーム」にするためには、まだ足りない要素があります。

　プログラムの「骨格」に肉付けして、機能を加えていく「肉付け」という作業が残っています。そして、細かい部分を見落とさずに、よりリアリティを持たせた「緻密さ」という要素もあります。

　本章では、これらふたつの要素を考えていきます。

4.1 衝突判定の落とし穴

リスト 3.4 を見てください。

(2) パドルでボールを跳ね返せるようにせよ。また、ボールがパドルに当たった瞬間にパドルの色が変わるようにせよ。ボールを逸らした場合にはプログラムを終了させよ。

という課題でした。

図 4.1 パドルに当たると色が変わる

このプログラムにおかしいところがあったのに気づきましたか？

```
ball = make_ball(200, BALL_Y0, 10, BALL_VX)
```

の部分を

```
ball = make_ball(200, 199, 10, BALL_VX)
```

とすると、どうなるでしょうか？

　ボールがパドルとぶつかっているように見えるにもかかわらず、跳ね返らずすり抜けてしまいます。

衝突判定を行っている if 文をよく見てみましょう。

```
if (ball.x + ball.d >= paddle.x \
    and paddle.y <= ball.y <= paddle.y + paddle.h):
```

　判定の内容について考察する前に、条件式の書き方について補足します。この y 軸方向の判定は Python 独特の書き方ですが、この部分を C 言語や Java などのプログラミング言語の流儀に合わせて書くと

```
paddle.y <= ball.y and ball.y <= paddle.y + paddle.h
```

となります。Python では B が A より大きく C より小さい、という条件式を

```
A < B < C
```

と簡潔に記述することができます。

　さて、ボールがすり抜ける問題ですが、問題となるのは paddle.y <= ball.y という条件です。図を書いてみましょう。

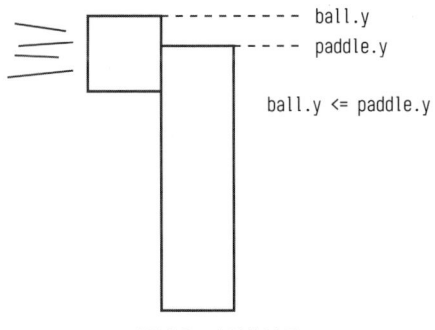

図 4.2　すり抜ける

　この条件判定では、ボールの上側とパドルの上側の座標を比較していることがわかります。しかし、**図 4.2** のような場合、paddle.y > ball.y なので衝突していないと判定されます。下側が当たっているにもかかわらずです。

　実際には**図 4.3** のように、ボールの下側とパドルの上側の座標を比較する必要があります。これを踏まえ、正しいコードに直してください。

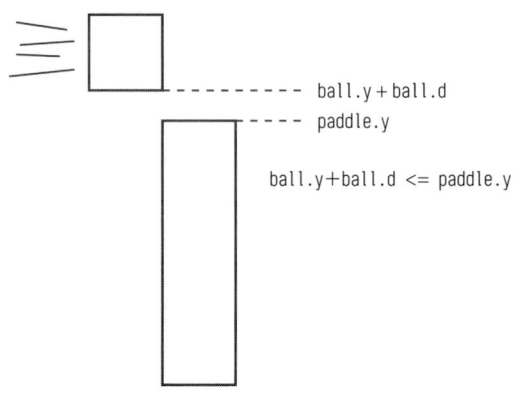

ball.y + ball.d

paddle.y

ball.y+ball.d <= paddle.y

図 4.3　当たっていない

例題 4.1　誤った衝突判定の修正

図 4.3 の条件判定を、正しいものに修正せよ。

リスト 4.1　04-paddle-ball.py (03-paddle-ball.py からの修正箇所のみ)

```
# ボールがパドルの左に届き、ボールの高さがパドルの幅に収まっている
if (ball.x + ball.d >= paddle.x \
    and paddle.y <= ball.y + ball.d \
    and ball.y <= paddle.y + paddle.h):
```

　and 条件と or 条件の関係がわかりにくくなった場合には、if 文を入れ子構造にして書く、という方法もあります。

リスト 4.2 04-paddle-ball.py (修正 2)

```
# ボールがパドルの左に届いた
if  ball.x + ball.d >= paddle.x:
    # ボールの下端がパドルの上端よりも下
    if (paddle.y <= ball.y + ball.d \
        # ボールの上端がパドルの下端よりも上
        and ball.y <= paddle.y + paddle.h):
```

こうした「動作判定」に関する部分は、ゲームでも、あるいはゲーム以外の制御などのプログラムでも、「肝」になることが多いでしょう。ややこしいと思った場合は、次のようにしてください。

1. 図を描き、プログラムの変数の関係を明示する
2. 言葉で関係を整理してみる
3. 「変化する前」の状態と、「変化した後」の状態を図にして比べる
4. 言葉で書いた「条件」を変数に当てはめてみる

こうして「判定部分」が正確に動作するように、プログラムしていきましょう。また、ボールが斜めに (二次元的に) 動くプログラムについても同様に、正確な動作をするものに直しましょう[1]。

4.2 終了条件と判定

発展問題 3.3 では、かなりゲームらしくなったことと思います。

---

[1] 本書の例題の条件判定では、if が細かくなりすぎるために省略した条件があります。どんな場面で何が起きるか、探してみてください。

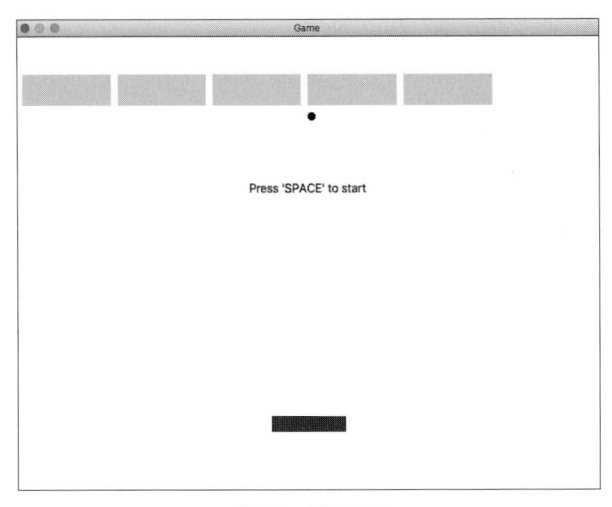

図 4.4　開始画面

　このゲームの構成では、開始と同時にボールは下に向かって飛んできます。下へ移動するとき、y 座標は大きくなります。うまくパドルでボールを打ち返せれば、ボールはまた上に向かい、ブロックや上の天井で跳ね返り、再び下に向かってきます。「ボールを下に逃す」とゲームオーバになります。また、すべてのブロックが消された場合はゲームクリアです。

　ここで「ボールを下に逃す」は、どのようにプログラムしたらよいでしょうか？

　単純に考えると、「移動後にボールが描画範囲の外に出るなら、Game Over! と表示して、ゲーム実行のループから抜け出す。」とするのが最もシンプルになります。

例題 4.2　Game Over!／Clear! の表示

> **(1)** 上方から向かってくるボールをパドルで打ち返せずに、ボールが画面の下部に出てしまった場合、ゲームオーバとせよ。

リスト 4.3　ex03-4-blocks.py（修正 1）

```
    if ball.y + ball.d + ball.vy >= 600: # 下に逸らした
        canvas.create_text(400, 200, text="Game Over!",
                                    font = ('FixedSys', 16))
        break
```

　「移動後にボールが描画範囲の外に出る」は「ボールの上端の座標にボールの高さを足した座標が、ボールの下端の座標となる。このボールの下端の座標に、『上下方向の移動量』を加えた『移動後』のボールの下端の座標が、画面の下端よりも下になる」と、論理を分解できます。例題のプログラムでは、画面の下の座標を 600 としていましたから、プログラムは**リスト 4.3** のようになります。次の部分です。

```
if ball.y + ball.d + ball.vy >= 600:
```

　そして、「ゲームオーバとせよ」は、「Game Over! と表示して、ゲーム実行のループから抜け出す」と読み換えましょう。
　「Game Over! と表示する」は、次のようになります。

```
canvas.create_text(400, 200, text="Game Over!", font = ('FixedSys', 16))
```

　「ゲーム実行のループから抜け出す」は、次のようになります。

```
break
```

　break 文は、今自分が実行しているブロックから抜け出しますから、

```
while True:
```

の while 文から抜け出すことになります。

　それでは、こちらはどうでしょうか?

> (2)　すべてのブロックを消したら、Clear! と表示してゲームを終了とせよ。

　これは、すでに例題 3.5 で扱った「ブロックを消す」部分を利用すれば完成です。

　リスト 3.6 に次のようなコードがありました。

リスト 4.4　03-blocks.py (一部分)

```
for block in blocks:
    # ボールの X 位置がブロックに届き、Y 位置もブロックの範囲内
    if (ball.x <= block.x + block.w \
        and block.y <= ball.y <= block.y + block.h):
        ball.vx = -ball.vx      # ボールを跳ね返す
        delete_block(block)     # ブロックを消す
        blocks.remove(block)    # ブロックのリストから、このブロックを削除
        break
if blocks == []: break          # blocks リストが空になったら終了
```

　リスト 3.6 では、ボールが左右に移動していたので、ボールの移動は

```
ball.vx = -ball.vx
```

でした。ここではボールは上下に移動するので、「ボールを跳ね返す」は

```
ball.vy = -ball.vy
```

ですね。

```
for block in blocks:
```

のループの中では、まず

```
delete_block(block)
```

によってブロックを消し、次に

```
blocks.remove(block)
```

を実行しています。blocks.remove によって、「リスト」からこの要素を取り除いています。

リストが「空」になったことの判定は、この例では

```
if blocks == []:
```

としています。この部分は

```
if len(blocks) == 0:
```

としても実現できます。

blocks が「空」になったら、Clear! と表示してゲームを終了する、というのは次のようになります。

リスト 4.5 ex03-4-blocks.py (修正 2)

```
if len(blocks) == 0:  # 配列が空の、別のチェック方法
    canvas.create_text(400, 200, text="Clear!",
                       font=('FixedSys', 16))
    break    # 終了！
```

4.3　ゲーム世界の拡張

　第 2 章の冒頭にあった次の項目を、どこまで「実現」できるか挑戦してみましょう。

1. パドルの位置によって反射の角度が変化する
2. スコアを表示する
3. アイテムや敵などが上から降ってくる
4. 条件によって、ボーナス点などを設定する
5. 次第にボールの速度が上がるようにする
6. 次第にパドルの長さが短くなる
7. ブロックの裏側にもボールが当たる
8. 2 行以上ブロックを配置する
9. ブロックの堅さを設定する
10. ボールが複数飛ぶ
11. 音をつける

たとえば、こんな項目があります。

パドルの位置によって反射の角度が変化する

　これは、発展問題 3.3 の内容です。どうプログラムしたらよいでしょうか？

　次の図を見てください。なお、b.x は ball.x、b.d は ball.d、p.x は paddle.x、p.w は paddle.w を表しています。

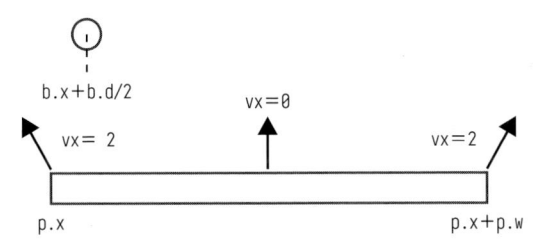

図 4.5 反射時の vx

　ボールの中心 (b.x + b.d/2) がパドルの左端 (p.x) のときに新しい vx が −2 となり、パドルの右端 (p.x + p.w) のときに vx が 2 となるように、新しい vx を計算すれば角度が変化します。一次関数ですね。ただし、ここで注意すべき点があります。「座標」は、グラフィックス平面上の pixel（画素）に対応するため、「整数値」を持ちます。

```
a = -1.5
print(int(a)) # -> -1
a = 1.5
print(int(a)) # ->  1
```

　Python では、int 関数で実数から整数に変換すると絶対値の「切り捨て」が起きますから、切り捨てられて整数となった際に、左端から一定の範囲は vx = −2、右端から一定の範囲は vx = 2 となるようにプログラムするとしたら、座標変換の一次関数の「値域」は、−3 < vx < 3 となります。

　ボールとパドルが衝突した際に、ボールの速度を求める関数を f とします。パドルの左端から見たボールの中心位置を x で表してみると、

$$x = \text{b.x} + \text{b.d/2} - \text{p.x}$$

となります。ボールの左端＋ボールの半径−パドルの左端、という計算式です。このとき $f(x)$ の条件式は

$$f(0) = -3, \quad f(\text{p.w}) = 3$$

と表すことができます。p.x から、ボールの中心を見たときの式です。ボールの中心が左端なら − 3、右端（パドルの幅だけ右寄り）なら 3 ということです。このふたつの式を連立させて、連立方程式として解いてください。$y = ax + b$ の連立方程式に、$(x, y) = (0, -3)$, $(\text{p.w}, 3)$ のふたつの座標を代入して、係数を求めます。そうすると、$a = 6/\text{p.w}$, $b = -3$ が得られます。つまり

$$vx = 6/\text{p.w} \times x - 3$$

です。ここに

$$x = \text{b.x} + \text{b.d}/2 - \text{p.x}$$

を代入すると、

$$vx = 6 \times (\text{b.x} + \text{b.d}/2 - \text{p.x})/\text{p.w} - 3$$

で、表され、これをプログラムで書くと

```
ball.vx = int(6 * (ball.x + ball.d/2 - paddle.x) / paddle.w) - 3
```

となります。

　物理モデルを「数学的」に表すときには、図を描いたり、関係式の「定義」を明確にしたりすることで、自分のイメージしたゲーム世界を「書き表す」ようにしましょう。

　なお、なぜ 2 を得たいのに 3 なのかについては、小数点以下切り捨てを前提に図にしてみると理解できると思います。また、もしも vx が整数ではなく実数だった場合には、別の式が出てくるので、考えてみてください。

4.4 内部状態の拡張

　さて、本章の練習問題は、練習問題 4.1 ひとつだけで、ゲームとしての完成を目指します。以降の例題では、練習問題 4.1 の解答例プログラム（ex04-blocks.py）でのコードを示していきます。

　　ブロックの堅さを設定する

　この条件は、どのように表現したらよいでしょうか。

　　「ブロックの堅さ」とは「ブロックを消すために、2 回、3 回とボールが当たる必要　　がある、ということ」

と書き表してみましょう。これを「どうプログラムするか」が問題になります。「3 回ボールが当たると消される堅さのブロック」に、1 回ボールが当たると「2 回ボールが当たると消される堅さのブロック」になります。もう 1 回当たると、「1 回ボールが当たると消される堅さのブロック」になります。

　そう考えると、「あと何回ボールが当たると消されるか、カウンタがあればよい」という答えが出ます。ヒントなしでこの答えにたどり着けるようになってください。

　そこで、「カウントダウン」の「カウンタ」を作ろう、という発想をします。名前はどうしましょうか？　「カウントダウン」という名前をつけると、「何のカウントダウンか」がわかりませんね。他に何か「カウントダウン」する要素があると、間違えてしまう可能性があるので、この名前は避けます。「消される」→「壊される」とすると、「ブレイクカウンタ」（壊れるまでのカウンタ）として、紛らわしさが解消されます（もっとよい名前があるかもしれませんが）。そこで、「ブロック」を表すオブジェクトに、bc（break counter）という属性を加えてみましょう。

リスト 4.6 ex04-blocks.py (Block クラスにブレイクカウンタを追加)

```
@dataclass
class Block:
    id: int
    x: int
    y: int
    w: int
    h: int
    bc: int     # 硬さのカウンタ
    c: str
```

　今、ブロックに「ブレイクカウンタ」を追加しました。他の処理でも、必要な部分にはこの bc の扱いを追加していくことになります。特に、「ブロックが消滅する」部分でこの処理は必要ですね。

リスト 4.7 ex04-blocks.py (硬さを変える)

```
# ボールの X 位置がブロックの範囲内で、ボールの Y 位置がブロックの範囲内
if (block.x < ball.x + ball.d/2 < block.x + block.w \
    and (block.y <= ball.y <= block.y + block.h
        or block.y <= ball.y + ball.d <= block.y + block.h)):
    ball.vy = -ball.vy
    block.bc -= 1
    if block.bc == 0:  # 硬さの残りが0
        delete_block(block)
        blocks.remove(block)
```

　ボールがブロックに当たった場合の処理の部分に、「カウントダウン」[2] の処理と、「もしカウントダウンのカウンタが0になったら」という if 文を書き加えます。

例題 4.3　 スコアを表示しよう

「スコアを表示する」をプログラムせよ。

【2】 C や Java などの言語では「デクリメント (マイナスがふたつ)」という演算子がありますが、Python にはありません。注意しましょう。

　「スコア」は、ゲームで遊ぶ人たちが「目標」とする重要な要素です。「ハイスコア」を目指して夜いつまでもゲームに没頭し、朝起きられなくて遅刻した、なんていう人はいませんか？　いえ、あなたが、ではなくて、あなたの知人にいませんか、という質問です。

　「ゲーム」を魅力的にするには、「適度に難しい」課題をクリアすると、より「高得点」が得られる、というゲーム世界の設定がうまくできている必要がありそうです。しかし、ここで考えているのは、いかにして「ゲーム世界を設計するか」ではなく、「どうやって具体的にプログラムするか」なので、その部分は「決めて」しまいましょう。

1. ブロックに当たるたびに「得点」が「スコア」に加算される
2. 「スコア」は、常にゲームの画面内に表示されている

　この 2 項目をプログラムしてみましょう。「ゲーム世界」に「スコア」という概念を持ち込むため、「スコア」を表す変数が必要になります。

　そこで、初期状態を設定する部分に次の行を追加します。

リスト 4.8　ex04-blocks.py（スコアの初期設定）

```
# 初期状態の設定
score = 0
ADD_SCORE = 10
```

　ここでは、スコアを「score」、当たるたびに「加点」する点数を「ADD_SCORE」とプログラムしてみました。もし「得点の加算」に別のルールがあるなら、この ADD_SCORE を関数にして、計算で求めることも考えられます。

　さて、score が小文字、ADD_SCORE が大文字なのはなぜでしょうか？　Python には定数とそうでない変数とを区別する機能はありません。そこで「固定値」として使用する変数は、慣習的に大文字で表現します。つまり、score はゲームの進行に伴い変化する「変数」であり、ADD_SCORE は「固定値」として加点する点数であるという使い分けを、小文字と大文字で表現しています。

　プログラムの中で、変数の「初期化」などは、なるべく 1 か所に集めましょ

う[3]。1 か所に集まっていると、固定値を変えたときなどの動作の比較検討が容易になり、編集が楽になります。そのような意味で、メンテナンス性が高まる、と考えられます。

　「ブロックに当たるたびに「得点」が加算される」という処理は、「ボールがブロックに当たった」場合の処理をしている部分で、score に ADD_SCORE を加算しましょう。

リスト 4.9　ex04-blocks.py (スコアの加点)

```
if ... :               # ボールがブロックに当たったら
    score += ADD_SCORE # スコアに ADD_SCORE を加点する
    block.bc -= 1      # カウントダウンする
```

　ここでは、ブレイクカウンタをカウントダウンする処理の手前に加点の 1 行を書きました。
　「加点」の方法を変えたい場合は、この

```
score += ADD_SCORE
```

のプログラムを変更します。
　スコアの表示は、「Press 'Space' to start」という表示の前に次の 1 文を入れてみましょう。

リスト 4.10　ex04-blocks.py (スコアの表示)

```
id_score = canvas.create_text(10, 10, text=("score;" + str(score)),
                              font=("FixedSys", 16),
                              justify="left", anchor=NW)
```

　ここで justify = "left" は、「左寄せ」を意味します。また、anchor は文字列の「どの位置」を指定の座標に合わせるかを表します。指定しない場合は CENTER

【3】 単に変数を初期化するだけではなく、他の機能定義に密接に関連するような場合には、関係するプログラムに近い場所で定義する場合もあります。臨機応変に、とにかく「わかりやすく、読みやすく」プログラムを書くことが大切です。

になります。

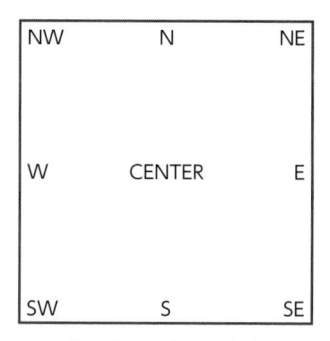

図 4.6 Anchor の指定

N、E、S、W はそれぞれ North、East、South、West、つまり日本語では東西南北に相当します。**リスト 4.10** の NW は北西、つまり左上の座標を (x，y) = (10，10) に合わせる、という指定です。これによりスコアを「表示する」ことが可能になります。

次に、スコアが「更新」された際に、スコアの表示も更新するようにします。

リスト 4.11　ex04-blocks.py (スコアの更新表示)

```
if ... :                  # ボールがブロックに当たったら
    score += ADD_SCORE    # スコアに ADD_SCORE を加点する
    canvas.itemconfigure(id_score, text="score:" + str(score))
    block.bc -= 1         # カウントダウンする
```

canvas.itemconfigure は、一度描画した Canvas 上の要素の「属性」を更新します。x、y 座標や色などを変えることもできますし、ここではテキストを更新することでスコアの表示を更新しています。

例題 4.4　ボーナスアイテムや敵の落下

「アイテムや敵などが上から降ってくる」をプログラムせよ。

105

　ゲームの設定のひとつに、「上から何かが落ちてくる」というものがあります。落ちてくるものは、何かを組み立てるパーツであったり、左右に動かして「配置」することで同じ色のものを消すものだったりと、ゲームによって様々な種類や設定があります。

　この例題のゲームでは、落ちてくる「モノ」を次のように設定しましょう。やり方をつかんだら、皆さんは自分で自由に設定を考えてみてください。

1. ランダムで画面の上部に発生する
2. 一定の速度で落ちてきて、画面下までくると消える
3. 「アイテム」の場合には、「パドル」で受け止められたら「得点」が加算される
4. 「敵」の場合には、「パドル」に当たると「ゲームオーバ」になる

　「アイテム」と「敵」の違いは、パドルに当たったときの処理です。いずれも画面の上部に発生させるので、ここでは「敵」の例だけ提示します。

　「敵」が出現するのはゲームの進行中ですが、ブロックなどと同様に最初に定義しておき、必要に応じて「敵」として出現させましょう。ここでは、「Spear（槍）」が上から降ってくることにします。

リスト 4.12　ex04-blocks.py (槍の関数)

```
@dataclass
class Spear:
    id: int
    x: int
    y: int
    w: int
    h: int
    vy: int
    c: str
# ------------------
# spear
# 槍の描画・登録
def make_spear(x, y, w=1, h=40, vy=5, c="red"):
    id = canvas.create_rectangle(x, y, x + w, y + h,
                                 fill=c, outline=c)
```

```
        return Spear(id, x, y, w, h, vy, c)

# 槍を消す
def delete_spear(spear):
    canvas.delete(spear.id)

# 槍の移動（上下）
def move_spear(spear):
    spear.y += spear.vy

# 槍の再描画
def redraw_spear(spear):
    canvas.coords(spear.id, spear.x, spear.y,
                    spear.x + spear.w, spear.y + spear.h)
```

また、初期化部分には次の1行を追加しておきます。

```
spear = None
```

変数 spear には画面上に現れていない場合は、「何もない」を表す値 None を割り当てます。槍が画面上に表れている場合、その槍を表すオブジェクトを割り当てます。

ループ処理の中では、ボールやパドルなどと同様に次の記述を加えます。

リスト 4.13 ex04-blocks.py（槍の更新）

```
    move_paddle(paddle)          # パドルの移動
    move_ball(ball)              # ボールの移動
    if spear: move_spear(spear)  # 槍の落下
      :
      :
    redraw_paddle(paddle)        # パドルの再描画
    redraw_ball(ball)            # ボールの再描画
    if spear: redraw_spear(spear) # 槍の再描画
```

「if spear:」は、「spear が None でなければ」という条件を表します。if 文を

1 行にまとめています。オブジェクトが実在するかどうかを判断し、処理を行う
場合に、よく使われる書き方です。

　槍は「確率 1％」で発生させます。たったの 1％でも、1 秒間に 100 回の描画更
新を行いますので、かなりの頻度で発生します。この辺の数字は、実際に走らせ
てから調整してください [4]。

リスト 4.14　ex04-blocks.py (槍の更新)

```python
if spear==None and random.randam() < 0.01:  # 確率 1% で発生
    spear = make_spear(random.randint(100, 700), 10)
if spear and spear.y + spear.h >= 600: # 消す部分
    delete_spear(spear)
    spear = None
```

　さて、パドルに槍が当たった場合に、ゲーム終了となる部分は次のようになり
ます。

リスト 4.15　ex04-blocks.py (槍が当たった)

```python
if ball.y + ball.d + ball.vy >= 600: # 下に逸らした
    canvas.create_text(400, 200, text="Game Over!",
                       font=('FixedSys', 16))
    break
if spear:
    if (paddle.x <= spear.x <= paddle.x + paddle.w \
        and spear.y + spear.h >= paddle.y \
        and spear.y <= paddle.y + paddle.h):
        redraw_paddle(paddle)
        redraw_spear(spear)
        canvas.create_text(400, 200, text="Game Over!",
                           font=('FixedSys', 16))
        break
```

　ボールを「下に逸らした」ときの処理と並べておくと、修正しやすいでしょう。

【4】 調整しやすいように、**リスト 4.14**の先頭行の 0.01 という数字も「固定値」として定義してもよいで
　　しょう。

ただ、ちょっと待ってください。Game Over! の表示、つい「コピペ[5]」しちゃいました（だって、打ち込むのが面倒ですから……）。このままにしておくとどうなるでしょうか？ Game Over! の表示の位置をずらそうとしたときに、2 か所を修正しなければなりません。これは第 1 章でも書いた、

Don't Repeat Yourself

の原則に反します。「何かを修正したいときには、1 か所直せばよい」ようにしておくことが大切です。そのためには、game_over という関数を作って、それを呼び出すようにします。安易な「コピペ」はやめましょう[6]。

リスト 4.16　ex04-blocks.py (Game Over! の表示部分を関数にする)

```
def game_over():
    canvas.create_text(400, 200, text="Game Over!",
                        font=('FixedSys', 16))
        :
    途中省略
# メインのループ処理部分
        :
    if ball.y + ball.d + ball.vy >= 600:  # 下に逸らした
        game_over()
        break

    if spear:
        if (paddle.x <= spear.x <= paddle.x + paddle.w \
            and spear.y + spear.h >= paddle.y \
            and spear.y <= paddle.y + paddle.h):
            redraw_paddle(paddle)
            redraw_spear(spear)
            game_over()
            break
```

[5]　コピー・アンド・ペースト (Copy and Paste) の略です。コピー・ペーパーではありません。カンペはカンニング・ペーパーですが。

[6]　絶対にするな、ということではなく「結果の重大さを考えよう」ということです。

　これで、多少スッキリしました。「多少？」と思いましたか？　まだ、ゲーム全体の盤面のサイズ（x 最大 800、y 最大 600）の値を、直接使っています。これでは、ゲームの盤面のサイズを変えたいときに、何か所も修正する必要があります。
　そこで、次のように修正します。

リスト 4.17　ex04-blocks.py（盤面サイズ）

```python
tk = Tk()
tk.title("Game")

WALL_EAST = 800              # 壁の東側最大値(X最大)
WALL_SOUTH = 600             # 壁の南側最大値(Y最大)

canvas = Canvas(tk, width=WALL_EAST, height=WALL_SOUTH, bd=0,
                highlightthickness=0)
canvas.pack()
    :
BALL_X0 = WALL_EAST/2        # ボールの初期位置(x)
    :
PADDLE_X0 = WALL_EAST/2-50   # パドルの初期位置(x)
PADDLE_Y0 = WALL_SOUTH-100   # パドルの初期位置(y)
    :
def game_over():
    canvas.create_text(WALL_EAST/2, 200, text="Game Over!",
                       font=('FixedSys', 16))
    :
make_walls(0, 0, WALL_EAST, WALL_SOUTH)
    :
# SPACEの入力待ち
id_text = canvas.create_text(WALL_EAST/2, 200,
                             text="Press 'SPACE' to start",
                             font = ('FixedSys', 16))
    :
    if ball.x + ball.d + ball.vx >= WALL_EAST: # 右の壁
        ball.vx = - ball.vx
    :
    if ball.y + ball.d + ball.vy >= WALL_SOUTH: # 下に逸らした
        game_over()
        break
```

```
       :
   if len(blocks) == 0:  # リストが空の、別のチェック方法
       canvas.create_text(WALL_EAST/2, 200, text="Clear!",
                           font=('FixedSys', 16))
       break

   if spear==None and random.random() < 0.01:  # 確率1%で発生
       spear = make_spear(random.randint(100, WALL_EAST - 100), 10)
   if spear and spear.y + spear.h >= WALL_SOUTH:
       delete_spear(spear)
       spear = None
```

　このようにしておくと、「ゲームの盤面の大きさ」を変えるときには WALL_EAST や WALL_SOUTH だけ変更すればよいことになります。同様に、ボールの大きさや初期位置など、ゲームの進行に関係するすべての項目は、適切な名称で「固定値」として定義し、その値を変更するだけで変えられるようにしていくことが大切です。WALL_SOUTH の値を変えるだけの作業と、すべての 600 を 800 に書き換えるのと、どちらが大変か想像してみてください。また、「すべての 600 を 800 に書き換える」といった作業を一括で行うと、盤面の大きさとは無関係な 600 を 800 に置き換えてしまうというトラブルも起きます。

　こうした、システム全体に関係する「固定値」は、プログラムを書き始める前にリストアップしておくとよいでしょう。

練習問題 4.1　ゲームとして完成させよう

他の機能を追加して、ゲームとして完成させよ。
（ファイル名：ex04-blocks.py[7]）

【7】このプログラムリストは、後に続く発展問題の内容も含んだものになっています。

発展問題 4.2　ボーナスアイテムの追加

何種類かのボーナスアイテムを発生、落下させて、パドルでそれらを受け止めた場合に「ボーナス点」が加点されるようにプログラムせよ。

発展問題 4.3　パドルの長さの変化

時間の経過とともに、パドルが段階的に短くなる構造をプログラムせよ。

4.5　まとめ / チェックリスト

まとめ

1. ゲーム世界でのアイテムの動作を検討する際は、図を活用します。
2. if の論理判定は、入れ子構造にするとわかりやすくなる場合があります。
3. 「変化する前」と「変化した後」の状態を図にして比べてみましょう。
4. 「条件」を言葉にしてコメントなどに記載するとわかりやすくなります。
5. 複数の箇所で実行する可能性がある「機能」は関数として作ります。
6. 全体に共通する「値」は、名前をつけて変数にします。
7. 物理モデルをプログラムする場合には、数値変換の関数を式で定義、文書化しておきます。
8. 設計した機能を実現する際には、どんな変数定義を加えたらよいかを考えます。

チェックリスト

- [ ] リストが空か判定する方法は、わかりますね？
- [ ] canvas.itemconfigure メソッドで、属性を変えることができます。
- [ ] Python では「if A < B < C:」という書き方ができます
- [ ] break で抜け出すブロックが、どのブロックなのか意識してください。
- [ ] canvas.create_text を使うとき、文字の位置調整のやり方はわかりますね？

☐ リストから要素を取り除く方法は、わかりますか？

☐ Python には、インクリメント演算子やデクリメント演算子はありません。同じ
機能をどうプログラムするか、わかりますね？

COLUMN コーディング規約

プログラムの書き方、スタイルは人によって様々です。特に、スペースの入れ
方、改行の仕方、空白行の入れ方などは個性が出る場合があります。そんな中で
「誰が書いても同じスタイルになるように、書き方を統一しよう」という動きが起
きて、「コーディング規約」が定められるようになりました。

みんなが同じ書き方をすることで、プログラムコードは読みやすくなり、「メン
テナンス性の向上」や「生産性の向上」などにもつながります。そうして、「残業
時間が短くなる」などして「みんなが幸せ」になります。

Python では、本書の執筆時現在で、PEP 8 という規約が多くの会社などで一般
的に使われているようです。

PEP 8 のサイト https://pep8-ja.readthedocs.io/ja/latest/[4] を見てくださ
い。

たとえば、次のようなルールが定められています。

- インデントは空白 4 文字とする
- インデントはスペースを用いる（タブ統一の会社もある）
- 二項演算子の前後に空白を入れる
- 括弧の前後に余計なスペースは入れない
- 関数やクラスの間は空白 2 行、クラス内メソッドの間は空白 1 行
- 1 行 80 文字以上にしない

ただし、この規約には次のようなことも書かれています。

　一貫性にこだわりすぎるのは、狭い心の現れである

コーディング規約や、「一貫性」が求められるのはコードを読みやすくするため

です。しかし、規約は万能ではなく、データや処理の都合で規約通りに書くとかえって読みにくくなる場合もあります。理由もないのに規約を無視するのはよくありませんが、理由がある場合には、(チームプレイの場合には、リーダーの判断を仰ぐなどして) 柔軟に「より、読みやすい書き方」を考えるべきです。

　規約にこだわりすぎて、頑なに特定のプログラマを責めて「社内いじめ」の原因を作ったりすることは、本来の「コーディング規約」が目指す「生産性の向上」に逆行するでしょう。何のために規約が定められたか、その本質を考えてから規約への準拠を行うべきです。

第2部

オブジェクト指向 プログラミング演習

第5章
クラスとモデリング

第6章
集約とポリモーフィズム

第7章
継承、オーバーライド

第8章
リファクタリング

第 5 章

クラスとモデリング

第5章より、オブジェクト指向について学びます。

本章ではゲーム作成から一歩だけ離れて、「データ」とその「振る舞い」について考えてみます。

これまで何気なく書いてきた @dataclass や、class を掘り下げて考えます。

5.1　モデリングとオブジェクト

　現在のコンピュータは、現実世界の問題をそのまま取り扱うことはできません。これを取り扱うには、問題を「コンピュータが理解できる形」に変換した上で、コンピュータに渡す必要があります。このような作業を「**モデリング (模型化)**」と呼びます。

　モデリングで最も重要な作業は、対象をよく観察し、重要な部分だけを選んで抜き出すことです。たとえば、トランプを使ったポーカーなどのゲームで、役を自動的に計算するプログラムについて考えてみましょう。この場合、プログラムにとって重要な部分はトランプの「スート (Suit、♠などのマーク)」や「ランク (Rank、数字)」であり、逆にそれ以外の絵柄やカードの形状などは、プログラムにとってはあまり重要ではありません。このような取捨選択の作業を「**抽象化**」と呼び、計算機科学ではとても重要な考え方です。

　トランプで考えると、実在するトランプそのものをプログラムから取り扱うのは困難ですが、「スート」と「ランク」で構成された「データ」であれば、プログラムから簡単に取り扱うことができそうです。この「スート」と「ランク」のように、データの特徴を表したものを「**属性**」と呼び、さらにトランプの各カードのように実体を属性の集合として表現したものを「**オブジェクト**」と呼びます。これまで漠然と「家オブジェクト」とか「車オブジェクト」と呼んできましたが、実在する「家」を高さ、幅、色などの属性の集合として表現したので「家オブジェクト」、実在する「車」を大きさ、タイヤの大きさなどの属性の集合として表現したので「車オブジェクト」と呼んでいたわけです。

　ブロック崩しゲームを作る上で、第 4 章までに「ボール」「パドル」「ブロック」といったゲーム上に登場するモノを、ひとかたまりのデータ、すなわち「オブジェクト」として表現・利用する方法を紹介してきました。本章では、この方法をさらに深めて、「データ」のモデリングだけでなく、オブジェクトの「振る舞い」のモデリングも扱っていきます。このように、モデリングしたオブジェクトを中心としてプログラムを記述していく手法を、**オブジェクト指向プログラミング**と呼びます。これは、近代のプログラミング手法の主流のひとつです。そして、Python をはじめとする多くの言語には、オブジェクト指向プログラミングを促

進するための「オブジェクトシステム」が備えられています。特に「クラス」とい
う機構を通して「オブジェクト」を扱う手法は、様々なプログラミング言語で採
用されています。

　本章では、Python のクラスを利用して（データとしての）オブジェクトを扱う
方法を紹介し、さらにオブジェクトの振る舞いを表す「メソッド」の利用法につ
いても触れます。

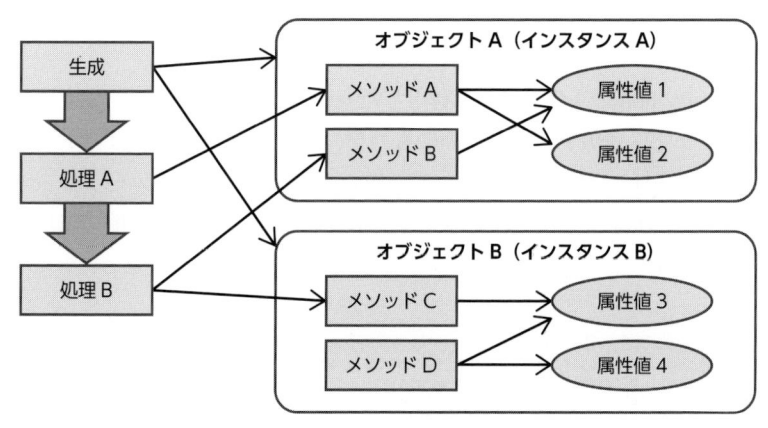

図 5.1　インスタンス、メソッドと属性値

　図 5.1 にオブジェクト指向のメソッド、属性、インスタンスの考え方を示し
ました。次節以降で、それぞれの用語の意味とプログラム方法を改めて細かく見
ていきましょう。

5.2　クラス

　これまで、「**オブジェクト**」を Python で表すために @dataclass を利用する方
法を紹介してきました。たとえばトランプの「ハートの 10」をオブジェクトとし
て表すのであれば、

リスト 5.1　@dataclass によるトランプのクラス表現

```
1  @dataclass
2  class Card:
3      suit: str
4      rank: int
5
6  card = Card("heart", 10)
7  print("{} の {}".format(card.suit, card.rank))    # heartの10
```

とプログラムします。

これは、Python の「**クラス**」を利用した表現です。この「クラス」というのはオブジェクトの「種類」を表すためのもので、それぞれのオブジェクトが持つ性質をプログラム上で定義できます。この例のようにトランプのカードを表すクラス「Card」を作れば、一枚一枚のカードを表すオブジェクトを簡単に表現できるようになります。

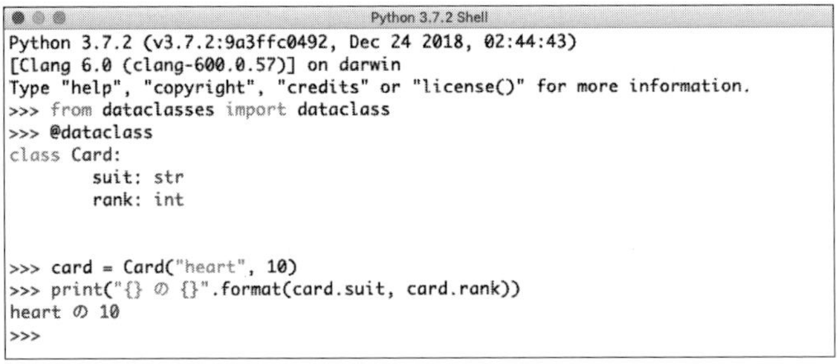

```
● ● ●                          Python 3.7.2 Shell
Python 3.7.2 (v3.7.2:9a3ffc0492, Dec 24 2018, 02:44:43)
[Clang 6.0 (clang-600.0.57)] on darwin
Type "help", "copyright", "credits" or "license()" for more information.
>>> from dataclasses import dataclass
>>> @dataclass
class Card:
        suit: str
        rank: int


>>> card = Card("heart", 10)
>>> print("{} の {}".format(card.suit, card.rank))
heart の 10
>>>
```

図 5.2　Card クラスの導入

リスト 5.1 では、2 行目の「class Card:」から始まるブロックで、Card という名前のクラスを定義しています[1]。

その前に書かれている @dataclass は、何でしょうか？

この @（アットマーク）で始まる宣言はデコレータと呼ばれ、クラスや関数、メソッドなどの前に宣言できるものです。デコレータが付されたクラス、関数、

---

[1] Python のコーディング規約では、クラスの名前は大文字で始めることになっています。2 単語以上のクラスは「CreditCard」のように各単語の先頭を大文字にして、つなげて書きます。

メソッドには、そのデコレータに応じた機能拡張がなされます。@dataclass を
クラスの前に宣言することで、クラスの持つ属性を簡単に宣言できます。このデ
コレータを使わない場合には、プログラムは次のようになります。

リスト 5.2 @dataclass なしのクラス表現

```
class Card:
    pass

card = Card()
card.suit = "heart"
card.rank = 10
print("{} の {}".format(card.suit, card.rank))    # heart の 10
```

　クラスの本体にある「pass」は、「**何もしない**」ということを表します。つまり、
カードを表すクラスを作成してはいますが、このクラスは特別な性質を何も持っ
ていないことになります。

5.3 属性

　リスト 5.2 では、カードのオブジェクトを新たに作成し、属性として後から
スートとランクの値を定義しています。この「**クラス名 ()**」という書き方は、ク
ラスのオブジェクトを新たに作成するという意味を持っています。なお、ここで
生成されるものを Python でも「オブジェクト」と呼びます。
　リスト 5.2 では

```
card = Card()
```

と書いて、Card クラスのオブジェクトを生成し、変数 card に代入しています。
オブジェクトの属性を定義するには、「**オブジェクト . 属性名 = 値**」のように書
きます。Python でも、オブジェクトの属性をそのまま「属性」と呼びます。ただ
し、文書によっては「インスタンス変数」と呼んでいる場合もあります。わかり

にくければ「オブジェクトの中に新たに変数を定義している」と考えるのがよい
でしょう。ここでは「card.suit = "heart"」や「card.rank = 10」と書いている
ため、カードのスート属性の値は「"heart"」、ランク属性の値は「10」となりま
す。

　一方で、**リスト 5.1** では

```
card = Card("heart", 10)
```

と書きました。@dataclass の宣言を行った場合、

```
card = Card()
```

を実行すると

```
TypeError: __init__() missing 2 required positional arguments: 'suit' and 'rank'
```

と表示されてエラーになります。@dataclass で宣言したクラスは、オブジェク
トを生成する際に、必ず指定された属性の値を与えなければなりません。このエ
ラーメッセージの意味は「5.7 コンストラクタ」で細かく見ていきますが、うっか
り属性の値を設定し忘れました、ということを防ぐためにも、この指定は便利で
す。

5.4　オブジェクトのメソッド

　今度は、トランプのカードを表示する関数を考えてみましょう。属性値が
card というひとつの「入れ物」に入れられているので、次のように「オブジェク
ト」を引数に取る関数を書くことができます。

リスト 5.3 トランプオブジェクトの表示関数

```
def print_card(card):
    print("{} の {}".format(card.suit, card.rank))
```

このように関数を定義しておけば、

リスト 5.4 トランプオブジェクトの関数を使った表示

```
card = Card()
card.suit = "heart"
card.rank = 10
print_card(card)
```

のように、オブジェクトに基づいた処理をわかりやすく記述できます。

クラスを利用した場合、このような関数をさらに使いやすくできます。

リスト 5.5 トランプの内容表示方法

```
class Card:
    def print_card(card):
        suit = card.suit
        rank = card.rank
        print("{} の {}".format(suit, rank))
```

見た目はほとんど**リスト 5.3** の関数と同じですが、**リスト 5.5** では Card クラスの本体で関数を定義しています。このようにクラスの本体に「オブジェクトを引数に取る関数」を定義すると、次のように呼び出すことができます。

リスト 5.6 トランプの内容表示の呼び出し方

```
card = Card()
card.suit = "heart"
card.rank = 10

card.print_card()
```

このプログラムを実行すると、コンソールには「heart の 10」と表示されます。

このように、クラス内でオブジェクトを第 1 引数に取る関数を定義した場合、「**オブジェクト . 関数名 ()**」のような形で関数を呼び出せます。関数の定義では引数にオブジェクトを取っていますが、呼び出す際の引数ではオブジェクトを省略している点に注意してください。このように、クラス内で定義した関数を「**メソッド**」と呼びます。「メソッド」は、そのクラスから作成されるオブジェクトの動作の仕方、すなわち「**振る舞い**」を定義していることになります。なお、Python では、メソッドの最初の引数名を「self」にするという習慣があります [2]。また、メソッド名の「print_card」という名前も少し冗長なので、まとめて直してしまいましょう。

リスト 5.7　トランプの print メソッド

```
1  class Card:
2      def print(self):
3          print("{} の {}".format(self.suit, self.rank))
4
5  card = Card()
6  card.suit = "heart"
7  card.rank = 10
8
9  card.print()
```

実はこれまで利用してきた「文字列 .format()」や「リスト .append()」もメソッドです。前者は文字列オブジェクトのメソッドで、後者はリストオブジェクトのメソッドです。

5.5　インスタンス

ここまでの例では、Card クラスの定義で「トランプのカードというもの」を抽象的に表しました。その中で、特定のカード「ハートの 10」を、card = Card()

[2] https://pep8-ja.readthedocs.io/ja/latest/

で具体的に「生成」しました。これまでは「オブジェクト」と「インスタンス」が
ほぼ同じであるように説明しましたが、「ハートの10」は、「トランプのカード」
の具体例で、このようにクラスから生成したオブジェクトを**インスタンス**と呼び
ます。

　図5.3にクラスとインスタンスの関係を示します。クラスは、オブジェクト、
すなわちインスタンスを生成するためのテンプレート（ここでは鯛焼きの型）に
たとえることができます。クラスには、各インスタンスが持つべき細かい定義
（鯛焼きの模様など）を記します。それに基づいて生成され、実際の属性値を持っ
ているのがインスタンスです。基本的には同じ模様がついていますが、焦げ目の
つき方がひとつひとつ違うように、個々のインスタンスはそれぞれ独立して、異
なる属性値を持つことができます。中に入っているのがアズキなのかクリームな
のかといった違いも当然出てきます。

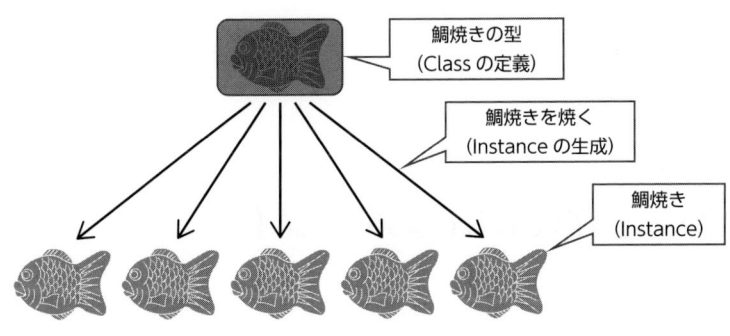

鯛焼きの型
(Class の定義)

鯛焼きを焼く
(Instance の生成)

鯛焼き
(Instance)

図5.3　クラスとインスタンス

　リスト5.7で登場した引数 self は、そのメソッドを処理するインスタンスそ
れ自体を指しています。インスタンスは、属性値として具体的な値を持ちます。
それが、「スートはハート」「ランクは10」といった表現になっています。

例題5.1　**ボールクラスの情報表示**

トランプの例を参考に、Ball クラスのオブジェクトの情報を表示する print メソッ
ドを作成せよ。

リスト 5.8　ボールの情報表示メソッド

```
 1  @dataclass
 2  class Ball:
 3      x: int
 4      y: int
 5      d: int
 6
 7      def print(self):
 8          print("pos=({},{}), diameter={}".
 9                  format(self.x, self.y, self.d))
10
11  ball = Ball(100, 200, 10)
12  ball.print()
```

　少しだけ「ブロック崩しゲーム」の話題をはさみます。オブジェクトの情報を表示するという基本的なメソッド宣言です。

　メソッドの宣言では、引数 self を忘れずに入れるとともに、その使い方に慣れましょう。

5.6　引数を取るメソッド

　次の例を見てください。

リスト 5.9　引数を取るメソッド

```
 1  @dataclass
 2  class Card:
 3      suit: str
 4      rank: int
 5
 6      def print(self, count):
 7          for x in range(count):
 8              print("{} の {}".format(self.suit, self.rank))
 9
10  card = Card("heart", 10)
11  card.print(5)
```

リスト5.9では、リスト5.7を少し改造して「def print(self, count)」のようにオブジェクト以外の引数を追加しています。これを呼び出すには、「card.print(5)」のように第2引数以降を実引数として指定します。呼び出すときの実引数が1個なのに「第2引数」とは少し変ですが、これは、第1引数のselfがインスタンスそれ自身を指しているためです。インスタンスからメソッドを呼び出すときに、常に「自分自身 = self」が第1引数として渡されることを意識しましょう。

例題 5.2　ボールの移動をメソッドで表現する

Ball クラスのオブジェクトを (dx, dy) だけ移動するメソッド move を作成せよ。

リスト 5.10　ボールを移動させるメソッド

```python
@dataclass
class Ball:
    x: int
    y: int
    d: int

    def print(self):  ... # 前と同じ

    def move(self, dx, dy):
        self.x += dx  # self.x = self.x + dx と同じ
        self.y += dy

ball = Ball(100, 200, 10)
ball.move(200, 100)
ball.print()
```

　引数として渡すのは、移動量のdxとdyです。メソッドの宣言では、まずselfを第1引数として、その後にdx, dyを続けます。メソッドを呼び出すことでオブジェクトに「仕事を依頼する」指示を出すときに、どのような情報が必要なのかを考え、その情報をパラメータとして渡せるようにします。メソッドを呼び出す側は、必要なパラメータ（引数）を渡すだけです。

5.7　コンストラクタ

カードのデータモデリングの例では、次のように属性を定義しました。

リスト 5.11　属性値の定義

```
@dataclass
class Card:
    suit: str
    rank: int
```

このとき card インスタンスの生成で

```
card = Card()
```

と入力するとエラーになり、次のようなメッセージが表示されました。

```
TypeError: __init__() missing 2 required positional arguments: 'suit' and 'rank'
```

ここで表示された __init__ は、実はコンストラクタと呼ばれる特別なメソッドです。

@dataclass を使わない場合には、次のように書くと @dataclass で定義した場合と同じ動作となります。

リスト 5.12　カードクラスのコンストラクタ

```
class Card:
    def __init__(self, suit, rank):
        self.suit = suit
        self.rank = rank

card = Card("heart", 10)
```

　メソッドを定義する際に「__init__」という名前を使った場合、クラスからインスタンスを生成する際、属性値を引数として渡せるようになります[3]。

　この「__init__」という名前のメソッドは、「クラス名 ()」に指定された引数を受け取るための特別なメソッドです。他のメソッドと同様に、引数の最初にオブジェクト自身（self）を取り、それ以降はインスタンス生成時の引数を指定します。このような、インスタンスを生成する機能を持つメソッドを「コンストラクタ」（constructor）と呼びます。コンストラクタを活用すると、インスタンスの生成と同時に各属性値を設定できるようになるため、プログラムが読みやすくなるだけでなく、属性の値を設定し忘れるなどのミスを減らせます。

　そして、実は @dataclass というデコレータは、属性値の名前と「型」だけを羅列することで、コンストラクタを作ってくれていたのです。だから、__init__ というコンストラクタを書いていないのに、「コンストラクタに渡すべき属性値（suit と rank のふたつ）が設定されていないよ」というエラーメッセージが表示されたのです。

　ここで述べた例をまとめると次のようになります。

リスト 5.13　トランプのクラス表現

```
 1  class Card:
 2      def __init__(self, suit, rank):
 3          self.suit = suit
 4          self.rank = rank
 5
 6      def print(self):
 7          print("{} の {}".format(self.suit, self.rank))
 8
 9  card = Card("heart", 10)
10  card.print()
11
12  # 単に以下のように書くことも可
13  Card("heart", 10).print()
```

【3】　わかりにくいかもしれませんが、「init」の前後にアンダースコア（_）がふたつずつ並んでいます。このアンダースコアふたつを含むメソッドは他にもありますので、覚えておいてください。

　このプログラムの書き方から、Card という種類（クラス）のオブジェクトが次の性質を持つことが一目でわかります。

- データとしてふたつの属性 suit、rank を持つこと
- コンストラクタでオブジェクトを生成できること
- 振る舞いとして、print が定義されていること

例題 5.3　ボールのコンストラクタ

> トランプの例を参考に、Ball クラスのインスタンスを初期化し生成する __init__
> メソッドを作成せよ。

リスト 5.14　ボールのクラス表現

```
# class ボールの定義
class Ball:
    def __init__(self, x, y, d):
        self.x = x
        self.y = y
        self.d = d

    def print(self): ...  # 前と同じ

    def move(self, dx, dy): ...   # 前と同じ

ball = Ball(100, 200, 10)
ball.move(200, 100)
ball.print()
```

　コンストラクタ内で x と書くと、それは引数の x を意味します。属性値の x を表すときは、self.x と書きます。コンストラクタ以外のメソッド内でも同様です。

練習問題 5.1　家クラスの定義

第 1 章の例題 1.3 のプログラムを、@dataclass を用いないクラス定義の形で記述
せよ。適切なコンストラクタも定義せよ。

(1) 「家」を高さ、幅、屋根の色、壁の色の 4 属性でモデリングすることを考える。
　　クラスを利用して「家」を表すオブジェクトを作成できるようにせよ。クラス
　　名は House とする。__init__ メソッドを利用せよ。

(2) 「家」オブジェクトを Canvas 上に描画する draw メソッドを作成し、家を数
　　軒表示させよ。

(3) 表に示す 4 軒の「家」を考える。

　　(a) 家オブジェクトと Python のリストを利用して、**表 5.1** に示す「4 軒の
　　　　家」を Python のプログラムで表現せよ。

　　(b) 「4 軒の家」を Canvas 上に表示するプログラムを作成せよ。

（ファイル名：ex05-houses.py）

表 5.1　4 軒の家

属性	家 1	家 2	家 3	家 4
幅	50	100	70	50
高さ	100	70	120	50
色（屋根）	"green"	"blue"	"blue"	"red"
色（壁）	"white"	"grey"	"white"	"orange"

最終的に（3）のプログラムの概形は**リスト 5.15** のようになります。

リスト 5.15　4 軒の家プログラム概形

```
from tkinter import *

class House:
    def __init__(self, w, h, roof_color, wall_color):
        # 属性の設定を行う

    def draw(self, x, y):
        ...
        canvas.create...
```

```
        canvas.create...
        # Canvas に自分自身を描画する。(x,y) を家の左上の座標とする

tk=Tk()
canvas = Canvas(tk, width=500, height=400, bd=0)
canvas.pack()

houses = [
    House(50, 100, "green", "white"),
    ...
    ]

x = 0
y = 100
PAD = 10

for house in houses:
    house.draw(x, y)
    x = x + house.w + PAD
```

練習問題 5.2　車クラスの定義

第 1 章の練習問題 1.1 を参考に、@dataclass を用いないクラス定義の形で「車」
を表すオブジェクトをクラスから作成できるようにせよ。適切なコンストラクタも
定義せよ。クラス名は Car とする。
練習問題 5.1 と同じ過程で、異なる外見を持つ 4 台の車をオブジェクトで表現し、
Canvas に表示せよ。Canvas に車を表示するために、Car クラスに draw メソッ
ドを実現せよ。
（ファイル名：ex05-cars.py）

図 5.4　Car クラスの車 4 台

練習問題 5.3　ボールクラスの導入

ボールが壁で跳ね返るアニメーションを作成せよ。ボールの移動や描画は、クラスのメソッドとして定義せよ。考え方は第 2 章で扱ったボールのアニメーションと同じである。
（ファイル名：ex05-bounce.py）

リスト 5.16 は、このプログラムの概形を示したものです。なお、関数 create_ball は、前の章では、make_ball としていたものです。復習になりますが、この関数は、

1. Canvas 上にボールの図形を登録し、その識別番号 id を取得する
2. Ball クラスのオブジェクトをひとつ生成するが、その際に取得した id を渡す
3. 生成したボールオブジェクトを返す

という処理を各行で行っています。識別番号 id は、redraw メソッドで Canvas にボールを再描画する際に必要となります。

　この練習問題は難しく感じられるかもしれませんが、例題 2.3 の redraw_ball 関数を Ball クラスのメソッド redraw に置き換えればほぼ完成です。すでに Ball クラスのコンストラクタと move メソッドは作り方がわかっているので、これで、「ブロック崩しゲーム」をオブジェクト指向でプログラミングする準備ができました。

リスト 5.16　Ball クラスのプログラム概形

```python
from tkinter import *
import time

DURATION = 0.01

class Ball:
    def __init__(...):
        # Ball オブジェクトを生成する際に属性を定義する

    def move(self):
        # 移動する

    def redraw(self):
        # Canvas 上に描画する

def create_ball(x, y, d, dx, dy):
    id = canvas.create_rectangle(0, 0, 0, 0, fill="black")
    ball = Ball(id, x, y, d, dx, dy)
    return ball

tk=Tk()
canvas = Canvas(tk, width=500, height=400, bd=0)
canvas.pack()

ball = create_ball(100, 100, 10, 3, 2) # ボールオブジェクトを1個作成
...
# 以下メインルーチン
while True:

    ...
```

```
tk.update()
time.sleep(DURATION)
```

練習問題 5.4 **複数インスタンスとループ処理**

練習問題 5.3 の Ball クラスを利用して、複数のボールが壁で跳ね返るアニメーションを作成せよ。
（ファイル名：ex05-bounce-many.py）

5.8 まとめ / チェックリスト

まとめ

1. 現実世界の問題をコンピュータで扱える形にすることを、モデリングと言います。

2. モデル化され「属性の集合」として表現されたものを、オブジェクトと言います。

3. モデリングされたオブジェクトを中心としてプログラムを記述することを、オブジェクト指向プログラミングと呼びます。

4. オブジェクトをプログラムで表現する仕組みにクラスがあります。

5. クラスは、オブジェクトを抽象的に定義したものであり、クラスを具体化したものがインスタンスです。

6. インスタンスが持つ属性 (attribute) を、インスタンス変数と呼ぶことがあります。

7. オブジェクトが持つ機能は関数で表現され、メソッドと呼ばれます。

8. メソッドはオブジェクトの振る舞いを定義しています。

9. クラスのインスタンスを生成する関数を、コンストラクタと言います。

チェックリスト

- ☐ クラス名は、慣例としてどんな書き方をしますか？
- ☐ プログラム作成段階で「何もしない」ことを書く書き方は？
- ☐ クラスのメソッドで、呼び出したインスタンス自身をどう表現しますか？
- ☐ コンストラクタの書き方はわかりますか？

COLUMN　C 言語の構造体

　オブジェクト指向言語が普及する前も、コンピュータで扱うデータのモデル化は工夫されていました。例として、UNIX（Linux の元になったオペレーティングシステム）を記述する言語として 1970 年代前半に開発され、広く普及し使われてきた言語である C 言語の場合を紹介します。C 言語では、構造体というデータ型があります。

リスト 5.17　C 言語の構造体

```
struct student_st{
    int      number; // 学生番号
    char     name[32]; // 氏名
    int      ent_year; // 入学年
}; // 学生構造体の定義
struct student_st student[3] = {
    {180001, "坂本 龍太", 2018},
    {180002, "伊藤 博之", 2017},
    {180101, "遠藤 勇", 2018},
}; // 学生データを定義した、構造体の配列
student_number = student[1].number; // 伊藤博之さんの学生番号を読み出す。
```

　このように構造体で学生という対象をモデル化し、3 名の学生を配列データとして表現できます。C 言語の配列は、Python のリストのようなものです。

　C 言語をもとに 1980 年代に考案された C++ というオブジェクト指向の言語では、構造体も使えますが、モデル化されたデータはクラスのメンバ変数として扱われるようになりました。さらにその後に開発された Java には構造体はなく、

最初からクラスのメンバ変数としてデータ化する対象をモデリングするようになりました。このように、オブジェクト指向言語では、モデル化するデータの変数をクラスのメンバとして定義することが一般的です。

　特にオブジェクト指向機構によって、メソッドもクラスのメンバとしてモデル化できるようになったお陰で、データに固有の処理を結びつけることが簡単になりました。クラスを定義し、クラスのメンバとして属性やメソッドを定義することにより、不注意なミスを減らせるようになったのです。

第6章

集約と
ポリモーフィズム

　第4章では、ある程度まとまった形の「ブロック崩し
ゲーム」ができあがったと思います。そして、第5章で
はオブジェクト指向プログラミングの「クラス」を導入
しました。

　本章では、これまで作成した「ブロック崩しゲーム」
をオブジェクト指向プログラミングのスタイルに従って
書き直していきます。もしかしたら、ゼロから作り直し
ても、その方が早いかもしれません。

6.1　オブジェクト導入の準備

　オブジェクトの導入の準備段階で、メインのプログラム部分も含めて、機能的にまとめられるものを関数化します。

　練習問題 5.3 を確認します。

ボールが壁で跳ね返るアニメーションを作成せよ。ボールの移動や描画は、クラスのメソッドとして定義せよ。考え方は第 2 章で扱ったボールのアニメーションと同じである。
（ファイル名：ex05-bounce.py）

---

　ex05-bounce.py を次のように書き換えます。

リスト 6.1　06-ex0-ball.py

```
 1  # Python によるプログラミング：第 6 章
 2  #  6.1 オブジェクト導入の準備
 3  # -------------------------
 4  # プログラム名: 06-ex0-ball.py
 5
 6  from tkinter import *
 7  from dataclasses import dataclass
 8  import time
 9
10  # 定数
11  DURATION = 0.01
12  LEFT, RIGHT, TOP, BOTTOM = (100, 400, 100, 300)
13
14  @dataclass
15  class Ball:
16      id: int
17      x: int
18      y: int
19      d: int
20      dx: int
```

```
21      dy: int
22      c: str = "black"    # 属性のデフォルト値を"black"とする
23
24      def move(self):                        # 移動する
25          self.x += self.dx
26          self.y += self.dy
27
28      def redraw(self):                      # Canvas上に描画する
29          canvas.coords(self.id, self.x, self.y,
30                        self.x + self.d, self.y + self.d)
31
32  def create_ball(x, y, d, dx, dy):  # ボールを生成する
33      id = canvas.create_rectangle(0, 0, 0, 0, fill="black")
34      ball = Ball(id, x, y, d, dx, dy)
35      return ball
36
37  def make_walls(ox, oy, width, height):
38      canvas.create_rectangle(ox, oy, ox + width, oy + height)
39
40  def check_wall(ball):    # 壁で跳ね返る
41      if ball.x + ball.dx <= LEFT or ball.x + ball.d + ball.dx  >= RIGHT:
42          ball.dx = -ball.dx
43      if ball.y + ball.dy <= TOP or ball.y + ball.d + ball.dy >= BOTTOM:
44          ball.dy = -ball.dy
45
46  def animate(ball):
47      while True:
48          ball.move()
49          check_wall(ball)
50          ball.redraw()
51          tk.update()
52          time.sleep(DURATION)
53
54  # 描画の準備
55  tk=Tk()
56  canvas = Canvas(tk, width=500, height=400, bd=0)
57  canvas.pack()
58
59  # 初期化
60  make_walls(LEFT, TOP, RIGHT - LEFT, BOTTOM - TOP)
```

```
61
62  ball = create_ball(100, 100, 10, 3, 2)
63
64  # メインプログラム
65  animate(ball)
```

　リスト6.1で、15〜30行目はクラスの定義です。また、32〜52行目は関数の定義になっています。これらの行は、定義なので参照されるまで実行されません。このプログラムでは、11行目と12行目が解釈された後、次に実行されるのは55行目です。

　リスト6.1の12行目では、

```
LEFT, RIGHT, TOP, BOTTOM = (100, 400, 100, 300)
```

としていますが、これは複数の代入を1行で行う書き方です。左（LEFT）から右へ順番に代入がなされます。＝の右側（右辺）には、複数の式をカンマで区切って並べ括弧で囲んだタプル式を書くことができます。この括弧は省略可能です。ここで、Pythonの「タプル（tuple）」は、値を並べたものをひとまとめにしてデータとして扱うものです。値を並べるという点はリストに似ていますが、設定した後の値の変更やデータの追加・削除はできません。なお複数代入は、次のようにリスト式でも行えます。

```
a_list = [100, 400, 100, 300]
LEFT, RIGHT, TOP, BOTTOM = a_list
```

　リスト6.1では、animate関数を定義して、メインのプログラムから無限ループを取り除いています。

　ここで、関数についての復習クイズです。create_ball、check_wall、animateのみっつの関数で、値を返すものがひとつだけあります。どれでしょう。また、それ以外のふたつの関数はどうして値を返さなくてもよいのでしょうか？　ある関数やメソッドが、戻り値を持つか持たないかは、よく見極める必要があります。

(答え) create_ball 関数だけが、生成したオブジェクトを値として呼び出し元に返します。return 文の有無ですぐに見分けがつきます。

- create_ball 関数は、指定したパラメータに従って Ball クラスのオブジェクトをひとつ生成し、そのオブジェクトを呼び出し元に戻す。同時に、Canvas にそのオブジェクトに対応する図形を登録するという機能も持つ
- check_wall 関数は値を返さないが、壁とボールが接触したかどうかを判定し、引数で渡された ball の速度を反転させる、という機能を持つ。判定の部分のみを関数にする方法もある
- animate 関数も値を返さないが、呼び出すと箱の中でボールが動く様子をアニメーションさせる、という機能を持つ

なお厳密には、return が書かれていない場合には、自動的に値 None が呼び出し元に返ります。None は例題 4.4 ですでに登場したように、「何もない」を表す特別な値です。

壁でのボールの反射は、壁との接触を判定する関数（接触したら True を返し、そうでなければ False を返す関数）を使って、次のように書くことも可能です。

リスト 6.2　True/False の判定メソッド

```
def hit_wall(ball):
    return ball.x + ball.dx <= LEFT or ball.x + ball.d + ball.dx >= RIGHT

def animate(ball):
    ...
    if hit_wall(ball):
        ball.dx = -ball.dx
    ...
```

check_wall 関数はボールの向きを反転させることが目的でしたが、この hit_wall 関数は接触の有無を判定することが目的であり、True か False を返す必要があります。

さて、**リスト 6.1** の例では、ボールをうまくオブジェクトとして表現できました。他には、どのようなオブジェクトが考えられるでしょうか？　システムを作成する中で「何をオブジェクトにするか」についてはいくつもの方法があり、これだけが正解というものは存在しません。しかし、ここではボールを跳ね返す「壁」をオブジェクトとすることは自然であると考えられます。後の例題では、四方にある壁を合わせて箱（Box）と呼び、これをオブジェクトとしています。

6.2　集約とコンポジション

オブジェクト指向プログラミングでは、対象とする問題やシステムをオブジェクトという単位で分解して捉えて、データや振る舞いを与えます。逆に、細かく分解した複数のオブジェクトをまとめて、さらに別のオブジェクトを定義する場合があります。ここではその例を見ていきます。

例題 6.1　リストの操作

整数 1、2、3 をこの順番で要素として持つリストを作成せよ。3 通りの方法で示せ。

まず、オブジェクトをまとめて扱うための簡単な方法は、Python のリストを利用する方法です。ここで知っておいてほしいのは、実は Python のリストも、ものを整列して追加できる袋（あるいは入れ物）としての機能を持つオブジェクトの一種であるということです。実際、リストのオブジェクトは

リスト 6.3　オブジェクトの列 (1)

```
nums = [1, 2, 3]
```

とすれば作成できますが、**リスト 6.4**、**リスト 6.5** のように、コンストラクタを用いて表すこともできます。

リスト 6.4　オブジェクトの列 (2)

```
nums = list((1, 2, 3))
print(nums)
```

リスト 6.5　オブジェクトの列 (3)

```
nums = list()
nums.append(1)
nums.append(2)
nums.append(3)
print(nums)
```

　すなわち、これまで「リスト」と言ってきたものは、組み込みクラス list のオブジェクトです。このように、要素としてのオブジェクトをまとめるためには、やはりオブジェクトを用います。

　以下では、第 5 章で扱ったトランプの例に戻って複数のオブジェクトをまとめる例を示します。3 枚のカードを表すオブジェクトは次のように書けます。

リスト 6.6　06-ex0-card.py

```
 1  from dataclasses import dataclass
 2
 3  @dataclass
 4  class Card:
 5      suit: str
 6      rank: int
 7
 8      def print(self):
 9          print("{} の {}".format(self.suit, self.rank))
10
11  cards = [
12      Card("spade", 1),
13      Card("spade", 2),
14      Card("spade", 3)
15      ]
16
17  for card in cards:
18      card.print()
```

　たとえば、これを利用して 3 枚のカードをランダムな順に並べるときには、次のように書くことができます。

リスト 6.7　06-ex0-shuffle.py

```
1  from dataclasses import dataclass
2  import random
3
4  # リスト6.6 の 3~15 行目と同じ
5
6  random.shuffle(cards)
7  for card in cards:
8      card.print()
```

　6 行目の random.shuffle(cards) によって、「集めた cards の並びをシャッフルせよ」を 1 行で表すことができています。

　以下ではカードゲームをわかりやすく表現するために、オブジェクトの組み合わせを用いる例を示していきます。

例題 6.2　カードとカードテーブル

> 一組 52 枚のカードを使う一人用のカードゲーム（トランプ）のモデリングを考える。カードゲームをするためにはカードの山札（deck）と手札（hand）[1] を置くカードテーブルが必要となるが、どのように定義すればよいか。カードテーブルをclass を用いて定義せよ。さらに、カードテーブルを作成する部分と、手札として5 枚のカードを配るものとしてカードを配布する部分とを記せ。

　ここでは単純に、山札も手札もカードをある順番で並べたもの（リスト）と考え、次のように deck、hand というリストオブジェクトを属性の値とするオブジェクトを作成します。

【1】 山札とは伏せた形で場に積まれている（プレイヤがめくる）カードを指し、手札とはプレイヤが手に持っているカードを指します。

リスト 6.8 カードテーブルクラス

```python
from dataclasses import dataclass
import random

@dataclass
class Card:
    ...          # 前のサンプルプログラムを参照のこと

class CardTable:
    def __init__(self): # カードテーブルの初期化
        self.deck = []
        self.hand = []

table = CardTable()
```

オブジェクト table は、まだカードが何もセットされていない状態を表しています。では、続けて次のようにしてゲームを開始できる状態にしましょう。

リスト 6.9 カードを配る

```python
from dataclasses import dataclass
import random

@dataclass
class Card:
    ...          # 前のプログラムを参照

class CardTable:
    ...          # 前のプログラムを参照

def set_cards(deck): ... # 後述の関数

table = CardTable()
set_cards(table.deck)
for x in range(5):
    card = table.deck.pop()   # カードを山札から一枚取り出し、
    table.hand.append(card)   # 手札に追加する
```

```
for card in table.hand:      # 手札のすべてのカードを取り出し、
    card.print()             # カードを表示する
```

これは、テーブルオブジェクト table を作成した後、次のみっつの処理を行っています。

1. set_cards で、52 枚のカードを山札に混ぜた状態でセットする
2. 最初の for 文では、山札の上から 5 枚を順にプレイヤに手札として配る
   (a) table.deck.pop() で、山札の一番上にあるカードを引き、
   (b) table.hand.append(…) で、それを手札の一番後ろに追加する
3. 2 番目の for 文で、手札を表示する

pop 関数は引数がないとき、リストの末尾からひとつデータを取り出し、そのデータをリストから取り除いて戻り値にします。set_cards は次のような関数で、1 セット 52 枚のカードを引数で渡されたリスト deck にセットして、シャッフルするものです。

リスト 6.10 山札にカードを用意

```
def set_cards(deck): # 山札にすべてのカードをセットする
    for suit in ["spade", "heart", "club", "diamond"]:
        for rank in range(13):
            deck.append(Card(suit, rank))
    random.shuffle(deck)
```

この関数も CardTable クラスのメソッドにしてしまいましょう。いくつかのメソッドを CardTable クラスに追加して、プログラムをまとめました。

リスト 6.11 06-cards-2.py

```
1  # Python によるプログラミング：第 6 章
2  #  例題 6.2 カードとカードテーブル
3  # -----------------------
4  # プログラム名: 06-cards-2.py
5
```

```
 6  from dataclasses import dataclass
 7  import random
 8
 9  @dataclass
10  class Card:
11      suit: str
12      rank: int
13
14      def print(self):                # カードの表示
15          print("{} の {}".format(self.suit, self.rank))
16
17  class CardTable:
18      def __init__(self):     # コンストラクタ
19          self.deck = []
20          self.hand = []
21
22      def print_hand(self):
23          for card in self.hand:
24              card.print()
25
26      def set_cards(self):        # デッキにすべてのカードをセットする
27          for suit in ["spade", "heart", "club", "diamond"]:
28              for rank in range(13):
29                  self.deck.append(Card(suit, rank))
30          random.shuffle(self.deck)
31
32      def deliver(self, n):
33          for x in range(n):
34              card = self.deck.pop()  # カードをデッキから一枚取り出し
35              self.hand.append(card)  # 手札に追加する
36
37  # メインプログラム
38  table = CardTable()
39  table.set_cards()
40  table.deliver(5)
41  table.print_hand()
```

ここでは、Card クラスのインスタンスのリストが CardTable の属性として取り

込まれています。しかも、同じ Card であっても、「山札にあるカード」(deck) と「手札にあるカード」(hand) というように、異なる扱いのデータとして処理を分けられるようになっています。

このように、あるクラスに別のクラスのオブジェクトを取り込んで処理することを、**集約 (Aggregation)** と言います。さらに、「自動車がエンジンや車輪といった構成要素として不可欠なものを取り込む」ような形は、**コンポジション (Composition)** と言います。

これで、オブジェクトを中心にシステムを表現する、オブジェクト指向プログラミングのスタイルになりました。

6.3　イベントハンドラメソッド

ゲーム作りに話を戻します。まず、前節で学んだオブジェクトの集約を用いて、「箱の中を動くボール」を表現してみます。

例題 6.3　箱の中のボール

箱を作り、その中で複数のボールを動かすようにせよ。

リスト 6.12　06-box-ball.py

```
 1  # Python によるプログラミング：第 6 章
 2  #   例題 6.3 箱の中のボール
 3  # -------------------------
 4  # プログラム名: 06-box-ball.py
 5
 6  from tkinter import *
 7  from dataclasses import dataclass
 8  import time
 9
10  @dataclass
11  class Ball:
12      id: int
```

```
13    x: int
14    y: int
15    d: int
16    dx: int
17    dy: int
18    c: str = "black"
19
20    def move(self):   # ボールを動かす
21        self.x += self.dx
22        self.y += self.dy
23
24    def redraw(self):      # ボールの再描画
25        canvas.coords(self.id, self.x, self.y,
26                      self.x + self.d, self.y + self.d)
27
28 # ゲーム環境のBox
29 class Box:
30    def __init__(self, x, y, w, h, duration):  # コンストラクタ
31        self.west, self.north = (x, y)
32        self.east, self.south = (x + w, y + h)
33        self.balls = []
34        self.duration = duration
35
36    def create_ball(self, x, y, d, dx, dy):  # ボールを生成する
37        id = canvas.create_oval(x, y, x + d, y + d, fill="black")
38        return Ball(id, x, y, d, dx, dy)
39
40    def make_walls(self):
41        canvas.create_rectangle(self.west, self.north,
42                                self.east, self.south)
43
44    def check_wall(self, ball):  # 壁との衝突確認
45        if ball.x + ball.dx <= self.west \
46            or ball.x + ball.d + ball.dx >= self.east:
47            ball.dx = -ball.dx
48        if ball.y + ball.dy < self.north \
49            or ball.y + ball.d + ball.dy >= self.south:
50            ball.dy = -ball.dy
51
```

```
52     def set_balls(self, n):  # ボールを生成してリスト化
53         for x in range(n):
54             ball = self.create_ball(self.west + 10*x,
55                                     self.north + 20*x + 10,
56                                     2*x + 10, 10, 10)
57             self.balls.append(ball)
58
59     def animate(self):
60         while True:
61             for ball in self.balls:
62                 ball.move()      # ボールの移動
63                 self.check_wall(ball)  # 壁との衝突チェック
64                 ball.redraw()  # 再描画
65             time.sleep(self.duration)
66             tk.update()
67
68 # 描画の準備
69 tk=Tk()
70 canvas = Canvas(tk, width=500, height=400, bd=0)
71 canvas.pack()
72
73 # メインプログラム
74 box = Box(100, 100, 300, 200, 0.05)
75 box.make_walls()
76 box.set_balls(5)
77 box.animate()
```

　リスト 6.12 は**リスト 6.1** のプログラムとよく似ていると思います。コンポジ
ションで、Box クラスの中で Ball クラスのオブジェクトを取り込んでいます。ど
こが変わったのかを比較してみてください。

　さて、以下では、イベントをオブジェクトに通知させる方法を示します。第
3 章で見たように、「キーボードからの入力などに対してパドルを動かす」といっ
た処理は、イベントを検知し、それに対するイベントハンドラを結びつけること
で行います。次に示すのは、「↑」キーが押されたことを検知してパドルの速度
を上向きに変え、上方向に動かす例です。例題 3.1 を思い出してください。

リスト 6.13 イベントハンドラ

```
paddle = create_paddle(...)
paddle_v = 2
def up_paddle(event):
    paddle["vy"] = - paddle_v

canvas.bind_all('<KeyPress-Up>', up_paddle)
```

　このように、これまではイベントハンドラを関数として定義し、これをイベントに結びつけて登録することで、イベント処理を実現していました。しかし、次の例題を見てください。

例題 6.4 **イベント処理でボールを増やす**

例題 6.3 で、スペースキーを押すと箱の中のボールが増えるようにせよ。

リスト 6.14 06-box-ball-2.py (変更部分)

```
 1  # Python によるプログラミング：第 6 章
 2  #   例題 6.4 イベント処理でボールを増やす
 3  # -------------------------
 4  # プログラム名: 06-box-ball-2.py
 5
 6  from tkinter import *
 7  from dataclasses import dataclass
 8  import time
 9
10  @dataclass
11  class Ball:
12      # リスト6.12 と同じ
13
14  # ゲーム環境のBox
15  class Box:
16      def __init__(self, x, y, w, h, duration):  # コンストラクタ
17          self.west, self.north = (x, y)
18          self.east, self.south = (x + w, y + h)
19          self.h = h
```

```
20    self.balls = []
21    self.duration = duration
22
23    def create_ball(self, x, y, d, dx, dy):
24        # リスト6.12 と同じ
25
26    def make_walls(self):
27        # リスト6.12 と同じ
28
29    def check_wall(self, ball):
30        # リスト6.12 と同じ
31
32    def set_balls(self, n):
33        # リスト6.12 と同じ
34
35    def animate(self):
36        # リスト6.12 と同じ
37
38    def on_press_space(self, event):
39        self.balls.append(
40            self.create_ball(
41                self.west, (self.north + self.h)/2, 10, 10, 10
42            )
43        )
44
45 # 描画の準備
46 # リスト6.12 と同じ
47
48 # メインプログラム
49 box = Box(100, 100, 300, 200, 0.05)
50 box.make_walls()
51 canvas.bind_all("<KeyPress-space>", box.on_press_space)
52 box.set_balls(5)
53 box.animate()
```

リスト 6.14 では、38～43 行目で「ボールを加える」というメソッドを Box ク
ラスに定義しています。さらに 51 行目の bind_all 関数で、キーイベントをこの
メソッドに結びつけています。

　この例で示すように、イベントを関数ではなくオブジェクトが持つメソッドに対して結びつけることができます。すなわち、システムがイベントを感知したら、登録したオブジェクトに定義されたイベントハンドラを起動する（ここでは、「box オブジェクトに on_press_space メソッドを起動させる」）という書き方ができるようになっているのです。

6.4　ポリモーフィズム

　ここまでよりも少し高度な話題として、「ポリモーフィズム」という考え方を紹介します。まずはプログラムを見てみましょう。

例題 6.5　異なる種類の図形の面積表示

長方形クラスと円クラスのオブジェクトの面積を、同じ属性 (area) で表示せよ。

リスト 6.15　06-area.py

```
 1  # Python によるプログラミング：第 6 章
 2  #  例題 6.5 Polymorphism
 3  # ------------------------
 4  # プログラム名: 06-area.py
 5
 6  class Rectangle:
 7      def __init__(self, width, height):
 8          self.width = width
 9          self.height = height
10          self.area = width * height
11
12  class Circle:
13      def __init__(self, radius):
14          self.radius = radius
15          self.area = 3.14 * radius * radius
16
17  shapes = [Rectangle(3, 4), Circle(5)]
```

```
18    for shape in shapes:
19        print("面積: {}".format(shape.area))
```

このプログラムを実行すると、「辺が 3、4 の長方形 (Rectangle(3, 4))」と「半径 5 の円 (Circle(5))」の面積がそれぞれプリントされます。

　ここで変数 shapes のリストには、Rectangle クラスのオブジェクトと Circle クラスのオブジェクトがひとつずつ格納されています。これらは異なるクラスのオブジェクトであり、持っている属性も異なりますが、いずれも面積を表す「area」という属性を共通して持ちます。

　オブジェクトの元になったクラスに関係なく、それぞれのオブジェクトが共通する属性やメソッドを持っていれば、プログラムからはその属性を同じように取り扱えます。この例では、area という面積を表す属性をそれぞれのオブジェクトが持っていたため、それぞれが長方形や円といった別々のものであっても、「shape.area」という書き方で面積の属性を取り出すことができました。

　このように、異なるクラスに同じ概念を持つ同名の属性を導入し、プログラムからそれらを同じ書き方で取り扱えるようにすることを「**ポリモーフィズム (Polymorphism、多態性)**」と言います。たとえば、**リスト 6.15** の例では「長方形」と「円」という異なる性質を持つふたつのオブジェクトから、「面積」という共通する属性を同じ書き方で取り出しています。

　ポリモーフィズムはオブジェクトの詳細を気にせず、抽象的に取り扱えるようになる非常に強力な仕組みですが、慣れるまでは少し難しく感じるかもしれません。しばらくは、ふたつ以上のクラスを作る際、「それぞれに共通する性質は何か」ということを考えてみて、それらを同じ名前の属性やメソッドとして定義してみる訓練をするのがよいでしょう。

　ところで、**リスト 6.15** では、@dataclass を用いずにコンストラクタを記述しました。同じプログラムを @detaclass を用いて書き直すと、次のようになります。

リスト 6.16 06-area-1.py

```
1    # Python によるプログラミング：第 6 章
2    #   例題 6.5 Polymorphism
```

```
 3   # --------------------------
 4   # プログラム名: 06-area-1.py
 5
 6   from dataclasses import dataclass, field
 7
 8   @dataclass
 9   class Rectangle:
10       width: float
11       height: float
12       area: float = field(init=False)
13       def __post_init__(self):
14           self.area = self.width * self.height
15
16   @dataclass
17   class Circle:
18       radius: float
19       area: float = field(init=False)
20       def __post_init__(self):
21           self.area = 3.14 * self.radius * self.radius
22
23   shapes = [Rectangle(3, 4), Circle(5)]
24   for shape in shapes:
25       print("面積: {}".format(shape.area))
```

@dataclass を用いることによりコンストラクタが自動生成されますが、そのままだと引数で area を受け取らないことでエラーになります。そこで、dataclasses モジュールから field もインポートして、area 属性に「= field(init=False)」を書き加えます。これによって、area をコンストラクタから受け取らなくても、よくなります。

　field は、@dataclass が処理される際に呼び出される dataclasses モジュールの関数です。初期値を与える部分を置き換えるように記述するので、ある属性がコンストラクタの引数に含まれないという指定以外に、初期値も与える場合には、「= field(init=False, default=10)」のように記述します。

　また、**リスト 6.16** では、__init__ の代わりに __post_init__ を定義しています。これは、コンストラクタが実行された後に呼び出されるメソッドです。その結果、self.width や self.height はコンストラクタで受け取り済みとなり、

self.area はこの __post_init__ メソッド内で算出されて属性値が設定されます。

練習問題 6.1　Paddle クラスの実装

以降の練習問題では、ブロック崩しゲームのプログラムを、クラスを使って書き直す。まず、パドルを表すクラス Paddle を実装せよ。単純にするため、ボールは x 方向にのみ移動するものとする。パドルオブジェクトは、Box クラスのオブジェクトが保持するようにせよ。例題 6.3 の Ball クラスを参考に作成するとよい。
（ファイル名：ex06-block-1.py）

練習問題 6.2　Paddle クラスのイベントハンドラ

例題 6.4 を参考に、イベントハンドラメソッドを Box クラスに作成し、「↑」キー、「↓」キーが押されたというイベントに結びつけて、プレイヤがコントロールできるようにせよ。
（ファイル名：ex06-block-2.py）

リスト 6.17 は、練習問題 6.2 のクラスの概形の一例です。メソッドの引数の数などは作り方によって変わってきます。

リスト 6.17　概形の例 (パドルの追加)

```python
from dataclasses import dataclass, field
from tkinter import *
import time

class Ball: ...

@dataclass
class Paddle:
    id: int
    x: int
    y: int
```

```
    w: int
    h: int
    dy: int = field(init=False, default=0)

    def move(self):  # パドルを動かす
        self.y += self.dy

    def redraw(self): ...

@dataclass
class Box:
    ...
    def __init__(self, ... ):
        ...
        self.paddle = None # 省略可能

    def create_paddle(self, ...):
        id = create_rectangle(...)
        return Paddle(id, ...)

    def set_paddle(self):
        self.paddle = create_paddle(self, ... )
...
# メインプログラム
tk = Tk()
canvas = Canvas(tk, width=500, height=400, bd=0)
canvas.pack()

box = Box(100, 100, 200, 200, duration=0.05)
canvas.bind_all("<KeyPress-Up>", box.up_paddle)
canvas.bind_all("<KeyRelease-Up>", box.stop_paddle)
...
box.animate()
```

　Paddle の属性値の宣言で、dy (パドルの移動量) はコンストラクタに渡されず、初期値として 0 を与えます。そのため、

```
dy: int = field(init=False, default=0)
```

という宣言をしています。init=False でコンストラクタに渡されないことを指定し、default=0 で初期値の 0 を与えます。

練習問題 6.3　Block クラスの実装

> ブロックを表すクラス Block を作成せよ。
> Box クラスに、blocks という属性を加え、配置したブロックの列を登録できるようにして、複数のブロックを配置せよ。
> （ファイル名：ex06-block-3.py）

練習問題 6.4　ボールとブロックの衝突 （クラス版）

> 練習問題 6.3 で、ボールがブロックに接触したら、ボールが跳ね返り、ブロックが消えるという処理を実装せよ。
> （ファイル名：ex06-block-4.py）

6.5　プロトコル

　ポリモーフィズムのもうひとつの例として、「__str__」というメソッドを紹介します。これは、文字列クラス str の format メソッドの引数にオブジェクトが渡されると、プレースホルダに埋め込むための文字列を作るために、Python が自動的に呼び出すメソッドです。

例題 6.6　__str__ メソッド

> __str__ メソッドを Card クラスに定義せよ。

リスト 6.18 プロトコル __str__ の導入

```
@dataclass
class Card:
    suit: str
    rank: int
    def __str__(self):   # __str__ によるカードの表示
        return "{} の {}".format(self.suit, self.rank)

card = Card("spade", 1)
print("カード: {}".format(card))
```

これを実行すると、「カード: spade の 1」などと表示されます。「" カード:
{}".format(card)」が内部的に「card.__str__()」を呼び出し、結果の文字列を
「{}」の部分(プレースホルダ)に埋め込みます。

つまり、Python ではポリモーフィズムを利用して様々なオブジェクトに「文
字列として表す(__str__)」という共通の機能を持たせることができます。オブ
ジェクトごとに「どのような文字列で表すか」ということは異なるので、クラス
ごとに __str__ メソッドの中で個別の定義ができるようになっています。

また、文字列の format メソッドはその仕組みを利用することで、引数が文字
列でも数値でも、さらには未知のオブジェクトであっても、同じ書き方で文字列
を整形できるようになっているというわけです。

このように、様々なオブジェクトに共通の名前を持つメソッドを定義し、そ
のメソッドを介してそれぞれのオブジェクトに共通の機能を持たせる仕組みを**プ
ロトコル**(Protocol[2])と呼ぶことがあります。たとえば format メソッドの例で
は「format メソッドはオブジェクトの __str__ メソッドを利用して文字列を計算
する」という取り決めをしておき、クラスを作成する際にその取り決めに従って
__str__ メソッドを定義することで、format メソッドを有効に利用できるように
なっています。

【2】 Protocol は、通信規約を表す言葉としても使われていて、異なる通信機器が共通の手順で「やり取り」
を行うことを意味しています。元々は「外交儀礼」を表す英語であり、初対面の相手に対しても失礼が
ない「共通の礼儀作法」のような意味合いが通信規約に使われるようになりました。初めてつなぐコン
ピュータどうしが接続できることに似ていますね。

練習問題 6.5　ポリモーフィズムの利用

ポリモーフィズムを利用し、家と車を混在させて表示せよ。**リスト 6.19** の例では、家と車のオブジェクトをそれぞれ表す House クラス、Car クラスを定義し、両クラスに draw メソッドと width メソッドを定義している。draw メソッドは Canvas にオブジェクトを表す絵を描画すること、width メソッドはオブジェクトの x 軸方向の長さを返すことを想定している。
（ファイル名：ex06-houses-cars.py）

リスト 6.19　ex06-houses-cars.py の概形

```python
from tkinter import *
from dataclasses import dataclass

@dataclass
class House:
    ...
    def draw(self, x, y): ...
    def width(self):
        return ...

@dataclass
class Car:
    ...
    def draw(self, x, y): ...
    def width(self):
        return ...

tk = Tk()
canvas = Canvas(tk, width=500, height=400, bd=0)
canvas.pack()

objects = [
    House(...),
    House(...),
    Car(...),
    Car(...)
    ]
```

```
x = 0
PAD = 10
for obj in objects:
    obj.draw(x, 100)
    x = x + obj.width() + PAD
```

6.6 まとめ / チェックリスト

■ まとめ

1. クラスや関数の「定義」部分は、参照されるまでは実行されません。
2. 関数やメソッドでは、return で実行結果を呼び出し元に戻すことができます。
3. リストは、コンストラクタを利用して作成することができます。
4. append や remove を用いて、リストの要素の追加・削除ができます。
5. あるクラスに別のクラスのオブジェクトを取り込んで処理することを、集約 (Aggregation) と言います。
6. 集約 (Aggregation) のうち、構成要素として不可欠な形で取り込むことを、コンポジション (Composition) と言います。
7. クラスのメソッドをイベントハンドラとして呼び出すことができます。
8. 異なるクラスに同じ概念を持つ同名の属性を導入し、同じ書き方で取り扱えるようにすることを、ポリモーフィズム (Polymorphism、多態性) と言います。
9. 異なるクラスに共通の機能を持たせる仕組みを、プロトコル (Protocol) と言います。

■ チェックリスト

☐ A, B, C = (a, b, c) というタプルでの複数代入が可能です。

☐ リストによる複数代入のやり方は、わかりますか？

☐ list クラスの pop メソッドが実行されると、リストはどう変わり、何を戻しますか？

☐ list の要素の順番をランダムに入れ替えるとき、random モジュールのどんな関数が使えますか？

☐ インスタンスの中身をテキスト表示で確認できるように定義するための、共通の名前のメソッドは、何ですか？

☐ @dataclass で、コンストラクタに引数を渡さない場合はどうしますか？

COLUMN **import のふたつの書き方**

tkinter のインポートでは、

```
from tkinter import *
```

という書き方をしました。その一方で、time、random、math などは

```
import time
```

などという書き方をしました。また、第 1 章での tkinter のセットアップの確認では、コマンドラインで

```
import tkinter
```

と入力してもらいました。この「from モジュール名 import *」と「import モジュール名」は、どう違うのでしょうか？

一般的に、「from モジュール名 import ...」の場合には、「from モジュール名 import クラス名」あるいは「from モジュール名 import 関数名」として、そのソースプログラム内で使用するクラス名や関数名を列挙します。実際にそのモジュールのクラス、あるいは、関数を使用する場合は、モジュール名を書かずに直接クラス名や関数名を書けます。

「from tkinter import *」の *（アスタリスク）は、ワイルドカード [3] です。本

【3】ワイルドカードは、すべての文字列に当てはまります。

書では学習を目的として煩雑さを避けるためにワイルドカードを指定しましたが、PEP 8 では「使用する関数名やクラス名だけを列挙する」ことを推奨しています。したがって、本来は

```
from tkinter import Tk, Canvas
```

のように、使用するクラス名だけを記載するのが、より「きちんとしたプログラム」の書き方、ということになります。

　一方で、「import モジュール名」と書いてモジュールをインポートした場合は、「モジュール名 . クラス名」あるいは「モジュール名 . 関数名」のように、必ずモジュール名を書かなければなりません。

　このような「呼び出し方」の違いがある以外は、言語仕様上の違いはありません。職場などでの「コーディング規約」のローカルルールがある場合には、その規約に従うものとして、「どちらを使うべきか」は、各自の判断に委ねられます。筆者の場合、通常は「import モジュール名」でインポートすれば、そのモジュールからクラスを継承する際に必ずモジュール名を書くことになるため、どのモジュールを継承しているか明示され、より読みやすいプログラムになると考えます。

　なお PEP 8 では、モジュールのインポートは、プログラムの先頭に書くことを推奨しています。

第7章

継承、オーバーライド

　第6章でオブジェクト指向言語の表現方法として、集約、コンポジション、ポリモーフィズム、プロトコルを導入しました。

　この章では、これらの機能を発展させて使いながら、プログラム全体を簡潔で読みやすくする方法を考えていきます。どういう書き方をしたらよいか、どんな点に注意すればよいのか、また、陥りやすい落とし穴はないかなどを学びましょう。

7.1　ポリモーフィズムの応用

例題 7.1　ポリモーフィズムの応用

第 6 章では、ボールが壁で跳ね返る様子をアニメーションし、さらに、操作できるパドルを配置して、パドルでボールを跳ね返すことができるようにした。
ここで、ボールとパドルとをどちらも「動きのあるもの」としてポリモーフィズムを利用して書け。

リスト 7.1　07-ball-paddle.py (Box の定義)

```python
from tkinter import Tk, Canvas
from dataclasses import dataclass, field
import time

@dataclass
class Ball:
    # 後述
@dataclass
class Paddle:
    # 後述

@dataclass
class Box:
    id: int
    west: int
    north: int
    east: int
    south: int
    ball: Ball
    paddle: Paddle
    paddle_v: int
    duration: float

    def __init__(self, x, y, w, h, duration):  # コンストラクタ
        self.west, self.north = (x, y)
```

```
26        self.east, self.south = (x + w, y + h)
27        self.ball = None
28        self.paddle = None
29        self.paddle_v = 2
30        self.duration = duration
31
32    def create_ball(self, x, y, d, vx):  # ボールを生成し、初期描画する
33        id = canvas.create_oval(x, y, x + d, y + d, fill="black")
34        return Ball(id, x, y, d, vx)
35
36    def create_paddle(self, x, y, w, h): # パドルを初期表示し戻す
37        id = canvas.create_rectangle(x, y, x + w, y + h,
38                                     fill="blue")
39        return Paddle(id, x, y, w, h)
40
41    def check_wall(self, ball):  # ボールの壁での反射
42        if ball.x <= self.west or ball.x + ball.d >= self.east:
43            ball.vx = - ball.vx
44
45    def check_paddle(self, paddle, ball):  # ボールのパドルでの反射
46        center = ball.y + ball.d/2
47        if center >= paddle.y and center <= paddle.y + paddle.h:
48            if ball.x + ball.d >= paddle.x:
49                ball.vx = - ball.vx
50
51    def up_paddle(self, event):  # イベントハンドラ（上へ）
52        self.paddle.set_v(- self.paddle_v)
53
54    def down_paddle(self, event): # イベントハンドラ（下へ）
55        self.paddle.set_v(self.paddle_v)
56
57    def stop_paddle(self, event): # イベントハンドラ（止める）
58        self.paddle.stop()
59
60    def set(self):  # 初期設定
61        ball_y0 = (self.north + self.south)/2
62        self.ball = self.create_ball(self.west, ball_y0, 10, 10)
63        self.paddle = self.create_paddle(self.east - 20,
64                                         ball_y0 - 20, 10, 40)
```

```
65         canvas.bind_all("<KeyPress-Up>", self.up_paddle)
66         canvas.bind_all("<KeyRelease-Up>", self.stop_paddle)
67         canvas.bind_all("<KeyPress-Down>", self.down_paddle)
68         canvas.bind_all("<KeyRelease-Down>", self.stop_paddle)
69
70     def animate(self):
71         movingObjs = [self.paddle, self.ball] # ポリモーフィズムの利用
72         while True:
73             for obj in movingObjs:
74                 obj.move()        # プロトコルの利用
75             self.check_wall(self.ball)
76             self.check_paddle(self.paddle, self.ball)
77             for obj in movingObjs:
78                 obj.redraw()      # プロトコルの利用
79             time.sleep(self.duration)
80             tk.update()
81
82 tk = Tk()
83 canvas = Canvas(tk, width=500, height=400, bd=0)
84 canvas.pack()
85
86 box = Box(100, 100, 200, 200, 0.1)
87 box.set()
88 box.animate()
```

　まずはプログラムの概略を理解するため、ボールおよびパドルのオブジェクトを定義する Ball クラス、Paddle クラスの詳細は別に示します。また、このプログラムではボールは x 軸方向にのみ動きます。

　Box クラスの set メソッドは、パドルやボールを準備するためのメソッドです。set メソッドでは、Box クラスのオブジェクトの属性として ball、paddle を導入し、それぞれボールとパドルのオブジェクトを保持させます（62〜64 行目）。さらに、パドルがキーボードのイベントに応じて動くように、キーボードイベントに対するイベントハンドラを結びつけています（65〜68 行目）。

　実際にアニメーションを行うメインルーチンは animate メソッドであり、これまで示してきたものと同等です。パドルとボールオブジェクトはともに move メソッド、redraw メソッドを持つようにして、ポリモーフィズムを利用していま

す。movingObjs として paddle と ball を区別せずにリスト化している点（71 行目）に注意してください。

　ボールとパドルオブジェクトを表す Ball、Paddle クラスの定義を**リスト 7.2** に示します。両者に move メソッドと redraw メソッドが定義されていることに注意してください。

リスト 7.2　07-ball-paddle.py (Ball、Paddle 定義)

```
 1  @dataclass
 2  class Ball:
 3      id: int
 4      x: int
 5      y: int
 6      d: int
 7      vx: int
 8
 9      def move(self):    # ボールを動かす
10          self.x += self.vx
11
12      def redraw(self):     # ボールの再描画
13          canvas.coords(self.id, self.x, self.y,
14                      self.x + self.d, self.y + self.d)
15
16  @dataclass
17  class Paddle:
18      id: int
19      x: int
20      y: int
21      w: int
22      h: int
23      vy: int = field(init=False, default=0)
24
25      def move(self):        # パドルを動かす
26          self.y += self.vy
27
28      def redraw(self):     # パドルの再描画
29          canvas.coords(self.id, self.x, self.y,
30                      self.x + self.w, self.y + self.h)
```

```
31
32      def set_v(self, v):
33          self.vy = v
34
35      def stop(self):        # パドルを止める
36          self.vy = 0
```

7.2　継承

　この節では、ちょっとレベルアップした話題として「継承」と呼ばれる Python の強力な仕組みを紹介します。

　Python では、タートルグラフィックスと呼ばれる簡易グラフィックスツールを利用できます。ここではまず、これらのクラスを拡張して、より便利な機能を追加してみましょう。まず、タートルグラフィックスについて簡単に説明します。次のプログラムを読みましょう。

リスト 7.3　タートルグラフィックス

```
1  import turtle
2  t = turtle.Pen()
3  t.forward(50)
4  t.left(90)
5  t.forward(50)
```

　1 行目では、turtle モジュールを使えるように宣言します。

　2 行目の「t = turtle.Pen()」は「turtle モジュール内にある Pen クラスのコンストラクタを呼び出し、Pen クラスのオブジェクトを生成する」というものです。forward や left は、turtle モジュールの Pen クラスのメソッドです。

　本題に入りましょう。ここでは、turtle.Pen を継承するクラスを作成して、タートルの機能を拡張することを試みます。まず、次のようにしてタートルを継承したクラスを作成します。

リスト 7.4 Pen クラスの継承

```
1  import turtle
2  class CustomPen(turtle.Pen):
3      pass
```

リスト 7.4 のように、クラスを宣言する際に括弧の中にクラスの名前を指定する
と、そのクラスを継承した新しいクラスを作成できます。ここでは CustomPen
という名前のクラスを作成し、turtle.Pen クラスを継承しています。このと
き、CustomPen に対する turtle.Pen クラスのような継承元のクラスを「**親クラ
ス (Super Class)**」と呼びます。また、それを継承した CustomPen のようなク
ラスを「**子クラス (Sub Class)**」と呼びます。この CustomPen クラスでは独自の
メソッドなどをひとつも定義していませんが、継承元の親クラスである turtle.
Pen で定義されているメソッドは利用できます。

リスト 7.5 子クラスとして生成

```
1  import turtle
2  class CustomPen(turtle.Pen):
3      pass
4
5  t = CustomPen()
6  t.forward(100)
7  t.left(90)
8  t.forward(100)
```

リスト 7.5 のプログラムは、通常の turtle.Pen クラスを利用するプログラ
ムとほぼ同じですが、オブジェクトを生成する際に「turtle.Pen()」の代わりに
「CustomPen()」と指定しています。また、親クラスのメソッドである forward や
left を利用しています。このプログラムを実行してみると、通常の turtle.Pen
クラスを利用した際と同じ内容が描画されます。このように、CustomPen クラス
のオブジェクトは、親クラスである turtle.Pen のオブジェクトと同じように利
用できます。次に、この CustomPen クラスを拡張してみましょう。簡単な例とし
て、三角形を描画する triangle というメソッドを追加してみます。

リスト 7.6　子クラスへのメソッド追加

```
 1  import turtle
 2
 3  class CustomPen(turtle.Pen):
 4      def triangle(self, size):
 5          for x in range(3):
 6              self.forward(size)
 7              self.left(120)
 8
 9  t = CustomPen()
10  t.triangle(50)
```

　triangle は、指定した大きさの正三角形を反時計回りに描画するメソッドです。先頭の self は自分自身のオブジェクトを受け取る引数であり、size は呼び出し元から受け取る引数です。また、メソッドの中では forward や left など、親クラスの turtle.Pen で定義されているメソッドを利用しています。**リスト 7.6** を実行すると、期待した通りの三角形が描画されます。**図 7.1** に、親クラス（Super Class）と子クラス（Sub Class）の関係を示す図を示します。上向き三角矢印マークで、継承の親子関係を表していることに注意してください。このような図を**クラス図**と言います。

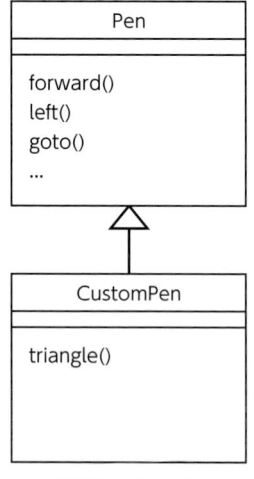

図 7.1　クラス図

　このように、クラスの継承を利用すると、既存のクラスを変更することなく新しい機能を追加できます。

7.3　メソッドのオーバーライドと super 関数

(1) メソッドのオーバーライド

　次に、親クラスで定義されているメソッドを、子クラスで変更してみましょう。「親クラスと同じ名前のメソッドを、子クラスで定義する」と、そのメソッドをオブジェクトから呼び出したときに、親クラスではなく子クラスで定義したメソッドが呼ばれるようになります。これを「メソッドをオーバーライドする」と言います。ここでは、タートルの「goto」メソッドを書き換え、「座標上に移動する前にペンを上げて、移動後にペンを下ろす」と変更してみます。上書きする前に、このメソッドを「my_goto」という名前で新しく追加してみましょう。

リスト7.7　my_goto の追加

```
 1  import turtle
 2  class CustomPen(turtle.Pen):
 3      def my_goto(self, x, y):
 4          self.up()
 5          self.goto(x, y)
 6          self.down()
 7
 8  t = CustomPen()
 9  t.forward(100)
10  t.my_goto(0, 100)
11  t.forward(100)
```

　このプログラムを実行すると、まず右に 100 だけ進んだ後、座標 (0, 100) に移動してまた右に 100 進みます。座標 (0, 100) に移動するときはペンを上げているため、画面にはつながっていない線が 2 本描画されます。この my_goto というメソッドの名前を goto に変えれば既存の goto メソッドを上書きできるのです

が、それだけでは正しく動作しません。これは、my_goto メソッド内でも goto メソッドを呼び出している（self.goto(x，y)）ため、その呼び出し先も CustomPen クラスの goto メソッドに変わってしまうからです。つまり、CustomPen クラスの goto メソッドから同じ CustomPen クラスの goto メソッドを呼び出すことになってしまい、いつまでたっても「指定の位置に移動する」という動きを実現できなくなります。この現象を循環参照と言い、無限に抜け出せない状態となってしまいます。この状況を**図 7.2** に示します。

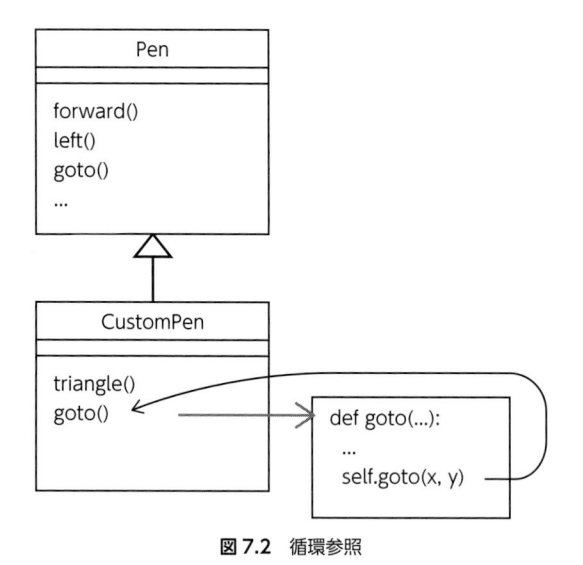

図 7.2 循環参照

これを避けるには、「self.goto(x，y)」のところで、「CustomPen クラスの goto メソッド」ではなく、「turtle.Pen クラスの goto メソッド」を呼び出す必要があります。

親クラスのメソッドを直接呼び出すには、「クラス名 . メソッド名 (self，メソッドの引数)」というようにクラス名を指定して呼び出します。

リスト 7.8 親クラスの呼び出し

```
1  import turtle
2  class CustomPen(turtle.Pen):
```

```
3    def my_goto(self, x, y):
4        self.up()
5        turtle.Pen.goto(self, x, y)
6        self.down()
```

　メソッドを呼び出す際に、先頭の引数に「self」を追加する点に注意してください。このように書いた場合、「self オブジェクトの goto メソッドを呼び出す」のではなく、「turtle.Pen クラスの goto メソッドを呼び出す」という意味になります。

　このように、「turtle.Pen.goto(self, x, y)」という書き方で、「turtle.Pen クラスの goto メソッド」が確実に呼び出されるようになりました。このように書けば、CustomPen クラスに goto という名前のメソッドを作っても、親クラスの turtle.Pen クラスの goto メソッドが利用されるようになります。それでは、my_goto メソッドの名前を goto に変えてみましょう。

リスト 7.9　オーバーライドの完成

```
 1   import turtle
 2   class CustomPen(turtle.Pen):
 3       def goto(self, x, y):
 4           self.up()
 5           turtle.Pen.goto(self, x, y)
 6           self.down()
 7
 8   t = CustomPen()
 9   t.forward(100)
10   t.goto(0, 100)
11   t.forward(100)
```

　これで、turtle.Pen クラスの goto メソッドを、CustomPen クラスでは別のものに書き換えられました。先ほどと同様に、タートルグラフィックスの画面に 2 本の線が描画されます。この様子を**図 7.3** に示します。CustomPen クラスの goto クラスの中で、親クラスの goto を利用していることがわかります。

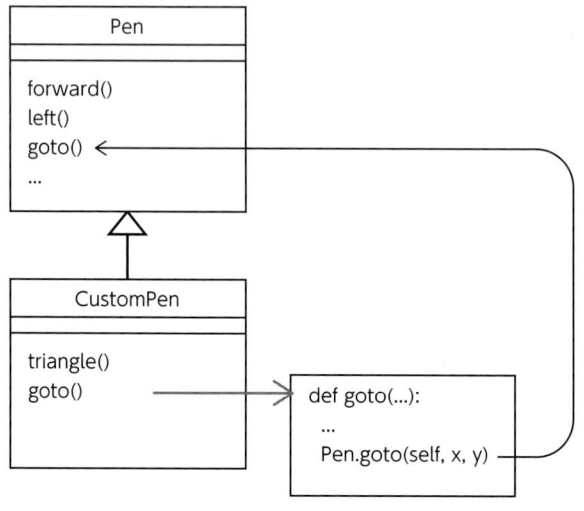

図7.3 親クラスの goto の呼び出し

(2) super 関数

「turtle.Pen.goto(self, x, y)」の呼び出しは、

```
super().goto(x, y)
```

のように super 関数を使えば、親クラスのメソッドを呼ぶということを明示できます。継承機構を提供する多くのプログラミング言語では、このように親クラスのメソッドを呼ぶ手段があります。

親クラスのメソッドと同じ名前のメソッドを子クラスで作成し、メソッドを上書きする「オーバーライド」は「クラスの挙動をカスタマイズする」ということにも使える、非常に強力な機能です。世の中でよく使われている Python の「アプリケーションフレームワーク」でも、この技法を多用しているものがあります。大筋の動作はフレームワーク側が担い、アプリケーションごとの細かな挙動をメソッドの上書きによってカスタマイズできるようになっています。たとえば、Web ブラウザやスマートフォンのアプリケーションからインターネット越しに利用するような「Web アプリケーション」でも、いくつかのフレームワークでは

この方法をとっています。このようにすると、たとえば通信プログラムなどの難しい部分はフレームワーク側に任せ、作ろうとしている Web アプリケーションに特有の箇所だけを上書きしてカスタマイズするということができます。

(3) コンストラクタのオーバーライド

クラスのコンストラクタ（__init__ という名前のメソッド）も、メソッドと同じようにオーバーライドできます。今度は、tkinter の Canvas クラスを継承したクラスを作ってみましょう。

リスト 7.10 CustomCanvas の導入

```
 1  from tkinter import Tk, Canvas
 2
 3  class CustomCanvas(Canvas):
 4      pass
 5
 6  tk = Tk()
 7  canvas = CustomCanvas(tk, width=300, height=300, bg="white")
 8  canvas.pack()
 9
10  canvas.create_line(100, 100, 200, 200)
```

Canvas を利用する際にいつも呪文[1]のように書く、次の2行をコンストラクタに入れてしまいます。

リスト 7.11 Canvas の初期化処理

```
canvas = Canvas(tk, ...)
canvas.pack()
```

メソッドのオーバーライドをした際と同じように、「Canvas.__init__(self, ...)」という書き方で、Canvas クラスのコンストラクタを呼び出すことができま

---

[1] 映画やゲームに出てくる「呪文」の言葉は、毎回全く同じ言葉ですね。それを唱えないと次に進めなかったりします。プログラム内のそのような記述を「呪文」とか「おまじない」と呼ぶプログラマもいます。

す。試しに書いてみましょう。

リスト 7.12　Canvas コンストラクタのカスタム化

```
from tkinter import Tk, Canvas

class CustomCanvas(Canvas):
    def __init__(self):
        Canvas.__init__(self, tk, width=300, height=300, bg="white")
        self.pack()

tk = Tk()
canvas = CustomCanvas()
canvas.create_line(100, 100, 200, 200)
```

　これで、

```
tk = Tk()
canvas = CustomCanvas()
```

という 2 行で Canvas を利用できるようになります。

```
Canvas.__init__(self, tk, width=300, height=300, bg="white")
```

の部分は、super 関数を用いて、

```
super().__init__(tk, width=300, height=300, bg="white")
```

と呼び出すこともできます。これを元のプログラムと見比べてみましょう。コンストラクタの中では、変数 canvas の代わりに self という名前を使い、オブジェクトを生成する代わりに「Canvas.__init__(self, ...)」を呼び出していますが、それ以外に大きな違いはありません。このプログラムを実行すると、これまでと同様に Canvas の画面が表示されます。CustomCanvas は Canvas を継承しているため、Canvas を利用していたこれまでのプログラムでは同じように利用できま

す。CustomCanvas に別のメソッドを追加して、Canvas をより使いやすくするの
もよいでしょう。

例題 7.2 MovingObject クラス

07-ball-paddle.py のプログラムにおいて、Paddle クラスと Ball クラスを継承に
よって定義することを検討せよ。

リスト 7.13　07-moving-obj.py (MovingObject クラスの導入)

```
 1  # Python によるプログラミング：第 7 章
 2  #  例題 7.2 MovingObject クラス
 3  # -------------------------
 4  # プログラム名: 07-moving-obj.py
 5
 6  from tkinter import Tk, Canvas
 7  from dataclasses import dataclass
 8  import time
 9
10  class CustomCanvas(Canvas):
11      def __init__(self, width=300, height=300, bg="white"):
12          super().__init__(tk, width=width, height=height, bg=bg)
13          self.pack()
14
15  @dataclass
16  class MovingObject:
17      id: int
18      x: int
19      y: int
20      w: int
21      h: int
22      vx: int
23      vy: int
24
25      def redraw(self):
26          canvas.coords(self.id, self.x, self.y,
27                      self.x + self.w, self.y + self.h)
```

```
28
29      def move(self):
30          pass
31
32  class Ball(MovingObject):
33      def __init__(self, id, x, y, d, vx):
34          MovingObject.__init__(self, id, x, y, d, d, vx, 0)
35          # super().__init(id, x, y, d, d, vx, 0)   も可能
36          self.d = d
37
38      def move(self):
39          self.x += self.vx
40
41  class Paddle(MovingObject):
42      def __init__(self, id, x, y, w, h):
43          MovingObject.__init__(self, id, x, y, w, h, 0, 0)
44          # super().__init__(id, x, y, w, h, 0, 0) も可能
45
46      def move(self):
47          self.y += self.vy
48
49      def set_v(self, v):
50          self.vy = v
51
52      def stop(self):
53          self.vy = 0
54
55  tk = Tk()
56  canvas = CustomCanvas()
```

　リスト 7.13 では、ボールとパドルはどちらも「移動するモノ」であると捉えて、Ball クラスと Paddle クラスを一般化（汎化）した MovingObject クラスを導入しました。すなわち、新たなプログラムでは、Ball クラス、Paddle クラスは MovingObject クラスを継承し作成します。「サブクラッシングして作成する」という言い方もあります。

　Paddle クラスは、元のプログラムとほぼ実装が変わっていませんが、Ball クラスは、次の点で実装が変わっていることに着目してください。

- ボールの直径は、属性 d で表していたが、描画をする際に親クラス (Moving Object) クラスの属性 w (幅)、h (高さ) を使っている
- ボールオブジェクト ball は、**ball.d == ball.w == ball.h** という関係を満たす必要がある
- 元の redraw メソッドは、属性 d を用いて**リスト 7.14** のように記述していたが、MovingObject に定義した共通化したものを利用する

このように Ball クラスの属性を見直すと、Ball も Paddle も (x, y) 座標に描画され、幅と高さを持ち、vx、vy の速度で「移動するモノ」であると考えられます。こう考えることで、一般化した「移動するモノ」(MovingObject) を定義します。一旦、一般化した MovingObject を定義してから、改めて個々の Ball や Paddle で独自に持っている属性やメソッドを定義していく、という流れでプログラミングすると、無駄をなくしていくことができます。

リスト 7.14 共通化した MovingObject の redraw

```
def redraw(self):
    canvas.coords(self.id, self.x, self.y,
                  self.x + self.d, self.y + self.d)
```

(4) クラス図

MovingObject と、Ball、Paddle の関係をクラス図にしてみると、各クラスの関係がわかりやすくなります。

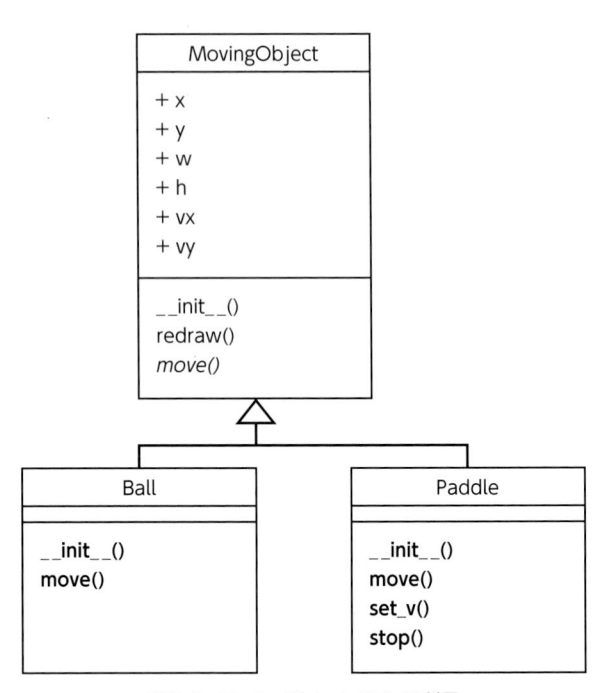

図7.4 MovingObject クラスの継承

　上向きの三角矢印マークは、これまでの例でも説明したように「継承」を表しています。クラスを表す長方形内の上部にはクラス名を明記し、区切り線以下には属性とメソッドを上から順に記します。属性とメソッドの間には横線が入ります。

　MovingObject は、x、y、w、h、vx、vy と、6つの属性を持っています。属性名の前の＋（プラス）は、その属性がクラスの外からも値を参照したり、代入したりできることを意味します。このように外からも参照できることを「public である」と言い、Python ではすべての属性（クラス変数）が public です。Java や C++ などの言語のような private な宣言はできません。move() がイタリックで書かれているのは、このクラスが move メソッドの実装を持たず、継承したクラスで実装を持つことを想定している、ということを示しています[2]。

【2】このようなメソッドを抽象メソッドと言い、抽象メソッドを持つクラスを抽象クラスと呼びます。抽象メソッドを持たないクラスは具象クラスと呼びます。

　Ball と Paddle は独自の属性を持っていないため、途中が空欄になっています。メソッドに関しては、move() がイタリックではなく、立体で書かれていることにも注目してください。つまり、move メソッドの実装が、これらのクラスで定義されることがわかります。

　さて、オブジェクトを利用するコードをクライアントコード（クライアント＝依頼主）と言います。**リスト 7.13** のように Ball クラスと Paddle クラスの実装は少し変わりましたが、クライアントコードである Box クラスには全く変更が必要ありません。Box クラスから見ると、Ball や Paddle は独立した部品（モジュール）として扱うことができていることがわかります。

　こうしたプログラム部品は、「同じ性質を持つ」ものはクラスを継承させ、「違っている部分」のみをオーバーライドするように定義していけば、全体のプログラム量をコンパクトに抑えることができます。

練習問題 7.1　　**Ball、Block Paddle の継承による実装**

例題 7.1 および例題 7.2 を元に、ブロック崩しゲームの「ブロック」オブジェクトを定義するクラス Block を作成せよ。ただし MovingObject を継承して作成するものとする。これに基づき、Ball クラス、Paddle クラス、Block クラスを利用してブロック崩しゲームを作成せよ。
例題 7.1 および例題 7.2 と同様、ボールは x 軸方向だけに動くものとしてもよい。
図 7.5 を参考にせよ。
（ファイル名：ex07-inheritance-block.py）

図 7.5　MovingObject クラスを継承した Block

　ブロックは「移動しない」「再描画が不要」ということから、ブロックを表すクラスを、MovingObject クラスを継承させて作成することは機能過剰であるかもしれません。しかし、ここでは継承を利用する練習のために作成してください。各クラスの関係を図示すると、**図 7.6** のようになります。

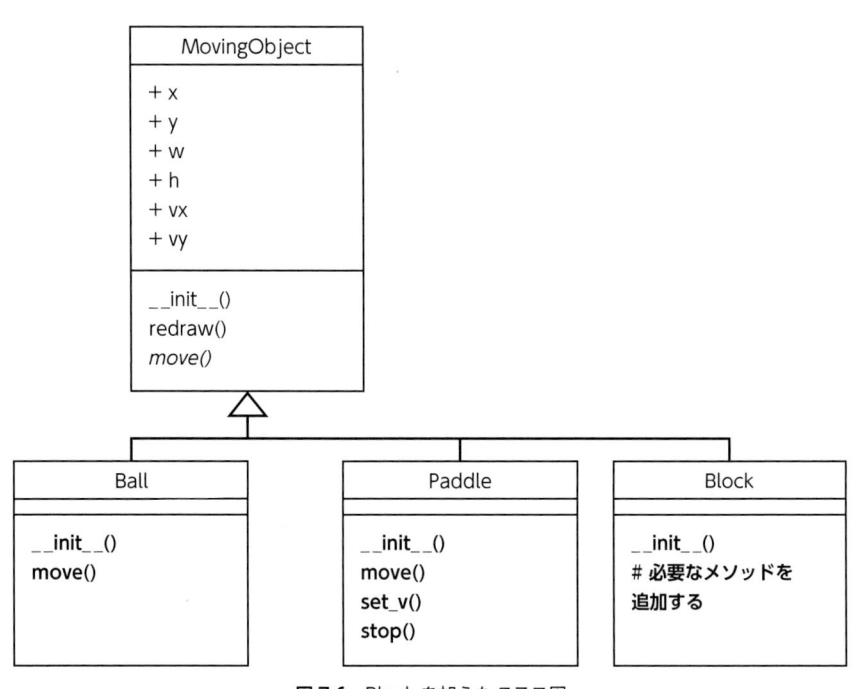

図 7.6　Block を加えたクラス図

7.4　まとめ / チェックリスト

📘 まとめ

1. オブジェクト指向の「継承」を用いると、類似機能を効率的にプログラミングすることができます。

2. 継承元のクラスを「親クラス」（Super Class）と呼び、継承したクラスを「子クラス」（Sub Class）と呼びます。

3. 親クラスのメソッドを、子クラスで書き換えて「再定義」することができます。このことを、オーバーライドと言います。

4. super 関数を使うと、親クラスのメソッドを呼び出すことができます。

5. コンストラクタもオーバーライドすることができます。

6. 親クラスを定義するときは、「共通の性質」や「共通の動作」を考え、一般化して共通メソッドを定義していきます。

7. クラス間の関係を表すために、クラス図が用いられます。

◼ チェックリスト

☐ 親クラスを継承するとき、どうクラス定義を書きますか？

☐ オーバーライドしたメソッドで、親クラスのメソッドを呼び出す場合に注意すべき点は何でしょうか？

☐ クラス図では、クラス名、属性、メソッド名をどのように記述しますか？

☐ クラス図では、継承をどのように表現しますか？

COLUMN **named arguments と positional arguments**

CustomCanvas の定義で次のような記述が出てきました。

リスト 7.15 named arguments

```
class CustomCanvas(Canvas):
    def __init__(self, width=300, height=300, bg="white"):
        super().__init__(tk, width=width,
                         height=height, bg=bg)
```

super を呼び出す際に、width=width と書いています。メソッドの定義では、width=300 と書いています。これは、何をやっているのでしょうか？

def は関数（メソッド）の定義です。メソッドの定義で width=300 と書いているのは、width という引数が与えられなかった際に、デフォルト値として 300 を

使う、ということを意味しています。その一方で super を呼び出す方は、width という名前の引数に、メソッド定義で引数として渡された width の値を代入しろ、という意味になります。名前が同じなので紛らわしい書き方になっていますが、width=width の左辺は super().__init__ で受け付ける引数の名前、右辺は CustomCanvas の __init__ 関数の呼び出し時に渡された width という引数の値を指しています。

このように、関数（メソッド）呼び出しの際に「名前つき」で渡された引数は named arguments と言い、引数の順番が入れ替わっても支障はありません。その一方で、super().__init__ の第 1 引数の tk は、名前を指定していません。値だけを渡しています。

名前を指定しない場合は、positional arguments（順番で解釈される引数）として扱われます。ここでは第 1 引数として tk が渡される、という Canvas のコンストラクタの「定義」に基づいて解釈されます。そして positional arguments の場合、順番が狂ってしまうと実行結果もおかしなことになります。

関数（メソッド）定義でデフォルト値が与えられている引数は省略可能ですが、途中に省略された引数があると、その後の引数は「何番目の引数なのか」がわからなくなります。そうなったときは、名前つきで値を渡さなければ呼び出された関数側で解釈ができません。また、一度 named arguments に切り替わると、以降の引数は positional arguments として名前を省略して値を渡すことはできなくなり、そのように呼び出そうとすると文法的なエラーになります。

リスト 7.15 のように、定義の際に省略値を設定する記述と、関数（メソッド）呼び出しで named arguments を使う例とを並べて比べてみて、同じ書き方をしているように見えるそれぞれの名前の役割の違いを考え、positional arguments と named arguments の書き方についての理解を深めてください。

第 8 章

リファクタリング

　ここまで例題を入力し問題を解き進めて、ブロック崩しゲームがそこそこ楽しめるものに仕上がってきたでしょうか。やはり、楽しみながら学びたいですね。

　次に考えるべきことがあります。プログラムコードは機械が読むためのコードですが、人間が読んで理解することや、メンテナンス（他の人がそのプログラムに機能を追加したり、バグを修正したり）することも大切になってきます。そうすると、可読性（Readability）を高めることが大切になってきます。可読性を高めるために、論理的な流れを整理する場合もあります。こうした一連の作業を、リファクタリングと言います。

　本章では、これまで学んだ内容を整理しながら、リファクタリングの説明をします。

8.1　前半のまとめ

　「一所懸命に考えてプログラムしたのに、うまく動作しません。エラーメッセージを参考にして、プログラムを修正しました。ただ自信がないので、これまで書いた部分を『コメントアウト』[1]して、書き直してみました。うまく動作したので、ついそのままにしておきました。そうしているうちに、プログラムがコメントだらけになってしまい、実行時の流れを一画面で把握することは難しくなってしまいました。」なんていうことがあります。

　では、どうしたら読みやすくなるでしょうか。

- テストランしながら「コメントアウト」した、もう使わないプログラム行を「削除」する
- 意味が正確 (明確) ではない「変数」を、「意味の通った名前」に書き直す
- メソッドの名前が「具体的な動作」を表しているか、チェックする
- move_to(x, y) などのように、名前を言葉としてスムーズに読めるようにする
- プログラム中の改行数や演算子の前後の空白などを、規約に合ったものに書き直す
- 時間が経過したときに、何をやっていたのかわからなくなりそうな箇所に、コメントを入れる
- コメントが多すぎて必要なコメントが読み取りにくいことのないように、見れば明らかな行にはコメントは入れない

などの作業が大切になってきます。これらは、主に「外観」についての修正です。

　もうひとつの大切な点は、「論理の整理・集約」です。プログラムを書いているときに「試行錯誤」を繰り返したような部分は、「論理」が整理されていない場合があります。論理の集約では、次のような点に注意するとよいでしょう。

【1】プログラムの一部分を「コメント」として実行対象から外し、そこに正しいと思われるプログラムを書き足して修正します。こうすると、修正内容に誤りがあったときに元に戻すのが容易になります。

- 複数のクラスで、共通の、あるいは概念的に同等な処理を行っている場合に、抽象化して上位クラスを定義できる場合は上位に定義し、それを継承させる
- 親子関係が明確なクラスがある場合、複数の子クラスに共通する処理は、親クラスのメソッドとする
- 複数クラス間で「同じ位置づけ」の処理がある場合には、ポリモーフィズムやプロトコルなどを活用する

こうしたプログラムの修正作業を、**リファクタリング**と呼びます。本章では、これまでに作成したブロック崩しゲームをリファクタリングし、「きれいなコード」に書き換えてみましょう[2]。

練習問題 8.1　ブロック崩しゲームの書き換え

第4章で作成したブロック崩しゲームを、クラスを用いて書き換えよ。この際に、クラスを用いてボール、パドルといったオブジェクトを実装すること。
（ファイル名：ex08-blocks.py）

8.2　Python プログラムの書き方

本書では、次のような構造でプログラムを書いてみます。

1. プログラム情報のコメント（概要を言葉で説明）
2. ライブラリのインポート
3. 固定値の定義（慣例としてすべて大文字の変数名）
4. クラスの定義
5. クラス内部でのイベントの設定

---

[2] コーディング規約にはローカルルールがある場合があります。ルールが異なる場合には、本書のコードが「きれい」とは言えないことになりますが、その点は理解ください。

6. 実行環境の初期化 (tkinter の Canvas など) [3]

7. メインプログラム

　プログラムの先頭には、人間が読んで「これは何のプログラムだ」ということがわかるようなコメントを書き記す場合があります。こうしたコメント部分をヘッダ (Header) と呼びます。

　ヘッダに続いて、ライブラリのインポートを書きます。

```
import tkinter
```

　が書かれていると、tkinter のグラフィックスが使われていることがわかります。

```
import random
```

　が書かれていたら、乱数を制御して何かをやっている、ということがわかります。

　PEP 8 などでは、使う場所の直前ではなく、プログラムの先頭にライブラリのインポートを記述するように、強く推奨しています。

8.3　初期化と設定方法

　Python では、慣例として「定数」(固定値) を大文字で定義します。厳密に言えば、Python には定数はなく、「定数」として使いたい変数を大文字だけで定義する、ということです。

　たとえば、画面の大きさを次のように指定しておきます。

【3】本書の前半部分では、導入と説明プログラムの行がなるべく近くなるように、Canvas の初期化を先頭部分で行っていることがあります。規約に従うことは大切ですが、「例外とすることに十分に合理的な理由があるならば、柔軟にルールを適用する」ことの　例とお考えください。

リスト 8.1 初期値の設定

```
# 初期設定値 ( 固定値 )
BOX_MARGIN = 50
BOX_TOP_X = BOX_MARGIN # ゲーム領域の左上 x 座標
BOX_TOP_Y = BOX_MARGIN # ゲーム領域の左上 y 座標
BOX_WIDTH = 700         # ゲーム領域の幅
BOX_HEIGHT = 500        # ゲーム領域の高さ
BOX_CENTER = BOX_TOP_X + BOX_WIDTH/2 # ゲーム領域の中心

CANVAS_WIDTH = BOX_TOP_X + BOX_WIDTH + BOX_MARGIN      # Canvas の幅
CANVAS_HEIGHT = BOX_TOP_Y + BOX_HEIGHT + BOX_MARGIN    # Canvas の高さ
CANVAS_BACKGROUND = "lightgray"                        # Canvas の背景色
```

　これにクラス定義が続きます。そして、メインプログラムの直前の Canvas の初期化は、次のようになります。

リスト 8.2 Canvas の初期化

```
# -------------------
tk = Tk()
tk.title("Game")

canvas = Canvas(tk, width=CANVAS_WIDTH,
                height=CANVAS_HEIGHT,
                bg=CANVAS_BACKGROUND)
canvas.pack()
```

　また、たとえば、Game Over! を表示するメソッドを定義する際に、次のように書いたとします。

リスト 8.3 Game Over! の表示

```
    def game_end(self, message):
        self.run = False
        canvas.create_text(BOX_CENTER, MESSAGE_Y,
                        text=message, font=('FixedSys', 16))
        tk.update()
```

こうしておくと、ゲーム領域を大きくするときには**リスト 8.1** の BOX_WIDTH や BOX_HEIGHT を修正すれば、Canvas の大きさが変わり、また、メッセージを表示する際に使う、画面の中心を表す BOX_CENTER なども値が変わります。

テストランしながら、「もうちょっと表示を右にしたい」とか、「ブロックをもう少し大きくしたい」といった場面で、「メッセージ表示の場所はどこだっけ？」「ブロックの初期化を行っているのはどこだっけ？」と探す必要がなくなり、先頭部分に集まっている値を修正すればよいだけになります。プログラムを制御する変数を 1 か所にまとめておくと、修正が楽に行えます。

8.4　継承、コンポジションとカプセル化

オブジェクト指向では、「**現実世界のモデル化**」を行っていきます。よく扱われる「例」として「動物」クラスと「人」クラス、「犬」クラスの関係があります。

人と犬をそれぞれ「プログラムで表現」する場合を考えてみます。人は動物ですし、犬も動物です。「動物」という大括りの分類では、犬と人間の細かな違いは表しきれませんから、動物クラスを「**継承**」させる形で「人」クラスや「犬」クラスを定義します。

さて、「人」と「犬」にはどちらも「食べる」という共通の動作があります。そこで、「親クラス」として「動物」クラスを定義して、「食べる」という共通の動作はそのクラスに定義します。そうすると、「人」と「犬」とで異なる部分だけ、それぞれのクラスメソッドとして定義していけばよいことになります。

第 7 章でも説明したように、ブロック崩しゲームのプログラムでは、ボールにもパドルにも動きがあります。そこで、Ball クラスや Paddle クラスは「動くもの」（MovingObject）という親クラスを継承して表現することにします。

次に、「**コンポジション**」について考えてみます。現実世界における「モノ」は、様々な部品が集まって構成される、と捉えることが自然です。これを実現するのが「コンポジション」です。「車」は「エンジン」を始めとして様々な部品から構成されます。ブロック崩しゲームのプログラムでは、「ゲーム全体」を Box クラスとして定義し、その部品としてパドルやボールを定義しています。

最後に、「**カプセル化**」について考えてみます。「外部の変数などを内部から直

接参照しない」ように、必要なものは引数で受け取り、メソッドの引数を経由しなければ「内部」の環境を変えることができないようにする、という考え方です。

　global 変数（大域変数／プログラム中のどこからでも参照、代入できる変数）に「大切な情報」を持たせていて、ついうっかり、他の人が同じ名前の変数を使ったりすると、うっかりミスでその変数が保持していた値が書き変わったりします。こうしたミスなどを防ぐため、メインプログラムでは、メソッドを呼び出して引数で渡さなければゲーム領域の中身に触れられないようにします。そうすれば、「意識して」メソッドの呼び出しを行わない限り、値を変更できないことになります。

　カプセル化の設計がうまくできていると、メソッドに受け渡すパラメータの個数は全体として減ります。外から扱う必要のある変数が減るため、パラメータも少なくできるからです。

8.5 動きの制御

　さてプログラムですが、**リスト 8.1** で先頭部分に定数をまとめました。

　同様に、クラス定義、メソッド定義もまとめて、流れが一目でわかるように1か所に集めておきます。ここでは、動きのあるものをまとめます。

　第7章で導入した MovingObject クラスを活用しましょう。今回は、ボールが斜めに動くようにします。

リスト 8.4　MovingObject クラス

```
# 共通の親クラスとして、MovingObject を定義
@dataclass
class MovingObject:
    id: int
    x: int
    y: int
    w: int
    h: int
    vx: int
    vy: int
```

```
    def redraw(self):                      # 再描画 ( 移動結果の画面反映 )
        canvas.coords(self.id, self.x, self.y,
                      self.x + self.w, self.y + self.h)

    def move(self):                        # 移動させる
        self.x += self.vx
        self.y += self.vy
```

Ball や Paddle には、これを継承させます。そうすると、Ball の定義は

リスト 8.5　Ball クラス

```
# Ball は、MovingObject を継承している
class Ball(MovingObject):
    def __init__(self, id, x, y, d, vx, vy):
        MovingObject.__init__(self, id, x, y, d, d, vx, vy)
        self.d = d       # 直径として記録
```

　たったこれだけになります。親クラス (MovingObject) では、幅 (w) と高さ (h) が独立して登録されていますが、Ball クラスでは、どちらにも直径 (d) を渡して登録させ、self.d = d として、親クラスにはない「直径」というパラメータを保存します。これだけで、Ball は redraw (移動結果の画面への反映) や、move (描画位置の移動) などの処理を親クラスに任せることができます。

　さて、ブロック崩しゲームのプログラムでは、次のような「課題」がありました。

> アイテムや敵などが上から降ってくる。

　第4章では Spear (槍) を追加しました。これを MovingObject の継承で書き直してみます。

リスト 8.6 Spear クラス

```
# Spear は、MovingObject を継承している
class Spear(MovingObject):
    def __init__(self, id, x, y, w, h, vy, c):
        MovingObject.__init__(self, id, x, y, w, h, 0, vy)
```

balls や paddle、spear などのインスタンスは、後述する Box の属性として定義します。そこで Spear の処理を次のように書きます。

リスト 8.7 Box クラス（後述）の追加部分

```
 1    # 槍の生成
 2    def create_spear(self, x, y, w=SPEAR_WIDTH, h=SPEAR_HEIGHT,
 3                     c=SPEAR_COLOR):
 4        id = canvas.create_rectangle(x, y, x + w, y + h, fill=c)
 5        return Spear(id, x, y, w, h, SPEAR_VY, c)
 6
 7    def check_spear(self, spear, paddle):
 8        if (paddle.x <= spear.x <= paddle.x + paddle.w \
 9            and spear.y + spear.h > paddle.y \
10            and spear.y <= paddle.y + paddle.h):  # 槍に当たった
11            return True
12        else:
13            return False
14
15    def animate(self):
16        # 動くものを一括登録
17        self.movingObjs = [self.paddle] + self.balls
18        while self.run:
19            for obj in self.movingObjs:
20                obj.move()            # 座標を移動させる
21            if self.spear:
22                if self.check_spear(self.spear, self.paddle):
23                    self.game_end("You are destroyed!")  # 槍に当たった
24                    break
25            # ... 途中省略
26            # 槍は、確率1%で発生
27            if self.spear==None and random.random() < 0.01:
```

```
28          self.spear = self.create_spear(
29              random.randint(self.west, self.east),
30              self.north)
31          self.movingObjs.append(self.spear)
32      if self.spear and self.spear.y + self.spear.h >= self.south:
33          canvas.delete(self.spear.id)
34          self.movingObjs.remove(self.spear)
35          self.spear = None
36      # ... 途中省略
37      for obj in self.movingObjs:
38          obj.redraw()     # 移動後の座標で再描画 (画面反映)
```

「槍」という障害物 (敵) に当たったら、即ゲーム終了という設定です。move と redraw は親クラスで定義済みなので、実際に描画する部分は self.movingObjs という「動くものは全部」というリストに追加したり (self.movingObjs. append(self.spear))、消したり (self.movingObjs.remove(self.spear)) という処理を行うだけです。

なお、17 行目の

```
movingObjs = [self.paddle] + self.balls
```

はリストどうしの足し算 (リストの結合) です。

8.6　イベントハンドラの登録

ゲーム領域全体を表す Box クラスを見てみます。

リスト 8.8　Box クラスの導入

```
# Box( ゲーム領域 ) の定義
@dataclass
class Box:
    west: int
    north: int
```

```
    east: int
    south: int
    balls: list
    paddle: Paddle
    paddle_v: int
    blocks: list
    duration: float
    run: int
    score: int
    paddle_count: int
    spear: Spear

    def __init__(self, x, y, w, h, duration):
        self.west, self.north = (x, y)
        self.east, self.south = (x + w, y + h)
        self.balls = []
        self.paddle = None
        self.paddle_v = 2
        self.blocks = []
        self.duration = duration
        self.run = False
        self.score = 0          # スコア
        self.paddle_count = 0   # パドルでボールを打った回数
        self.spear = None
```

　ここでは、Box クラスのインスタンスの中に、balls や paddle、blocks、spear
などを用意しておきます。メインのプログラムを書いているのに、なぜわざわざ
「ゲーム領域」を Box などと定義する必要があるのか？ と思われるかもしれませ
んが、このようにすることで、ゲーム全体をオブジェクトとして扱えるという利
点があるのです。さらに、Box のオブジェクトを通して様々なゲームオブジェク
トを管理するメソッドを提供するとともに、それ以外の方法でゲームオブジェク
トにアクセスさせないようにすることで、カプセル化を図ることができます。

　たとえば、パドルの制御を行うイベントハンドラも Box クラスのメソッドとし
て定義します。また、これらのイベントハンドラの登録も、Box クラスのメソッ
ド内で行います。

リスト 8.9　Box クラスへのイベント登録

```
    def left_paddle(self, event):    # パドルを左に移動(Event 処理)
        self.paddle.set_v(-self.paddle_v)

    def right_paddle(self, event):   # パドルを右に移動(Event 処理)
        self.paddle.set_v(self.paddle_v)

    def stop_paddle(self, event):    # パドルを止める(Event 処理)
        self.paddle.stop()

    def game_start(self, event):
        self.run = True

    def set(self):   # 初期設定を一括して行う
        # 壁の描画
        self.make_walls()
        :
        # イベント処理の登録
        canvas.bind_all('<KeyPress-Right>', self.right_paddle)
        canvas.bind_all('<KeyPress-Left>', self.left_paddle)
        canvas.bind_all('<KeyRelease-Right>', self.stop_paddle)
        canvas.bind_all('<KeyRelease-Left>', self.stop_paddle)
        # SPACE が押された
        canvas.bind_all('<KeyPress-space>', self.game_start)
```

　イベントハンドラの登録は、一連のゲーム初期化作業の一部に含めるのが適切です。Box クラスの set メソッドでは、ゲームの初期設定をまとめて書いておきましょう。

8.7　ゲームの拡張

　障害物が上から降ってくる、という課題では Spear クラスを定義しました。
　同様に、アイテムが上から降ってくるという処理では、たとえば Candy クラスを定義し、Candy を拾ったらボーナス点が加算される、という構造にしてもよいかもしれません。

　ゲームの進行によって展開が変わるように、拡張を考えます。ボールがパドルに何回か当たったら、何かが起きるようにしてみます。ここでは次の項目を試してみましょう。

ボールが複数飛ぶ。

　ボールを増やすことによる修正点は、次の3点です。

1. 「for ball in balls:」の形で、これまでひとつのボールに対して行っていた処理をループに書き換える
2. ball を逸らした際、最後のひとつを逸らした場合にはゲームオーバとなるが、ひとつ以上のボールが残っている場合にはゲームオーバにしない
3. パドルにボールが当たった回数や、ブロックを消した回数などが、一定の条件を満たしたら追加のボールを発生させる

　追加のボールの発生については、パドルにボールが当たった場合の処理を行っている check_paddle の中で行います。ここで示すプログラムでは、MULTI_BALL_COUNT という定数で定義した回数ごとに1個ボールを発生させます。ただし、すでにボールの数が BALL_MAX_NUM に達している場合には発生させないようにしました。なお、x 軸方向の向きは、ランダムに設定されるようにします。
　これをプログラムすると、**リスト 8.10** のようになります。
　さて、「最後のボールを逸らしたのでなければ Game Over にしない」という部分については、皆さんが工夫してください。

リスト 8.10　ゲームの拡張

```
class Box:
    def __init__(self, x, y, w, h, duration):
        :
        self.score = 0  # 得点
        self.paddle_count = 0    # パドルでボールを打った回数
```

```python
def check_paddle(self, paddle, ball):  # ボールがパドルに当たった処理
    hit = False
    # 上から当たる
    if (paddle.y <= ball.y + ball.d + ball.vy <= paddle.y + paddle.h
        and paddle.x <= ball.x + ball.d/2 + ball.vx <= paddle.x + paddle.w):
        # ボールの位置によって、反射角度を変える
        hit = True
        ball.vx = int(6*(ball.x + ball.d/2 - paddle.x)
                      / paddle.w) - 3
        ball.vy = -ball.vy
    elif ....: # 左から当たる
      :
    if hit: # パドルにボールが当たった
        self.paddle_count += 1
        # ボールを発生
        if self.paddle_count % MULTI_BALL_COUNT == 0:
            if len(self.balls) < BALL_MAX_NUM:
                ball = self.create_ball(
                    BALL_X0,
                    BALL_Y0,
                    BALL_DIAMETER,
                    random.choice(VX0),
                    BALL_VY
                    )
                self.balls.append(ball)
                self.movingObjs.append(ball)
```

8.8 条件判定とループ処理

第 4 章の練習問題 4.1 のプログラム例（ex04-blocks.py）の「ボールが壁に当たる」という処理は、次のように書くことができます。

リスト 8.11 構造化前の壁反射の処理

```python
while True:
    for ball in balls:
        move_ball(ball)          # ボールの移動
```

```
        if ball.x + ball.vx <= 0:  # 左側の壁で跳ね返る
            ball.vx = -ball.vx
        if ball.x + ball.d + ball.vx >= WALL_EAST: # 右の壁
            ball.vx = -ball.vx
        if ball.y + ball.vy <= 0:  # 上の壁
            ball.vy = -ball.vy
        # 下に逸らした
        if ball.y + ball.d + ball.vy >= WALL_SOUTH:
            canvas.delete(ball.id)   # ボールを画面から消す
            balls.remove(ball)
    if len(balls)==0:    # 最後のボールを逃した
        game_over()
        break
```

　if の列挙で、どこの壁に当たった場合の処理かはわかりやすいと思いますが、処理全体をたどろうとした場合、壁に当たったときの処理がしばらく続いていて、やや読みにくくなります。

　そこで、Box クラスに check_wall というメソッドを定義して、「壁に当たったかどうか」の処理を押し込んでしまいます。

リスト 8.12　構造化後の壁反射の処理

```
    def check_wall(self, ball):   # 壁に当たったときの処理
        if ball.y + ball.d + ball.vy >= self.south:  # 下に逃した
            return True
        if (ball.x + ball.vx <= self.west \
            or ball.x + ball.d + ball.vx >= self.east):
            ball.vx = -ball.vx
        if ball.y + ball.vy <= self.north: # 上で跳ね返る
            ball.vy = -ball.vy
        return False

    def animate(self):
        while self.run:
            for ball in self.balls:
                if self.check_wall(ball):  # 壁との衝突処理
                    canvas.delete(ball.id)
                    self.balls.remove(ball)
```

```
self.movingObjs.remove(ball)
```

　メインループの中で 4 行に分かれていた if 文を、「判定」するためのメソッド呼び出しと、その結果の判断の if 文ひとつにまとめました。

　ここの例では、メインループが多少スッキリしました。「壁との衝突を判定する」というひとつの処理がひとつのメソッドにまとまったことで、プログラムが何をやっているのか、他の人が読んでもわかりやすくなります。

　こうして、プログラムの「要素」を徹底的にメソッドに書き換えていくと、最終的にメインのプログラムは次のようなコンパクトな形になります。

リスト 8.13　メインプログラム

```
# ---------------------------------
# メインルーチン
box = Box(BOX_TOP_X, BOX_TOP_Y, BOX_WIDTH, BOX_HEIGHT, DURATION)
box.set()          # ゲームの初期設定
box.wait_start()   # 開始待ち
box.animate()      # アニメーション
```

　box は「ゲーム領域」のメインである Box のインスタンスで、この中で個々の処理を行っていることになります。

練習問題 8.2　ブロック崩しゲームの完成

クラスを用いて書き換えたプログラムのリファクタリングを行い、「動作する」だけではなく、「構造的」にも読みやすく、メンテナンスしやすい形にプログラムを書き換えよ。この「リファクタリング」の完了をもって、「プログラムの完成」とする[4]。

---

[4] この練習問題の参考プログラムは、練習問題 8.1 と同一です。

練習問題 8.3　　**ゲーム世界の定義**

ブロック崩しゲームでは「ボール」「パドル」「ブロック」などをモデリングした。
それ以外の身近なゲームで、どのような「物理世界」あるいは「現実世界」をモデル
化しているか、それをゲームの世界の中ではどのように表現しているか、考えよ。
（この問題に、参考解答プログラムはありません）

8.9 まとめ / チェックリスト

まとめ

1. 一旦動作の確認を終えたプログラムの構造などを見直し、書き直すことをリファ
   クタリングと言います。
2. リファクタリングでは、プログラムの書き方のスタイルを規約などに準拠させる
   他に、論理の見直しなども行います。
3. 性質や振る舞いに共通点が多い要素は、上位クラスを定義し、継承させることで
   個別の処理を減らすことができます。
4. クラス定義の中に情報を詰め込み、不用意な変数の書き換えが起きないようにす
   ることで、情報のカプセル化 (encapsulation) を図ります。
5. if 文による処理が続いたり、処理のまとまりがわかりにくくなったりしている場
   合には、メソッドなどにして切り出して、「処理単位」を明確にしていきます。

チェックリスト

- [ ] 上位クラスを継承させる「クラス定義」の書き方は、わかりますね？
- [ ] リストの加算の書き方は、わかりますね？

クラス図

　クラス図は、UML（Unified Modeling Language；統一モデリング言語）として オブジェクト指向プログラミングにおける仕様の記述を統一しましょうという 視点で使われているものです。UML ではクラス図以外に、アクティビティ図や ユースケース図、シーケンス図など、構造や動作の仕様を記述する図を定めてい ます。

　ここでは、これまで登場した集約（aggregation）や汎化（generalization）以 外のクラス間の関係について、クラス図での書き方と意味を簡単に説明します。 次のふたつの資料から引用します。

- [12] https://ja.wikipedia.org/wiki/ クラス図
- [13] https://www.omg.org/spec/UML/2.5.1/PDF

表 8.1　クラス図でのクラス間の関係

関係	線の形
関連（association）	———————
集約（aggregation）	◇———————
コンポジション（composition）	◆———————
汎化（generalization）	◁———————
実現（realization）	◁- - - - - - - - -
依存（dependency）	←- - - - - - - - -

関連（association）

　　クラス間で結びつきがある場合、たとえば、社員と会社の関係などをこの 関連で表現することができます（[13] P37、P207）

集約（aggregation）

　　集約とは、関連の一種であり、"part-of" の関係を表します [12]。本章でも 登場した、いくつかのインスタンスがまとまって他のインスタンスの一部

となるような場合です（[13] P112）。

コンポジション (composition)

「全体と部分」のように、一方が他方を構成していて不可欠な場合に成り立つ関係です。例として、自動車はタイヤやエンジンというコンポジションを持ちます（[13] P187）。

汎化 (generalization)

これは Java などの継承、すなわち "is-a" の関係を表現します [12]。ブロック崩しゲームのボールやパドルは、MovingObject（動くもの）として汎化することができます。

実現 (realization)

実現とは、クラスの一方（クライアント）がもう一方（サプライヤ）の振る舞いを実現していることを表します [12]。Java の interface がこの realization として知られています。抽象クラスを interface として継承し、具体的なウィンドウなどを生成する際の関係です。

依存 (dependency)

依存とは、片方のインスタンスを変更すればもう片方のインスタンスに変更が生じることを表します [12]。たとえば、商品クラスと注文クラスがあった場合、商品オブジェクトに変更があると、それに対する注文オブジェクトにも影響が出ます。このとき、注文クラスは商品クラスに依存します（[13] P211）。

第3部

パズルゲームの作成演習

第9章
MVC による機能の分離

第10章
モジュール化

第11章
探索アルゴリズム

第 9 章

MVC による機能の分離

　複雑なシステムを作成する際に、既知のアーキテクチャ[1] を意識して作成することが有効な場合があります。この章では、プログラミングの次の段階として、ユーザインタフェースを用いたシステムでしばしば用いられる、MVC というアーキテクチャを意識して、ゲームシステムを作成していきます。

　MVC とは、モデル（対象）、ビュー（可視化）、コントローラ（操作）の頭文字を取ったものです。MVC モデルでは、これら 3 種類の役割を分離しつつ、かつそれらを上手に連携して動作させる仕組みを提供します。

　本章では、MVC アーキテクチャの考え方のうち、主に「役割を分離すること」に焦点を当てて説明を進めます。

【1】 Architecture とは、建築とか建築様式、構造という意味の英単語であり、ここではコンピュータプログラムの構造を指します。

9.1　マインスイーパーの導入

　ここまで、「ブロック崩しゲーム」を題材として、オブジェクト指向プログラ
ミングやプログラムの書き方の基本について学びました。

　本章から第 11 章では、「マインスイーパー」（**図 9.1**）というゲームを作成し
ながら、より高度なプログラミングができるようになることを目指します。

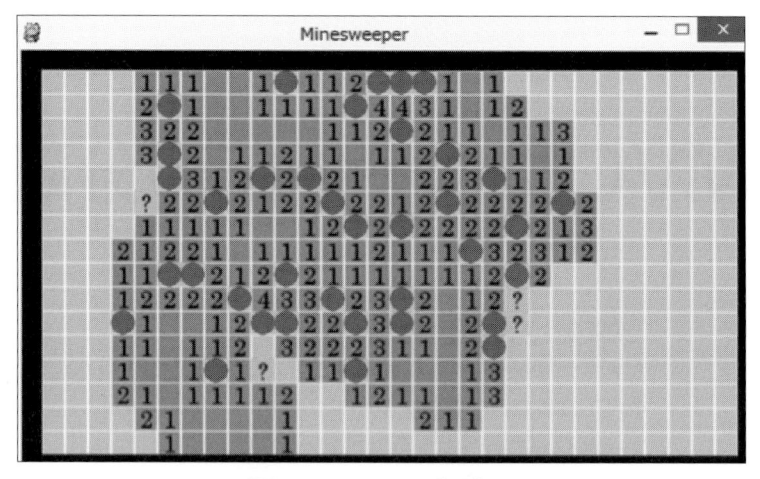

図 9.1　マインスイーパーゲーム

「マインスイーパー」を作成することで、次のテーマを学習します。

- モデリングの演習
- アルゴリズムを用いた計算や処理

マインスイーパーとはどんなゲームでしょうか。

1. m × n のマスの中に地雷 (mine) がランダムに配置される
2. プレイヤはマスを「開く」ことができる
   - 開いたマスが「地雷」のあるマスだった場合は、ゲーム終了。プレイヤの負け

・ そうでない場合は数字がマスに表示される。数字は、周囲に存在する地雷の数 （そのマスに隣接したマスに置かれている地雷の合計数）

3. 地雷が配置されていないマスをすべて開いたらゲーム終了。プレイヤの勝ち

　ここでは、ゲームの中で重要となるボード（盤面）と、それに対するユーザインタフェースの設計を、MVC アーキテクチャの考え方に基づいて、次のように役割分担を行います。

● モデル (M)：場面の状態 (state) および、状態の変化を表現する
● ビュー(V)：モデルで表されている状態を可視化させる
● コントローラ (C)：ユーザからの入力に基づいて、モデルに状態の変更を依頼する

9.2　状態のモデル化

　「状態」という言葉は、情報科学においてとても重要な用語です。英語では「state」です。マインスイーパーにおける盤面の「状態」は、ゲーム中のある瞬間に「盤面がどのようになっているか」を説明する情報です。盤面を説明するために、ここでは次の情報を揃えて「状態」とします。

● ボード（土地、フィールド）：ボードは、グリッドによってマスに分けられるものとする
● 地雷が隠されているマスはどこなのか
● 各マスが開かれているのか、開かれていないのか

図 9.2 を見てください。

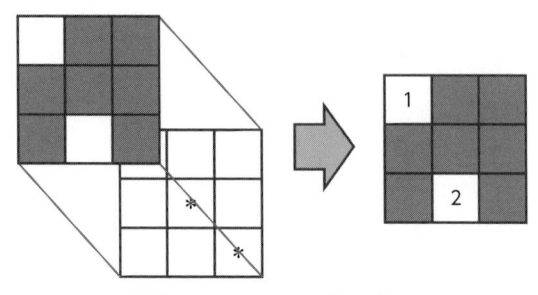

図 9.2　マインスイーパーの盤面

　この図では、左図上の 9 マスが「各マスが開かれているのか、開かれていない
のか」という状態を、左図下の 9 マスが「地雷が隠されているマスがどこなのか」
という状態を表しています。さらに、右図の 9 マスは、左のマスの状態を元に「周
囲に存在する地雷の数」という情報をゲームのプレイヤに提供することを表して
います。

　より正確にこれらを説明してみます。今、この 9 マスの位置を

```
(0, 0), (1, 0), (2, 0)
(0, 1), (1, 1), (2, 1)
(0, 2), (1, 2), (2, 2)
```

と表しましょう。すると、開かれているマスは (0, 0) と (1, 2)、地雷が隠され
ているマスは (1, 1) と (2, 2) であり、開かれているマス (0, 0) と (1, 2) の周囲
に存在する地雷の数は、それぞれ 1、2 であると説明できます。ゲームのプレイ
ヤは、開いたマスに表示される数字を手がかりに「地雷が隠されているマスの位
置」を推定しながら、さらにマスを開いていくことになります。

　「状態」は、ゲーム以外では「初期化前」とか「計算処理後」とか、プログラム
の実行そのものを定義する場合もありますし、あるゲーム上のプレイヤが「敵」
に「見つかっている状態」なのか「見つかっていない状態」なのかなど、複数のオ
ブジェクト間の関係に対して定義される場合もあります。

9.3 モデル（状態の表現）

では、実際に盤面の状態をプログラムに落とし込んでいきましょう。

例題 9.1 様々な状態の表現

Python のクラスを用いて、マインスイーパーの盤面を表す「モデル」を実装せよ。
実装では、次の属性を用いるものとする。

- height、width：ボードのサイズ（マスの縦横の数）
- mine：それぞれのマスの爆弾の有無を表現
- is_open：マスが開いているか閉じているかの状態を表現

リスト 9.1 09-board-1.py（方法 1：集合を用いたボードの実装）

```python
# Python によるプログラミング：第 9 章
# 例題 9.1 マスと状態の表示
# -------------------------
# プログラム名: 09-board-1.py

from dataclasses import dataclass, field

@dataclass
class Board:
    height: int
    width: int
    mine: set=field(default_factory=set)
    is_open: set=field(default_factory=set)

board = Board(3, 3)
board.mine.add((1, 1))
board.mine.add((2, 2))
board.is_open.add((0, 0))
board.is_open.add((1, 2))
print(board.mine)
print(board.is_open)
```

ここで

```
mine: set=field(default_factory=set)
```

と書いている部分があります。これは、mine が set（集合）であり、初期化する
ための関数（default_factory）が「set」である、すなわち、初期化処理は

```
self.mine = set()
```

である、ということを意味します。つまり、この例では Python の set（集合）オ
ブジェクトを利用しています。

```
{(1, 1), (2, 2)}
{(1, 2), (0, 0)}
>>>
```

図 9.3　リスト 9.1 の実行結果

図 9.2 に対応する状態を表すために、次のように位置をタプルで表します。

リスト 9.2　位置のタプルによる指定

```
width = 3
height = 3
mine = {(1, 1), (2, 2)}
is_open = {(0, 0), (1, 2)}
```

位置を表す (1, 1) などは、タプル（順序型）のデータで、リストの [1, 1] とほ
ぼ同じです。これは、第 6 章でも出てきました。なお、要素を取り出す場合には、
リストと同様の書き方をします。

リスト 9.3　タプル要素の取り出し

```
x = (1, 2)
print(x[0]) # 第 0 要素の 1 が表示される
print(x[1]) # 第 1 要素の 2 が表示される
```

タプルとリストと大きく異なる点は、タプルが要素を追加したり、削除したりといった変更ができない（**イミュータブルな、immutable**）オブジェクトである、という点です。

属性 mine と is_open は、該当するマスの位置の集合で表すことにしました。たとえば、**リスト 9.2** の場合、(1, 1) と (2, 2) だけが集合 mine の要素である、すなわち「地雷があるマスの位置は (1, 1) と (2, 2)、それ以外のマスには地雷はない」ということになります。is_open に関しても同様です。

リスト 9.4 に集合オブジェクトの利用例を示しておきます。

リスト 9.4 集合の使用例

```
x = set()   # 空集合の作成
x.add(2)    # オブジェクトを集合に追加
x.add(3)    # オブジェクトを集合に追加
x.add(3)    # すでに 3 は x のメンバであるから、x に変化はなし
print(x)    # -> {2, 3} と表示される
print(3 in x) # 3 は集合 x のメンバかどうか -> True と表示される
for v in x: # 集合 x の各要素 v を表示
    print(v)
```

この例の範囲では、集合の使い方は、ほぼリストの使い方と同様です。異なる点は、要素の追加で append メソッドの代わりに add メソッドを用いる点です。また、大きく異なる点は、追加した**順番が保存されない（unordered）**点と、同じ**要素は追加されない**という点です。

次に、リストを用いたボードの実装を見てみましょう。クラスの定義では、_post_init_メソッドを利用していますが、詳しくは**リスト 6.16** のところで説明しました。

リスト 9.5 09-board-2.py（方法 2：リストを用いたボードの実装）

```
1  # Python によるプログラミング：第 9 章
2  # 例題 9.2 リストの使用
3  #
4  # プログラム名：09-board-2.py
5
```

```
 6  from dataclasses import dataclass, field
 7
 8  @dataclass
 9  class Board:
10      height: int
11      width: int
12      mine: list = field(init=False)
13      is_open: list = field(init=False)
14
15      def __post_init__(self):
16          self.mine = self.false_table()
17          self.is_open = self.false_table()
18
19      def false_table(self):
20          cells = []
21          for i in range(self.width):
22              vert = []
23              for j in range(self.height):
24                  vert.append(False)
25              cells.append(vert)
26          return cells
27
28  board = Board(3, 3)
29  board.mine[1][1] = True
30  board.mine[2][2] = True
31  board.is_open[0][0] = True
32  board.is_open[1][2] = True
33  print(board.mine)
34  print(board.is_open)
```

```
[[False, False, False], [False, True, False], [False, False, True]]
[[True, False, False], [False, False, True], [False, False, False]]
>>>
```

図9.4　リスト 9.5 の実行結果

　mine、is_open の属性に対する値を、二次元のリストで表現し、該当するマス
には True、該当しないマスには False を記しておきます。**図 9.2** の絵に対応す
る状態は、次の通りです。

```
width = 3
height = 3
mine = [[F, F, F], [F, T, F], [F, F, T]]
is_open = [[T, F, F], [F, F, T], [F, F, F]]
```

　ここで、T は True、F は False を省略して記したものです。この状態において、mine の 1 列目は

```
mine[1][0]: False
mine[1][1]: True
mine[1][2]: False
```

となっているので、「(1, 0)、(1, 2) には地雷はなく、(1, 1) には地雷がある」という状況を説明しています。is_open に関しても同様の表現です。たとえば、is_open[1] の要素 [F, F, T] は、「閉じている、閉じている、開いている」という状態を表していますが、これは x 座標が 1 のマスにおける状態を「縦方向」に順番に並べたものになっています。

　以上ではふたつの方法で盤面の状態を表しましたが、いずれも具体的な盤面の形状、コマの色などの「見せ方」には言及することなく、ゲームの重要な部分を表しています。

　このように、システムから重要な部分を抜き出したものが、MVC における「モデル」です。

9.4　モデル（状態の変化）

状態を変化させる機能も、モデルに持たせます。ここでは、

- マスを開く

という機能のみを考えれば十分です。後で、ゲームを進めやすくするために、「閉じたマスに旗（Flag）を置き印をつけておくことができる」という機能を加えま

すが、今の段階のモデルでは「旗」の状態は考えません。集合を用いて実装する場合（方法 1）は、

リスト 9.6　（方法 1）集合を用いた場合の open

```
@dataclass
class Board:
    ... # 前と同じ
    def open(self, i, j):
        loc = (i, j)
        self.is_open.add(loc)
board = Board(3, 3)
board.mine.add((1, 1))
board.mine.add((2, 2))
board.open(0, 0)
board.open(1, 2)
```

となります。一方、リストを用いて実装する場合（方法 2）は、次のようになります。

リスト 9.7　（方法 2）リストを用いた場合の open

```
@dataclass
class Board:
    ... # 前と同じ
    def open(self, i, j):
        self.is_open[i][j] = True
board = Board(3, 3)
board.mine[1][1] = True
board.mine[2][2] = True
board.open(0, 0)
board.open(1, 2)
```

9.5 ビュー（可視化）

　さて、せっかくゲームを作成しても、print 関数で数値やフラグを表示させる
だけでは面白くありません。「ゲーム」らしくするためには、やはり「画面」を作
らなくてはなりません。

　ビューはその名前（View）の通り見えるものや風景を意味し、モデルが表す
「状態」を、外部にわかりやすい表現として**可視化（Visualize）する**役割を持ち
ます。

　マインスイーパーでは、次のような内容をわかりやすく表示するビューが必要
です。

- ボード：マスに区切って表現する
- 空いているマス：隣接する地雷の個数を表す数字（0〜8）
- 閉じているマス：何も表現しない
- 地雷（ゲーム終了時のみ）

　ビューは、ここでは tkinter の Canvas を利用して表現します。また、以下で
は、前節までの「方法1」で実装したモデルで動作するビューを示します。「方法
2」のモデルに対するビューを作成することは、練習問題とします。

　まず、「隣接するマスに地雷が何個あるか？」は、盤面の状況の説明のひとつ
なので、モデルである Board クラスに count メソッドとして組み込んでしまいま
しょう。指定したマス（i, j）の周囲8方向のマスの位置を返す neighbors メソッ
ドも定義します。

例題 9.2 　「周囲」の定義と条件

> マス（i, j）の周囲のマスをリストとして取り出すメソッド neighbors と、そのリ
> スト中に含まれる「地雷」の数を数えるメソッド count を作成せよ。

リスト 9.8　neighbors と count

```
class Board:
    ...
    def neighbors(self, i, j):
        x = [(i-1, j-1), (i, j-1), (i+1, j-1),
             (i-1, j  ),           (i+1, j  ),
             (i-1, j+1), (i, j+1), (i+1, j+1)]
        return x
    def count(self, i, j):
        c = 0
        for x in self.neighbors(i, j):
            if x in self.mine:
                c = c + 1
        return c
```

これで、特定のマスを指定してその周囲の探索ができます[2]。

neighbors メソッドは (− 1, 0) のような存在しないマスも返しますが、ここでは count メソッドからしか使わないことを前提に、存在しないマスを排除していません。存在しないマスには地雷はないためです。

しかし、本来はこのような前提をあてにする作り方はよくありません。実装方法によっては、存在しないデータを参照したというエラーの原因になります。

そこで、座標 (i, j) が存在するマスか、そうでないかを検証するメソッド is_valid を作りましょう。

リスト 9.9　is_valid

```
    def is_valid(self, i, j):
        return 0 <= i < self.width and 0 <= j < self.height
```

その上で、neighbors は周囲にあって「実在するマス」だけを返すようにします（**リスト 9.10**）。

これはリストの**内包表記 (Comprehension)** を利用しており、5 行目の

---

[2] リスト x は二次元のリストに見えますが、2 個の要素を持つタプルが 9 個、一次元的に並べられたリストです。

value=... の部分は「リスト x の各要素 v に対して、is_valid(v[0], v[1]) を満たす v のみをリスト value に追加する」と読みます。内包表記のもう少し詳しい説明は、本章のコラムを参照してください。

リスト 9.10　存在するマスだけを返す neighbors

```
1    def neighbors(self, i, j):
2        x = [(i-1, j-1), (i, j-1), (i+1, j-1),
3             (i-1, j  ),           (i+1, j  ),
4             (i-1, j+1), (i, j+1), (i+1, j+1)]
5
6        value = [v for v in x if self.is_valid(v[0], v[1])]
7        return value
```

せっかく内包表記が登場したので、**リスト 9.5** の false_table についても内包表記で書いてみます。

```
cells = [[False for y in range(self.height)] for x in range(self.width)]
```

となります。cells は二重のリストで、外側のリストは self.width 回だけ繰り返して内側のリストを与えます。内側のリストは二次元目のリストとなり、self.height 回だけ繰り返して、False を返します。内包表記に慣れてきたら、この書き方をするとプログラムが短くなります。

　次に、Canvas への状態の描画は、draw_board 関数と、その関数から呼び出される draw_text 関数で行うことにします。

例題 9.3　**状態の描画（可視化）**

Canvas 上に 3 × 3 のマスを描画し、そこに、開いたマスの場合には地雷または周囲の地雷の数、開いていないマスの場合には「-」を描画する draw_board 関数と、マスに文字を表示する draw_text 関数を作成せよ。

リスト 9.11　（方法 1）draw_board と draw_text

```
OFFSET_X = 100
OFFSET_Y = 100
CELL_SIZE = 40
FONT_SIZE = 20
FONT = "Helvetica " + str(FONT_SIZE)


@dataclass
class Board: ...  #前と同じ

def draw_board(board):
    canvas.delete("all")
    for i in range(board.width):
        for j in range(board.height):
            text = ""
            if (i, j) in board.is_open:
                if (i, j) in board.mine:
                    text = "*"
                else:
                    text = str(board.count(i,j))
            else:
                text = '-'
            draw_text(i, j, text)

def draw_text(i, j, text):
    x = OFFSET_X + i * CELL_SIZE
    y = OFFSET_Y + j * CELL_SIZE
    canvas.create_rectangle(x, y, x + CELL_SIZE, y + CELL_SIZE)
    canvas.create_text(x + CELL_SIZE/2, y + CELL_SIZE/2,
                       text=text, font=FONT, anchor=CENTER)


board = Board(3, 3)
board.mine.add((1, 1))
board.mine.add((2, 2))
board.open(0, 0)
board.open(1, 2)
draw_board(board)
```

　なおプログラムの先頭で、tkinter モジュールのインポートと Canvas の作成を

しておきます。

リスト 9.12 Canvas の初期化

```
from tkinter import Tk, Canvas

tk=Tk()
canvas = Canvas(tk, width=500, height=400, bd=0)
canvas.pack()
```

リスト **9.11** のプログラムによる表示例を示します。この例は、すべてのマス
が開かれた状態で draw_board 関数を呼び出した結果ですが、様々な状態で意図
通りに表示されるかを試してみてください。

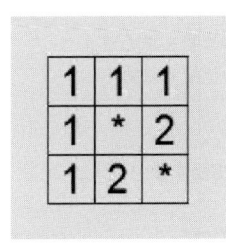

図 9.5 ビューの例

9.6 コントローラ（操作）

コントローラは、ユーザが入力する情報をモデルに伝える役割を果たします。
この伝達によってモデルの状態を変化させることができます。また、その結果
をビューを通して画面に反映させます。マインスイーパーの盤面に対するコント
ローラの仕事は、

- ゲーム全体を制御する
- 閉じているマスでボタンが押されたら、「押されたマスを開け」とモデルに依頼する

という 2 点です。この全体制御の部分は練習問題とします。on_click を作成し、マウスボタンのイベントハンドラとして登録しましょう。

練習問題 9.1　マウスイベントの処理

マウスのイベントハンドラを作成せよ。
リスト 9.13 のプログラムの構造を参考にしてマウスがクリックされた座標を取得し、座標の計算を行ってマスの番号を取得せよ。
（ファイル名：ex09-mouse-event.py）

リスト 9.13　イベントハンドラとコントローラ (一部疑似コード)

```python
def on_click(event):
    x, y = (event.x, event.y) # マウスの x, y 座標を取得
    i = # x からマスの x 座標の位置を求める
    j = # y からマスの y 座標の位置を求める
    if board.is_valid(i,j):
        board.open(i, j)
        draw_board(board) # 再描画する

canvas.bind('<Button-1>', on_click)
```

　これまで、イベントハンドラの登録に bind_all を使っていました。今回の bind では canvas に発生したイベントだけを受け付けますが、bind_all の場合は、内部にデザインしたボタンやラベルなどの「画面部品」に発生したイベントも一括して受け付けます。これまでの例では、特定の画面部品に限定せずにキーイベントを受け付けるために bind_all を使いましたが、今回は画面の狭い範囲をマウスで指定するために、bind を使いました。
　マウスイベントを受け付ける '<Button-1>' については、**表 9.1** を見てください[3]。

---

[3] macOS では、Button-2 と Button-3 が入れ替わります。

表 9.1 マウスイベントの指定

イベント	内容
<Button-1>	左ボタンがクリックされた
<Button-2>	ホイールがクリックされた
<Button-3>	右ボタンがクリックされた
<ButtonRelease-1>	左ボタンが離された
<ButtonRelease-2>	ホイールが離された
<ButtonRelease-3>	右ボタンが離された

　マウスボタンを「離す」にはまずクリックしなければならないので、「左ボタンをクリックしてから離す」という一連の動作では、まず '<Button-1>' のイベントが発生し、次に '<ButtonRelease-1>' が発生することになります。通常は「クリック」の方だけ処理すれば十分でしょう。

　なお、位置を求める際に、割り算の商を求める必要が出てきます。実数 x の小数点以下を切り捨てる関数 math.floor 関数や、商を求める演算子 // を利用するとよいでしょう。

リスト 9.14 商を求める

```
import math

x = 10/3
print(x)          # -> 3.3333...
print(math.floor(x)) # ->3
print(10//3)      # ->3
```

練習問題 9.2　3 × 3 でコントローラを完成する

方法 1 の実装で、モデルに対するコントローラ部を完成させよ。途中の表示例は**図 9.6** を参考にせよ。
ここでは開いていないマスの表示を「-」としている。ビューを表示する draw_board 関数は、**リスト 9.11** のものをそのまま利用できる。なお、この問題は以降の問題とは独立しているので、本問題が完成しなくとも次に進むことができる。
（ファイル名：ex09-mine-set.py）

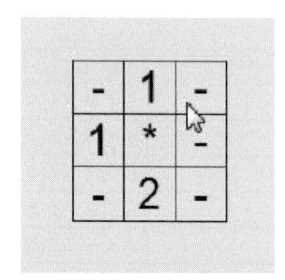

図 9.6　3 × 3 でのコントローラの完成

練習問題 9.3　乱数を利用した初期設定

練習問題 9.3〜9.5 では、3 × 3 のマスのマインスイーパーを作成することを考える。方法 2 のモデル (リストを用いて位置を表現する方法) を利用して作成せよ。

3 × 3 のマスにランダムに 2 個の地雷を配置する関数、あるいはメソッドを作成せよ。同じ場所にはひとつしか地雷は配置できない。

1 か所目の地雷の位置を定め、次に 2 か所目の位置を定めるが、すでに配置されたところにさらに地雷を配置しないようにする。

モデル上で地雷を配置したら、それをコンソール上に表示するようにせよ。

この問題は、できない場合でも、次の問題に進むことができる。

(ファイル名：ex09-mine-list-1.py)

練習問題 9.4　隣接する地雷数の計算

すべてのマスに対して、地雷のないマスの場合、隣接するマスにある地雷の数を表示せよ。

(1)　まず、位置 (i, j) のマスに隣接するマスの地雷の数をカウントするメソッドを作成せよ。次に、(i, j) に地雷がある場合は「*」を、地雷がない場合は隣接の地雷数をコンソールに表示するプログラムを作成せよ。

(2)　上記が意図通り動くようになったら、Canvas に盤面を表現するビューを作成せよ。**リスト 9.11** に示した draw_board 関数を参考にするとよい。

(ファイル名：ex09-mine-list-2.py)

位置 (1, 1)、(2, 2) に地雷がある場合、表示は次のようになります。

1	1	1
1	*	2
1	2	*

図 9.7　地雷数の表示

練習問題 9.5　マウスイベントの実装

すべてのマスが閉じている（プレイヤに情報が見えない）状態から始めて、ユーザがマスを順に開いていくプログラムにせよ。ここでは、終了判定は含めない。つまり、地雷が置かれたマスを開いても、続けてプレイヤはマスを開き続けられるものとする。表示例は、先に提示した**図 9.6** である。開いていないマスは「-」の表示で表している。これは、**リスト 9.11** の draw_board 関数を一部変更すればよい。
（ファイル名：ex09-mine-list-3.py）

9.7　MVC の分離

発展問題 9.6　終了判定と 3 × 3 のマインスイーパーの完成

ゲーム終了の判定を加え、リストによる 3 × 3 のマスのマインスイーパーを作成せよ。
（ファイル名：ex09-mine.py）

どんな形の実装になったでしょうか。発展問題 9.6 の解答例では、これまでの例題の流れをたどって、**表 9.2** のような実装となりました。

表9.2　各メソッドと機能の整理

メソッド名	機能	概要	呼び出し元
__post_init__	M	初期化	クラス外
false_table	M	二次元配列生成	__post_init__
setup	M	ゲームの準備	play
set_mine	M	地雷の乱数設定	setup
is_valid	M	インデックスの有効性判定	neighbors、on_click
open	M	マス目を開く	try_open
try_open	M	マス目を開いて結果を表示	on_click
neighbors	M	周囲を表すリスト作成	count
count	M	地雷数を数える	draw（View）
on_click	C	イベントハンドラ	クラス外
play	C	ゲームの全体制御	クラス外
draw	V	ボードの描画	try_open、setup
draw_text	V	マス目と文字の描画	draw

　セルを「開く」という動作を作成し、画面に反映させる際に準備したメソッドはモデルに含めました。ここでは、次のような考え方で MVC を分離しました。

1. モデル (M) オブジェクトの属性は、コントローラ (C) やビュー (V) からは直接変更されず、モデルに用意したメソッドを経由して変更される
2. ビューからはオブジェクトの属性を参照するだけとする
3. ユーザの操作を含むシステム・イベントや、プログラム動作全体に関する処理は、コントローラに集める
4. オブジェクトの属性に相互に関係がある場合、特定のオブジェクトの属性に付随する他のオブジェクトの属性の変更も、モデル内で行う。
   たとえば、セルを開いた際に、is_open の属性が変更されるだけではなく、flag の情報も書き換わるような処理がある

　実際に画面を見ながらコントローラを作成していくと、ビューとコントローラの作成が同時並行する場合もあります。ですが、最終的に書き上がったプログラムのコントローラとビューとが分離されていると、全体がわかりやすくなる、という点が重要です。

なお、呼び出し元が「クラス外」となっているメソッドが、__post_init__、on_click、play のみっつだけということにお気づきでしょうか？ 　__post_init__や、on_click は、外といってもメインプログラムのさらに外から呼び出されるので、直接プログラミングしたコードで、クラス外のプログラムから呼ばれるのはplay メソッドだけです。こうした形になっていると、コードが読みやすくなります。

9.8 まとめ / チェックリスト

■ まとめ

1. プログラムでは、対象の持つ「状態」を具体的に定義することが大切です。
2. 「状態」を記述するために、オブジェクトがどんな属性値 (attributes) を持つ必要があるか、検討します。
3. これらの「状態」を表現できるようなモデル (M) として、オブジェクト (Class) を定義します。
4. 属性値の変更は、モデルのメソッドを通じて行います。
5. 「状態」をわかりやすく表示できるようにビュー(V) を用意します。
6. オブジェクトを外部から操作するためのメソッドで、コントローラ (C) を構成します。
7. コントローラが属性値を変更する場合は、モデルのメソッドを呼び出します。
8. モデル・ビュー・コントローラ (MVC) を分ける方法は、ソフトウェアアーキテクチャ (Software Architecture ＝ソフトウェアの設計方針) として有用な手法のひとつです。

■ チェックリスト

☐ (x, y) の形式で表現される順序型のデータは、何と呼ばれますか？
☐ (x, y) の形式のデータがリストと大きく異なる点は何でしょうか？
☐ set で定義されるデータは、何と呼ばれますか？

☐　set で定義されるデータがリストと異なる点をふたつ言えますか？

☐　なぜ is_valid メソッドが必要だったか、説明できますか？

COLUMN　内包表記

　本章で初めて内包表記が登場しました。

リスト 9.15　内包表記

```
value = [v for v in x if self.is_valid(v[0], v[1])]
```

という 1 行です。

　このプログラムを内包表記を使わずに書くと

リスト 9.16　内包表記の展開

```
value = []
for v in x:
    if self.is_valid(v[0], v[1]):
        value.append(v)
```

と、4 行になります。単に表現が短くなるだけではなく、実行速度も速くなります。
if のない単純な繰り返しの場合には

リスト 9.17　if のない内包表記

```
value = [i for i in range(5)]
```

と書くと、[0, 1, 2, 3, 4] という 5 未満の整数が入ったリストが返されます。

　リストの内包表記の一般形は

```
v = [式 for 変数 in リスト]
v = [式 for 変数 in リスト if 条件式 ]
```

となります。

　if の他に else が入った場合は、表記の順番が入れ替わります。たとえば、3 の倍数の場合には "[3]" という文字列を、それ以外の場合には数字を与える場合、通常のプログラムだと後置 if で

リスト 9.18　後置 if

```
value = []
for i in range(10):
    value.append(i if i%3!=0 else "[3]")
```

という書き方ができます。しかし、内包表記の場合には順番を入れ替えて

```
value = [i if i%3!=0 else "[3]" for i in range(10)]
```

　　または

```
value = ["[3]" if i%3==0 else i for i in range(10)]
```

という書き方になります。if を後置すると Syntax Error になります。
　これを実行すると、value は

```
["[3]", 1, 2, "[3]", 4, 5, "[3]", 7, 8, "[3]"]
```

になります。
　後置 if[4] を使うと、場合分けを必要とする式を 1 行で表現できます。そのため内包表記と合わせて用いると便利ですので、ぜひ覚えて活用してください。

【4】後置 if は慣習的な呼び方であり、docs.python.jp ではこの呼び方は使われていません。

# 第 10 章

モジュール化

　本章では、プログラムを管理しやすく、かつ論理的にもスッキリと構成されたものにするため、リファクタリングも視野に入れながら MVC の実装を進めていきます。特に、「ひとつのオブジェクト」（モデル）を独立したファイルとして分離し、「部品」となるオブジェクトと、「全体」（ここでは「マインスイーパーのゲーム」）となるオブジェクトから切り離すという分離・分割をメインのテーマとして取り上げます。

10.1　「旗」機能の導入

ゲーム全体をオブジェクト化する前に、「旗」の機能を導入しましょう。

マインスイーパーのゲームでは「旗」はどんな役割を持つのか、整理してみます。

- 各マスに無印、爆弾あり、注意などの「状態」を目印として記録しておく。つけた目印の役割はプレイヤが決めることができる
- 「目印の状態」を変更する機能を含める。具体的には (i, j) のマスにある目印 (状態) を変化させる、という機能を持たせる
- 開いてしまったマスでは「旗」は表示されない。すなわち、「is_open」の状態にあるマスでは、「目印」としての「旗」は使えない。また、開いてしまったマスでは、「旗」の操作はできない

　前章では、集合とリストを用いた方法のそれぞれで、マスの「mine」と「is_open」を定義しました。どちらもゲームの「状態」として考えることができます。

　ですが、「状態」という性質は同じものの、mine と is_open とでは役割はかなり異なります。mine は「どこに地雷があるか」を表すものであり、これは最後までプレイヤには「伏せられて」いて、ゲームのプレイヤは mine の有無を探ることを楽しむわけです。一方で、is_open はゲームのプレイヤが「開いた」という操作の結果を意味しています。この「開く」前に「どこに地雷があるか」を推測した上で、「ここは地雷だから開くな」とつけた目印が「旗」です。プレイヤがつけた目印ですから、間違っている場合があります。間違えた旗を立てる (地雷がないところを地雷とする) と、周囲の地雷の数が合わなくなるので、結局地雷のマスを開いてゲームオーバになってしまいます。つまり「mine」という「状態」は、コンピュータが実際に生成した、ゲームを進行する上での「問題」として「確定している」地雷の位置であるのに対して、「旗」の方はプレイヤが「ゲーム (パズル) を解いていく過程で使うメモ書き」です。ゲームのプレイヤがここには「地雷はない」と判断したなら、実際に「開く」という操作を行います。その結果が「is_open」の「状態」です。地雷がなければ、ゲームは継続します。

　さて、この「旗」が持てる値、さらには、「ゲームプレイヤから見た、マスの状態」を整理すると、次の結論が出ます。

　　すべてのマスは、必ず「無印」「爆弾ありの旗」「注意の旗」または「is_open」の4つの状態の、いずれかひとつの値を持ち、重複した状態はない。

ということは、前章で扱った「is_open」の状態管理は、旗の状態と合わせて行っても、支障はないと考えられます。ただし、考えなければならないことがあります。

　　一度「is_open」になったマスでは、もはや「旗」が操作されることはない。

もうひとつ、考えるべきことがあります。

　　mine は、実際に「地雷」を生成しただけのタプル (i, j) もしくはインスタンスを持てば済むが、旗は開いていないすべてのマスに対してひとつひとつ割り当てられ、それぞれが個別の状態を持つ。

このみっつの「設計要件」を「スッキリと構成」するにはどうしたらよいでしょうか？
　いわゆる「上流工程」での考え方（プログラミングをする前に、クラスやモデルを設計する部分）として、みっつの案を出してみます。

案1：各マスに旗を表すオブジェクトを割り当てる設計

- Flag という名称のクラスを用意する。これは前章で扱った Board のような、フラグとしての動作をコントロールするオブジェクトになる
- 初期状態では、すべての「マス」について「無印」の Flag オブジェクトを用意し、リスト flag として保持させる
- すでに開いているマスのリスト is_open を用意する。マス (i, j) を開いて地雷がなかった場合には、(i, j) を is_open に保存（追加）し、そのマスの Flag オブジェクトをリスト flag から取り除く

- is_open のリストに含まれないマスには、左クリックで「開く」、右クリックで「無印、爆弾あり、注意」の切り替え操作ができるものとする

　このやり方の場合、すべてのマスの数から is_open のリストの個数を引いた数が mine のリストの数に等しくなったなら、Game Clear になります。

　面倒かもしれないと思われるのは、(i, j) のマスの位置の旗の状態を取り出す操作でしょうか。開いて is_open に追加されたマスは Flag を削除するので、Flag があったりなかったりすることも厄介に思われます。

案 2：旗およびとマスが開いているかの状態をまとめて管理する設計

- 新たに Cell クラスを導入し、その「属性値」のひとつとして is_open を持たせる
- Cell オブジェクトでは、さらに、リストで実装した is_open と同様に、各旗の状態を width × height の表 flag で保持する

　つまり、Cell クラスで、属性値に is_open を持たせてしまうやり方です。クリックなどの「操作」があるごとの処理は比較的単純になりますが、「ゲームクリアの判定」など、判定部分のプログラムはやや煩雑になる可能性があります。

案 3：旗の状態を単純に表で管理する設計

- Board クラスにおいて、リストで実装する is_open と同様に、各旗の状態を width × height の表 flag で保持する
- 「開く」操作や「旗の切り替え」の処理は、すべて Board クラスのメソッドで記述する

　このやり方の場合には、ゲーム全体がひとつのファイルで構成されます。

　まだ他にも、実装方法は考えられるでしょう。作り始める前の段階では、「方針変更」は比較的容易です。そして、どの方法がベストなのかは、ケースバイケースです。場合によっては、プログラム担当の方の「何が得意か」で実装方法が変わるかもしれません。それでも、一般論として「メンテナンスのしやすい」、つまり「他の人が読んでもわかりやすい」書き方で、論理的に簡潔かつ明瞭な方法が望ましいでしょう。他にも「重視すべき点」あります。たとえば、

- 計算コストが小さい (無駄な計算が少ない)
- 画面操作が単純
- メモリ使用量が少ない
- コードが短い
- コードが読みやすい

などです。それぞれのコーディングについては本書では扱いませんが、学習する最初の段階では、ひとつでも多くの「選択肢」を提示できるように、できるだけ多くの「例題」をプログラムしてみることが大切です。

まず、第1案を採用したという前提で、Flag クラスを導入したサンプルプログラムを示します。

例題 10.1 　Flag の状態変化・Flag オブジェクトの導入

> マウスで旗を操作できるようにせよ。
> 閉じているマスの上で右クリックするごとに、無印→爆弾あり→注意→無印→爆弾あり→注意→ ... のように印が変化するようにする。

右クリックの処理と目印を描画する方法は、**リスト 10.1** のサンプルプログラムを参考にしてください。ここでは目印を円にしていますが、実際に「旗」のような絵を入れると楽しいと思います。ここまでの知識では、直線と三角形の描画で「旗」を描くことができます。

リスト 10.1　10-change-flag.py (Flag の状態変化)

```
1  # Python によるプログラミング：第 10 章
2  # 例題 10.1 Flag の状態変化
3  # --------------------------
4  # プログラム名: 10-change-flag.py
5
6  from tkinter import Tk, Canvas
7  from dataclasses import dataclass, field
8
```

```
 9  CELL_SIZE = 40
10
11  @dataclass
12  class Flag:
13      flag: int = field(init=False, default=0)
14
15      def update(self):  # 色をローテーションする
16          self.flag = (self.flag + 1) % 3
17
18  def draw_flag(x, y, color):
19      canvas.create_oval(x - CELL_SIZE/2, y - CELL_SIZE/2,
20                         x + CELL_SIZE/2, y + CELL_SIZE/2,
21                         outline=color, fill=color)
22
23  def on_click_right(event):
24      x, y = (event.x, event.y)
25      canvas.delete("all")
26      f.update()
27      if f.flag == 1:
28          draw_flag(x, y, "red")
29      elif f.flag == 2:
30          draw_flag(x, y, "yellow")
31
32  tk = Tk()
33  canvas = Canvas(tk, width=500, height=400, bd=0)
34  canvas.pack()
35
36  f = Flag()
37  canvas.bind('<Button-3>', on_click_right)
```

10.2　ファイルの分割

　次に、第 2 案（**旗およびとマスが開いているかの状態をまとめて管理する設計**）を元に、プログラムしていきましょう。これまでに提示した例題で、ゲーム全体の管理クラスとして Board を定義しました。その Board クラスでは is_open を管理していましたが、第 2 案を採用すると、次のように考え方が変わります。

- Cell クラスで、マスのすべての状態を属性値として表現する
- すべての (i, j) の座標に対する印の状態をリスト cell に格納する
- is_open は Cell クラスが管理し、外からの is_open メソッドの問い合わせに True/False で答える
- メインの Board クラスではマスの状態管理を行わず、マウスのクリックと、その結果に対応する処理のみを扱う

実習課題 10.1 ファイルの分割

リスト 10.2 のような Cell クラスを定義し、独立したファイルとして保存せよ。ただし、ファイル名は p10cell.py とする。

リスト 10.2 p10cell.py (Cell クラスのファイル)

```
 1  # Python によるプログラミング：第 10 章
 2  # 実習課題 10.1 Cell ファイルの分割
 3  # ------------------------
 4  # プログラム名: p10cell.py
 5
 6  from tkinter import Tk, Canvas, CENTER
 7  from dataclasses import dataclass, field
 8
 9  @dataclass
10  class Cell:
11      canvas: Canvas
12      width: int
13      height: int
14      cell_size: int
15      offset_x: int
16      offset_y: int
17      font: str
18      opened: list = field(init=False)
19      flag: list = field(init=False)
20      id_flag: list = field(init=False)
21      id_text: list = field(init=False)
22
23      def __post_init__(self):
```

```
24              self.opened = [[False for y in range(self.height)]
25                                    for x in range(self.width)]
26              self.flag = [[0 for y in range(self.height)]
27                              for x in range(self.width)]
28              self.id_flag = [[None for y in range(self.height)]
29                                    for x in range(self.width)]
30              self.id_text = [[None for y in range(self.height)]
31                                    for x in range(self.width)]
32              for i in range(self.width):
33                  x = i * self.cell_size + self.offset_x
34                  for j in range(self.height):
35                      y = j * self.cell_size + self.offset_y
36                      self.canvas.create_rectangle(
37                          x, y, x + self.cell_size, y + self.cell_size
38                          )
39                      self.id_flag[i][j] = self.canvas.create_oval(
40                          x + 1, y + 1, x + self.cell_size - 1,
41                          y + self.cell_size - 1,
42                          outline="white", fill="white"
43                          )
44                      self.id_text[i][j] = self.canvas.create_text(
45                          x + self.cell_size/2,
46                          y + self.cell_size/2,
47                          text="-", font=self.font, anchor=CENTER
48                          )
49
50      def is_open(self, i, j):
51          return self.opened[i][j]
52
53      def update(self, i, j):  # 色をローテーションする
54          self.flag[i][j] = (self.flag[i][j] + 1) % 3
55
56      def draw(self, i, j, text=""):
57          if self.opened[i][j]:  # 開いている場合は、テキストを表示する
58              self.canvas.itemconfigure(self.id_text[i][j], text=text)
59          elif self.flag[i][j] == 0:  # 印なしの状態
60              self.canvas.itemconfigure(self.id_flag[i][j],
61                                        outline="white", fill="white")
62              self.canvas.itemconfigure(self.id_text[i][j], text="-")
```

```
63        elif self.flag[i][j] == 1:  # 危険印：赤マル
64            self.canvas.itemconfigure(self.id_flag[i][j],
65                                    outline="red", fill="red")
66        else:  # self.flag[i][j] == 2  # 疑問形：黄色
67            self.canvas.itemconfigure(self.id_flag[i][j],
68                                    outline="yellow",
69                                    fill="yellow")
70
71    def open(self, i, j):
72        self.opened[i][j] = True
73        # 開かれたら、もはや「旗」マークは表示しない
74        self.canvas.delete(self.id_flag[i][j])
```

　この実習では、Cell として定義したクラスをひとつの独立したファイルとしました。

　クラスごとにファイルを分割するメリットは何でしょうか。

● ひとつのクラスを「それ単独で閉じている」独立した「部品」として利用できる
● ファイルを分割することにより部品の独立性が高まり、「部品を使う」プログラムでは「部品の中」までは気にしなくて済む (カプセル化) ようになる
● スコープを分割することによって、引数を明示的に渡すことが必要になり、クラス (モジュール) の実行に必要な変数が明確になる
● うっかりと、モジュールの外から、モジュールの管理に必要な変数の値を書き換えたりする心配が少なくなる

といったことが挙げられます。結果的に、モジュール単位のファイル構成になると管理がしやすくなります。

　プログラムを書いていると、

　　オブジェクト (インスタンス) の内部の状態を、外から変えたい

という場面が出てきます。そこで、インスタンス内の変数を global に宣言して直接代入する、というプログラムを書く人がいます。

　これは絶対に避けるべきプログラミングです。オブジェクトの「独立性」が損なわれ、バグやエラーの原因になります。**インスタンス変数を外から変えたくなった**ときには、次のように考えます。ここでは簡単な例として、本書の前半で扱った「ブロック崩しゲーム」の**「ボール」**を題材に考えてみます。

1. **値を変えたいインスタンス変数は、どんな情報を保持しているのか、知識を整理する**
   具体的には、Ball クラスの x 座標、y 座標を想定します。ボールの左上の座標を保持しています

2. **その変数が「値を変える」のは、そのオブジェクトに「どんな変化が起きた」ときなのか、知識を整理する**
   ボールの座標が変化するのは、時間の経過とともに「移動」した場合です

3. **オブジェクトがどんな「動作」をしたとき、あるいは外部からどんな「操作」があったときに、より具体的にはどんな「メソッド」が実行されたときに、その変数が「値を変える」かを考える**
   ボールが移動するのは、move という「動作」をしたときであり、move という「メソッド」が実行されたときです。時間の経過で動きます

4. **インスタンス変数の値は、外部から直接変更するのではなく、メソッドの実行結果として変化させる。場合によっては、外部にはそのインスタンス変数 (属性値) の存在すら感じさせない**
   ボールの場合には、move メソッドの中で座標値を更新します

　「外からボールを動かす」なら、それはオブジェクト自身に任せている通常のmove の動作ではない、ということです。この場合はたとえば warp (ワープ) のようなメソッドを別に作成して、外から座標を与えるものの、動きの操作自体はオブジェクト自身に任せる、ということになるでしょう。
　オブジェクト指向の説明で、「人」クラスや「犬」クラスに「動物」クラスを継承させて「食べる」という動作を与える、という説明がありました。この「食べる」という動作を実現するために、「人オブジェクト」であれば、「食器を使う」などと様々な記述や属性が関係してきますが、「人オブジェクト」の外から見た場合には、「食べる」というメソッドが見えていれば十分なわけです。

10.3 全体のオブジェクト化

練習問題 10.1　ファイル分割のメインプログラム

分離した Cell クラスを呼び出す形で、ゲーム管理クラス Board を含むメインプログラムを完成させよ。
（ファイル名：ex10-board.py）

　ここで、メインプログラムではモジュール p10cell から Cell クラスを利用するために、**リスト 10.3** のように宣言をしなければなりません。

リスト 10.3　Cell 利用のための宣言

```
from p10cell import Cell
```

　ここで、p10cell は、実習課題で作成した Python のファイル、p10cell.py の名称です。このモジュールの中で、Cell というクラスを宣言しています。
　Python のコーディング規約（PEP 8）には、次のような「推奨事項」があります。

- クラス名称：先頭大文字の Camel ケース[1]で命名する
- パッケージ名：すべて小文字の短い名前が推奨されている。アンダースコアの利用は推奨されていない
- モジュール名：すべて小文字の短い名前が推奨されている。読みやすくするためにアンダースコアを利用し、Snake ケース[2]にしても構わない

---

[1] Camel は背中にコブのあるラクダです。Camel ケースはラクダのコブのように、「単語の先頭」となる一文字のみを大文字にした単語を連結して変数名などとする記述方法です。例：CellOfSuspiciousMine＝「地雷が疑わしいマス」など。

[2] Snake はヘビです。単語と単語の間を下線（アンダースコア）で連結して、小文字と下線だけでひとつの名称とするやり方です（例：is_open、to_do_list など）。

　ここでは、クラス名称を Cell とし、モジュールの名称を p10cell としました。

　PEP 8 には、第 6 章末尾のコラム「import のふたつの書き方」に記載した以外にも、import 文に関する次のような記述があります。

　　import 文は次の順番でグループ化すべきです。

　　　1. 標準ライブラリ
　　　2. サードパーティに関連するもの
　　　3. ローカルな アプリケーション / ライブラリ に特有のもの

　　上のグループそれぞれの間には、1 行空白を置くべきです。import 文は、通常は行を分けるべきです。

　これに従って import 文を記載すると、次のようになります。

リスト 10.4　より推奨される import の書き方

```
from tkinter import Tk, Canvas
from dataclasses import dataclass, field
import math
import random

from p10cell import Cell
```

　癖がついてしまってから「コーディング規約に沿った書き方」に修正しようと思うと大変です。癖がつく前に、一度はコーディング規約を読んでおくとよいでしょう。

10.4 読みやすいコードを心がける

Cell クラスに is_open メソッドを持たせました。この結果、たとえば、Board クラスのイベント処理モジュールは、次のように書けます。

リスト 10.5 on_click_right メソッド

```
# 右クリックしたときの処理
def on_click_right(self, event):
    (i, j) = self.get_index(event.x, event.y)
    print("右", i, j)  # デバッグの際に、計算が正しいか確認する方法の例
    if self.is_valid(i, j):  # 有効なインデックスなら
        if not self.cell.is_open(i, j):  # まだ開いていないなら
            self.cell.update(i, j)  # フラグの状態を変える
            self.cell.draw(i, j)     # 再描画する
```

この if not self.cell.is_open(i, j) の部分は、cell.is_open =「マスが open なら」のように、自然な英語に近い形で読めます。この部分のプログラムを英文にすれば "If cell[i][j] is not open," ということになります。

たとえば、「マスを描く」なども、self.cell.draw(i, j) のように、「マスを」という目的語と「描く」という動詞の流れができて、プログラムが自然言語に近い形で表現できます。また、オブジェクトの継承やプロトコルを効率的に使うと、プログラム全体が読みやすくなります。逆に言えば、プログラムを書いた際に読みやすくなるように、オブジェクトやメソッドを設計するという考え方が大切です。

リスト 10.2 のように、個別のクラス (Cell など) に draw というメソッドを持たせると、上位の Board クラスに draw_flag や draw_mine などのメソッドが乱立することを防げます。上位は上位だけの draw を持ち、その draw からプロトコルを使って個別のクラスの draw を適宜呼び出すだけ、といったプログラム構成になります。

10.5　まとめ / チェックリスト

■ まとめ

1. プログラムの構成を明確にするために、独立したクラス（群）のファイルを分割して、モジュールとする場合があります。
2. ファイルを分割することによって、モジュールどうしの独立性が高まります。
3. カプセル化の考え方で独立性を高め、内部で使用する属性値などは外部に見せません。
4. global などの大域変数は、極力使用しません。
5. 全体の構成を考えて、辞書、集合、リスト、ハッシュなど様々な実装形態を比較検討し、与えられた環境、目的のために最適と思われる実装方法を検討します。

■ チェックリスト

☐ A → B → C → A → B → … のように 3 種類の値を循環させる設定では、どんな計算をしましたか？

☐ Camel ケースと Snake ケースの書き方の違いはわかりますね？

# 第 11 章

探索アルゴリズム

　マインスイーパーでは、プレイヤがマス A を開いたときにそのマス A の数字が「0」の場合、つまり開いたマス A の周囲には地雷がないということがわかった場合、そのマス A の周囲 8 個のマスは、すべて安心して開くことができます。そして、その周囲 8 個のマスのどれか（マス B とします）の数字が「0」だった場合には、さらにそのマス B の周囲 8 個のマスも、安心して全部開けます。こうして連鎖的に、複数のマスを開いていくことができます。そのため、このような場合には自動的かつ連鎖的に周囲のマスを開いていくことができます。

　本章の課題では探索アルゴリズムについて学び、マインスイーパーのゲームで、0 のマスにつながる「開くことのできるマス」を自動的に開くプログラムを作成します。

11.1　グラフ

例題 11.1　周囲のマスを開く

> プレイヤが開いたマスの数字が「0」の場合（すなわち周りのマスに地雷が置かれていないマスを開いた場合）は、自動的に隣接する周りのマスも開くことができる。この機能を実現せよ。

　これは、集合を用いた場合とリストを用いた場合とではコードが異なります。また前章の実装で Cell クラスのメソッドで is_open を定義した場合でも異なります。まず、疑似コードで書いてみましょう。

リスト 11.1　open_neighbors の疑似コード

```
(i, j) のマスの数字が 0 ならば:
    (i, j) に隣接する各マス (i', j') について:
        (i', j') のマスを開く
```

　ここはあまり難しくありません。ただし、行や列の端のマスは周りのマスの数が 8 か所ではないので、注意が必要です。これまでの参考プログラムで、マスの周りに置かれた地雷の数を数えさせるために、Board クラスに count メソッドや neighbors メソッドを導入してきました。前章の Cell クラスの導入で、self. cell.open(i, j) が導入済みという前提でコードにしてみると、次の**リスト 11.2** のようになります。

リスト 11.2　open_neighbors(i, j) (Board クラス)

```
if self.count(i, j)==0:  # (i, j) のマスの数字が 0 ならば:
    # (i, j) に隣接する各マス (i', j') について:
    for (xi, xj) in self.neighbors(i, j):
        if self.is_valid(xi, xj):  # 有効なマスならば
            self.cell.open(xi, xj)  # マス (i', j') を開く
```

さて、問題は「連鎖的に」という部分です。

ここも、いくつかの方法で実現可能です。ここでは、**グラフ探索問題**という基本的な問題に帰着させて考えます。グラフは、**ノード (頂点)** 集合と**リンク (辺)** 集合から構成されるものです。この問題では、「マス」をノード (頂点)、隣接関係をリンク (辺) で表してみます。4×4のゲームでは、このグラフ構造を図にすると次のように表すことができます。

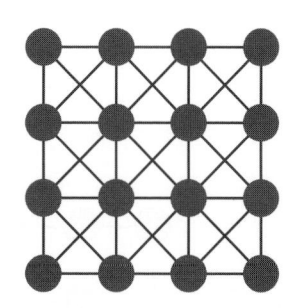

図 11.1 ノードとリンク

さて、グラフ探索とは、ある順番でグラフの各ノードを訪問することを言います。この「探索」は、各ノードを訪問しながら何らかの処理を行ったり、ある条件を満たすノードを見つけたり、といった処理に応用されます。この課題においては、

　　ある「0」のマス (ノード) からリンクをたどって到達するすべての「0」のマス (ノード) を訪問しながら、そのマスを開く。

という処理を行うことが基本です。グラフ理論の用語で説明すれば、「今、各マスをノードとして、また隣接している0のマスどうしのみがリンクを持つものと考えると、最初に開いたマスをノードとして含む連結成分を求め、それらを開く」ということになります。ただし、この方法 (および、以降で紹介するアルゴリズム) では、まだ自動的に開くことができるマスのいくつかを開けません。各自で修正して、自動的に開くことができるマスを完全に開くようにしてください。

さて、グラフ探索のアルゴリズムとは、グラフ探索の手順です。この手順は、

ノードの訪問順序を定めます。本章の課題では、代表的な「幅優先」と「深さ優先」のアルゴリズムをそれぞれ試してみましょう。

11.2　幅優先探索（Breadth First Search）

　幅優先探索アルゴリズムは、探索の開始点から近いノードから順番に訪問していく方法です。図 11.2 に、ふたつのグラフの例で探索の様子を示します。ノードを表す円の中に書いてある数字が訪問する順番です。

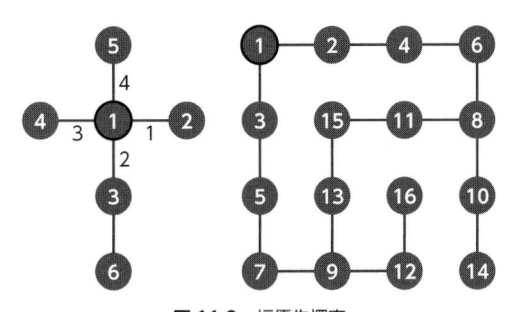

図 11.2　幅優先探索

　基本的なアルゴリズムは、探索の開始点を s として、次のように表されます。

リスト 11.3　幅優先探索の疑似コード

```
これから訪問するノード = [s]
while 「これから訪問するノード」が空でない:
    v = 「これから訪問するノード」から先頭要素を取り出す
    v を「訪問済み」とする
    for v に接続している各ノード v' について:
        v' が未訪問であれば v' を「これから訪問するノード」に加える
```

　下から 2 行目の、「v に接続している各ノード v'」を選ぶ順番は任意です。図 11.2 では、v の右から出るリンクの先にあるノードから時計回りに訪問する

ように順番を決めています。ここで、「これから訪問するノード」は、**キュー（Queue）** と呼ばれるデータ構造です。最初に**投入（エンキュー、enqueue）** された要素が、最初に**取り出される（デキュー、dequeue）** という特徴があり、この性質を First-In First-Out（FIFO）と言います。列に早く並んだ順番で、処理の順番が回ってきます。次の図では、最初に投入された 1 が最初に取り出される様子と、新たに 200 が列の最後尾に投入される様子を表しています。

$$\longleftarrow \quad \overline{1 \quad 2 \quad 3 \quad 100} \qquad \longleftarrow 200$$

図 11.3　キュー

たとえば、コンビニのレジ前の行列、銀行の ATM の行列、有名なラーメン店の行列、テーマパークの乗り物前の行列などは、全部 FIFO 型のキューです（ただし、予約チケットや優先パスを持っている場合は除きます）。

図 11.2 の左側のグラフに対し、1 番のノードを探索開始点として、幅優先探索アルゴリズムを適用した様子をトレースすると、次のようになります。ここで変数 Q が**リスト 11.3** における「これから訪問するノード」に対応します。

リスト 11.4　幅優先探索のトレース

```
s = 1
Q = [s] (Q は「これから訪問するノード」を表す)
while の 1 回目:
    v = 1 (Q = [])
    Q に、2,3,4,5 を加える (Q = [2, 3, 4, 5])
while の 2 回目:
    v = 2 (Q = [3, 4, 5])
    Q には何も加えない (頂点2には、未訪問のノードが接続されていないから)
while の 3 回目:
    v = 3 (Q = [4, 5])
    Q に 6 を加える (Q = [4, 5, 6])
while の 4 回目:
    v = 4 (Q = [5, 6])
    (以下ではもう、加えるべきノードはないことに注意)
while の 5 回目:
    v = 5 (Q = [6])
```

```
while の 6 回目:
    v = 6 (Q = [])
while の 7 回目:  (Q が空 [] なので、ループを抜ける)
```

例題 11.2　幅優先探索

開始のマスを (i, j) として、数字が「0」のマスの周囲を連鎖的に開ける幅優先探索のアルゴリズムを、疑似コードで記せ。

リスト 11.5　幅優先連鎖的探索の疑似コード

```
# 開始のマスを (i, j) とする
連鎖的に開けるマス = [(i, j)]
while 「連鎖的に開けるマス」が空でない:
    (i', j') = 「連鎖的に開けるマス」の先頭を取り出す
    for (i', j') に隣接する各マス X について:
        X が開いていない、ならば:
            X のマスを開く
            X のマスの数字が 0 ならば:
                「連鎖的に開けるマス」の最後尾に X を加える
```

　ここで Python では、リストをキューとして用いることができます。具体的には次のようにします。

リスト 11.6　キューの利用方法

```
x = [1, 2, 3]
x.append(100)    # 100をエンキュー
print(x)         # [1, 2, 3, 100]
y = x.pop(0)     # 0 番目の要素を取り出す（デキュー）
print(y)         # 1
print(x)         # [2, 3, 100]
```

　なお、リストが空かどうか、あるいは、空でないかどうかを調べるには、

リスト 11.7　キューが空か確認

```
x = []
print(x == []) # -> True 空である
print(x != []) # -> False
x.append(1)
print(x == []) # -> False 空でない
print(x != []) # -> True
```

などのようにします。len(x) == 0のように、リストの要素数で調べることも
可能です。なお、Python が提供する組み込みのリストでは、x.pop(0) とすると、
「元の第1要素を第0要素に移し、第2要素を第1要素に移し、……」のように要
素をシフトしなければならず、効率が悪いようです（ここではあまり気にしなく
て構いません）。気になる人は、Python のリファレンス[1] を参照してください。
collection モジュールの deque クラス（「デック」と呼ぶ）を利用する方法が紹介
されています。

<table>
<tr><td>11.3</td><td></td></tr>
</table>

11.3　深さ優先探索（Depth First Search）

　深さ優先探索アルゴリズムは、探索の開始点から「リンクをできるだけたどっ
て遠いノードまで訪問し、行ける頂点まで行ったら戻ってくる」を繰り返すもの
です。例を図示すると、次のようになります。ノードに書いてある数字が訪問す
る順番です。

【1】 https://docs.python.org/3/tutorial/datastructures.html#using-lists-as-queues（最終確認日 2019-5-3）

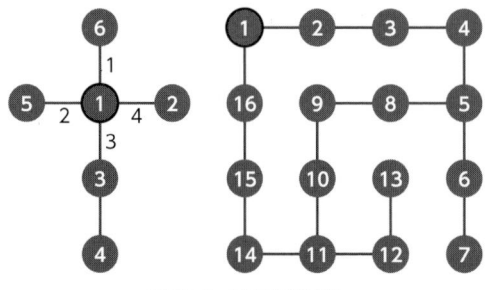

図 11.4　深さ優先探索

基本的なアルゴリズムは、探索の開始点を s として、次のように表されます。

リスト 11.8　深さ優先探索の疑似コード

```
これから訪問するノード = [s]
while 「これから訪問するノード」が空でない:
    v = 「これから訪問するノード」のトップの要素を取り出す（ポップする）
    v を「訪問済み」とする
    for v に接続している各ノード v' について:
        v' が未訪問であれば、v' を「これから訪問するノード」に積む
```

　ここで、「これから訪問するノード」は、**スタック (Stack)** と呼ばれるデータ構造のデータです。スタックに要素を入れることを、要素を「積む」や、要素を「**プッシュ (push) する**」と言い、スタックから要素を取り出すことを「**ポップ (pop) する**」と言います。最後に積まれた要素が、最初に取り出されるという特徴を持ち、この性質を Last-In First-Out (LIFO) [2] と言います。一番新しい要素が置かれている場所を**スタックトップ (top of stack)**、一番古い要素が置かれている場所を**スタックの底 (bottom of stack)** と言います。次の図では、最後にプッシュされた 200 が最初に取り出される様子を表しています。情報処理では、スタックは処理する順序を逆転させたい場合によく用いられます。

---

[2]　First-In Last-Out (FILO) と呼ぶこともあります。

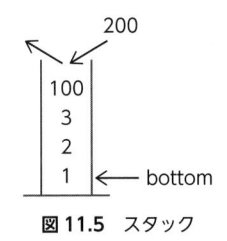

図 11.5　スタック

　図 11.4 の左側のグラフに対し、1 番のノードを探索開始点として、深さ優先探索アルゴリズムを適用した様子をトレースすると、次のようになります。

リスト 11.9　深さ優先探索のトレース

```
s = 1
S = [s] (S は「これから訪問するノード」を表す)
while の 1 回目:
    v = 1 (S = [])
    S に、6, 5, 3, 2 を積む (S = [6, 5, 3, 2])
while の 2 回目:
    v = 2 (S = [6, 5, 3])
    S には何も加えない
while の 3 回目:
    v = 3 (S = [6, 5])
    S に 4 を加える (S = [6, 5, 4])
while の 4 回目:
    v = 4 (S = [6, 5])
    (以下ではもう、加えるべきノードはない)
while の 5 回目:
    v = 5 (S = [6])
while の 6 回目:
    v = 6 (S = [])
while の 7 回目: (S が空 [] なので、ループを抜ける)
```

例題 11.3　深さ優先探索

開始のマスを (i, j) として、数字が「0」のマスの周囲を連鎖的に開ける深さ優先探索のアルゴリズムを、疑似コードで記せ。

リスト 11.10　深さ優先連鎖的探索の疑似コード

```
# 開始のマスを (i, j) とする
連鎖的に開けるマス = [(i, j)]
while 「連鎖的に開けるマス」が空でない:
    (i', j') = 「連鎖的に開けるマス」のトップから要素を取り出す
    for (i', j') に隣接する各マス X について:
        X が開いていないならば:
            X のマスを開く
            X のマスの数字が 0 ならば:
                「連鎖的に開けるマス」に X を積む
```

Python でのリストを用いたスタックの実装は、次のようになります。

リスト 11.11　スタックの利用方法

```
x = [1, 2, 3]
x.append(100)
x.append(200)
print(x)      # [1, 2, 3, 100, 200]
y = x.pop()
print(y)      # 200
print(x)      # [1, 2, 3, 100]
y = x.pop()
print(y)      # 100
print(x)      # [1, 2, 3]
```

　この場合、スタックの底はリストの第 0 要素、スタックトップはリストの最後尾です。pop の引数に何も指定していないことに注意してください。幅優先探索で用いたキューでは、リストの先頭から要素を取り出すために、引数で 0 を渡して pop(0) としていました。

11.4　キューとスタック

　キューとかスタックが、どのような場所で使われるか、コンピュータ内部で行われる操作の例で見てみましょう。

　まず、「待ち行列」型であるキューは、通信データの入力などに使われます。文字の順番が変わると、おかしなことになりますね。また、音楽データを再生するときの「音楽」データも、キュー型のデータです。こちらも、データの順番が狂うとおかしなことになります。

　こうしたデータを一時保存する領域を、バッファ（Buffer）と呼ぶことがあります[3]。

　それでは、スタック型はどんな場面で使われるでしょうか。

　コンピュータの内部プログラムでは、関数呼び出し時の「戻り先番地」の保存などに使われます。関数呼び出しの「戻り先番地」は、関数の中で別の関数を呼び出すときにはスタックされます。最も深いところで最後に関数を呼んだときの「戻り先番地」が、戻る際には、最初に向かう「出口」になります。

　たとえば、テーマパークを訪れた際に、ゲートから敷地内に入り、敷地内でどこかの建物に入り、その建物の中にあるレストラン（部屋）に入ったとします。そこから敷地の外へ出るとき、最初に出るのは最後に入った「レストラン（部屋）」の出口で、次に出るのは「建物」の出口、最後に出るのは「敷地」の出口であるゲートです。こうした「最初に入った入口」が「最後に出る出口」となり、「最後に入った入口」が「最初に出る出口」となるのが、Last-In First-Out のスタック型のバッファ構造です。まずレストラン（部屋）の外に出なければ建物の外には出られませんし、建物の外に出なければ敷地の外には出られませんね。どうしても順番が逆になります。一旦敷地内に入った後、複数の建物に入ったとしても、同じことです。

　アトラクションによっては一方通行で、入口と出口が違うこともありますが（ここはキューですね）……今は、スタックの説明をしていますので、そうしたアトラクションのことは考えません。

【3】本来はバッファとは入力データを「処理しきれない間」蓄えておく一時的な記憶領域のことで、主には通信データやデータ収集装置の処理で用いられるものですが、転じて、単純に「ワークエリア」の意味で用いられることもあります。

11.5 再帰呼び出し（Recursive Call）

本章の最後に、**再帰的手続き**（Recursive Procedure）を利用して深さ優先探索を行うことを考えます。再帰的手続きは、一般的なプログラミング言語に備わった機構です。

Python で n の階乗 $(n!)$ を計算するプログラムの例を**リスト11.12**に示します。ご存じの通り、階乗の計算は、$3! = 1 \cdot 2 \cdot 3$、$n! = 1 \cdot 2 \cdot 3 \cdots (n-2) \cdot (n-1) \cdot n$ です。

リスト11.12 階乗のプログラム

```python
def fact(n):
    if n <= 0:
        return 1
    else:
        return n * fact(n - 1)

fact(10)  # --> 3628800
fact(100) #-->9332621544394415268169923885626670049071
          #   59682643816214685929638952175999993229915
          #   60894146397615651828625369792082722237582
          #   511852109168640000000000000000000000000000
```

この再帰的手続きでは、まず n に正の数が渡されて手続き（関数）が呼び出されると、n は 0 より大きいため else: 以下が実行されます。そして、乗算（*）の演算を行う前に、fact(n − 1) が呼び出されます。ここで、fact という関数の中で、自分自身である fact を呼び出している部分を**再帰的**（Recursive）と呼んでいます。また、このようにある手続き P を呼び出し、その実行の過程で再び P を呼び出すことを、再帰呼び出し（Recursive Call）と言います。

fact(n − 1) の呼び出しでは fact(n − 2) が呼び出されます。そして、順次 n − 3、n − 4 と 1 ずつ引数を小さくしながら fact を呼び出し、最後に引数の値が 0 まで小さくなったときに初めて「再帰的」な呼び出しをやめて 1 を戻します。その戻り値に n = 1 を掛けるので fact(1) は 1 を戻し、次に n = 2 で 2・1 を戻

し、n＝3で3・2・1を戻し、……と、だんだん「浅い」方に戻っていき、最後に
nを掛けて関数を抜けます。このように、再帰呼び出しでは必ず「最後」にたど
り着いて抜けることができるように注意してプログラムします。

　再帰呼び出しを利用した深さ探索アルゴリズムは、次の疑似コードで表されま
す。

リスト 11.13　再帰的深さ優先探索の疑似コード

```
def 探索する(v):
    v を「訪問済み」とする
    v に接続している各ノード v' について:
        v' が未訪問ならば:
            v' を引数として「探索する」を呼び出す
```

　先の**図 11.4** の左側のグラフに対して、このアルゴリズムの「探索する(1)」を
呼び出したときに、再帰的に探索が行われる様子を図示すると次のようになりま
す。

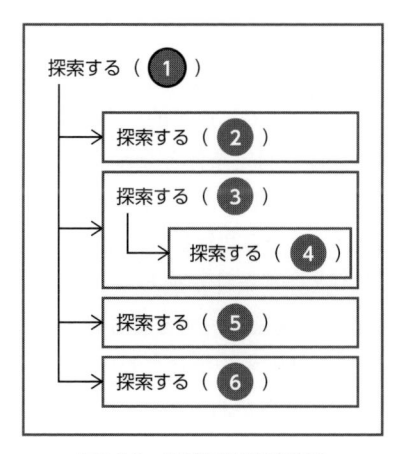

図 11.6　再帰的深さ優先探索

例題 11.4　深さ優先探索（再帰）

開始のマスを (i, j) として、数字が「0」のマスの周囲を連鎖的に開ける再帰的深さ優先探索のアルゴリズムを、疑似コードで記せ。

リスト 11.14　再帰的深さ優先連鎖的探索の疑似コード

```
def 連鎖的に周りのマスを開いていく(V):
    V のマスの数字が 0 ならば:
        V に隣接する各マス X について:
            X が開いていないならば:
                X のマスを開く  # これで無限に再帰呼び出しが行われるのを避ける
                連鎖的に周りのマスを開いていく(X)
```

　再帰的手続きを用いると、このようにプログラムをスッキリと表現することができます。一方で、関数の実行は実行時間やメモリ使用においてコストを伴うため、利用するかどうかを検討を要する場合があります。前述した fact の例や、この例題の自動的にマスを開く程度の計算では全く問題ありません。

　ただし、ここで注意が必要な点があります。fact の場合、いつか引数の値が 0 となって最後に必ず「再帰的」な呼び出しを行わずに値を返しますから、無限の呼び出しにはなりません。一方で、連鎖的に「0 のマスを開く」を再帰呼び出しを使って実現する場合、「同じ判定条件となる呼び出しが、再帰的な呼び出しを行う」ことがあると、そこで無限ループになります。この例題では、訪問する前に必ず「X のマスを開く」（下から 2 行目）を行い、判定のところで「X が開いていない」（下から 3 行目）という条件が加わることにより、同じ条件、同じマスに対する呼び出しが起きず、無限ループとなることを避けています。再帰呼び出しでは、途中に別の関数を経由する構造になっていたとしても、大きく見て「再び自分を呼び出す」ような構造がある場合には、特に無限ループに注意する必要があります。

　また fact の例では、整数から 1 ずつ引いていくので、判定条件は n == 0 でも よいはずです。ですが、万が一の場合でも絶対に無限ループを避けるために、トラップ（エラーにしないための仕掛け）として n <= 0 という判定条件を書いています。こうしても「正常動作」には悪影響は及ぼさず、「想定外」の事態でも無限ループにはなりません。

練習問題 11.1　　自動的に周囲を開く

第 9 章で作成したマインスイーパーのゲーム（第 10 章で導入した旗の機能は実装できていなくても演習可能）で、プレイヤが開いたマスの数字が「0」だったときに、自動的に周囲 8 個のマスを開くようにプログラムせよ。
（ファイル名：ex11-auto-open.py）

練習問題 11.2　　自動探索

マインスイーパーのゲームで、プレイヤが開いたマスの数字が「0」だったときに、連鎖的・自動的に「0」に隣接するマスを開くように、幅優先または深さ優先のいずれかの方法でプログラムせよ。
なお、この段階では、ゲームオーバの判定は含めなくてよい。
（ファイル名：ex11-breadth.py、ex11-depth.py）

発展問題 11.3　　自動探索（再帰呼び出しを利用）

マインスイーパーのゲームで、プレイヤが開いたマスの数字が「0」だったときに、連鎖的・自動的に「0」に隣接するマスを開くように、再帰的呼び出しの方法でプログラムせよ。
（ファイル名：ex11-recursive.py）

発展問題 11.4　マインスイーパーの完成

マインスイーパーのゲームで、地雷の場所を random などを利用して設定し、毎回 count を計算せずに済むようにあらかじめ board.count[i][j] のような形で持つようにせよ。そして、プレイヤが「0」のマスを開いたときには連鎖的・自動的に隣接するマスを開くようにプログラムせよ。また、地雷のないすべてのマスを開いたときに「Cleared!」などを判定できるようにせよ。さらに、地雷を踏んだときに「Game Over!」とする処理を追加せよ。
（ファイル名：ex11-mine.py）

ここまでの例題では (i, j) を調べるたびに count(i, j) で数を数えさせていましたが、地雷の場所が決まれば、そのマスが開いているか開いていないかにかかわらず count は毎回同じ値を戻します。ということは、毎回計算させるのは、計算資源の無駄です。こうした部分を修正することが、リファクタリングとして大切です。

他にも、各自の実装で気づいた部分があったらリファクタリングを行ってください。

11.6　まとめ / チェックリスト

まとめ

1. 自動探索のアルゴリズムは、グラフ理論の「ノード」と「リンク」のモデルを応用して実装することができます（「グラフ理論」については、本書の対象とはしません）。

2. 「探索」と「処理」の順番によって、幅優先探索のアルゴリズムと、深さ優先探索のアルゴリズムとが考えられます。

3. 「幅優先」のアルゴリズムは、キュー（Queue；First-In First-Out）型のバッファを利用して実装できます。

4. 「深さ優先」のアルゴリズムは、スタック（Stack；Last-In First-Out）型のバッファを利用して実装できます。

5. 「深さ優先」のアルゴリズムの場合には、関数自体を再帰的（Recursive）にプログラムすると、コーディングをコンパクトにすることができます。

■ チェックリスト

☐ キュー型のバッファとして List クラスを利用する場合、enqueue と dequeue にどんなメソッドを用いますか？

☐ スタック型のバッファとして List クラスを利用する場合、push と pop にどんなメソッドを使いますか？

☐ 再帰呼び出しで関数を作成する場合に、注意すべき点は何ですか？

第 **4** 部

ライブラリを利用した
ゲーム作成演習

第**12**章
ライブラリの利用

第**13**章
スコープ、実体と参照

第**14**章
Sprite と Group

第**15**章
風船割りゲーム

第12章

ライブラリの利用

　プログラミング言語では、論理表現によってデータ処理や計算を行うことができますが、言語表現だけでアプリケーション全体を記述することはできません。たとえば、画面に表示する機能は OS の機能であり、言語そのものの機能ではありません。OS の機能を利用する場合は、システムの機能を呼び出す必要があります。

　さらに、乱数生成機能や音声ファイルの再生のように言語環境ごとによく使う機能について、簡便に使える関数をまとめて、言語表現を補強するプログラム群を持っています。このプログラム群をライブラリと言います。ライブラリを活用すると、高度な処理も簡便に呼び出して実行することができます。

12.1　Pygame とは？

本章からは、これまでとは異なる外部ライブラリを利用します。具体的には、ゲームを作成するための様々なツールを揃えた Pygame ライブラリを利用して、プログラムの作成を行います。

実習課題 12.1　Pygame のインストール

あなたがこの本の練習問題に使用している、Windows、macOS、または Linux のコンピュータに、Pygame をインストールせよ。

Python 3.x をインストールしたときに pip（Pip Installs Packages、Python のパッケージ管理ツール）がインストールされています。この pip を用いて pygame をインストールします。

コマンド入力の際には、Pygame ではなく pygame と小文字で始めることに注意してください。プログラム中でも同様に、小文字で始まる pygame です。

まず、pip を最新の状態に更新するために、次のコマンド[1] を入力します。

```
> python -m pip install --upgrade pip --user
```

これによって pip コマンドが更新されたら、次のコマンドを実行します。

```
> python -m pip install -U pygame --user
```

これでインストールは終了です。IDLE からシェル（Python Shell）を立ち上げ、

```
> import pygame
```

【1】 python コマンドで Python 2.x が実行され、Python 3.x は python3 のコマンドで実行する、という環境の方は、python コマンドを python3 に読み換えてください。

を実行したとき、エラーメッセージが表示されなければ OK です。

COLUMN **Pygame のリファレンスと、関連情報の取得**

インターネット上で、Pygame について紹介しているサイトは多数あります。公式サイト https://www.pygame.org/docs/[5] の情報を次に示します。

- Tutorials：概要を知ることができる
- Reference：ライブラリの機能の一覧。プログラム例も載っている
- pygame.examples：すぐに実行できるデモがライブラリ自身に含まれている

Pygame を解説している資料は、インターネット上にもたくさんありますが、Python 2.6 など、バージョン 2 系での説明がなされている場合があるので注意が必要です。Pygame 自体も進化しているので、古いバージョンのものを利用した解説になっていることがあります。とはいえ基本的な機能であれば、バージョン 2 系を仮定したプログラムでも、その多くは皆さんが利用しているバージョン 3 の Python や最新版の Pygame でも動くと思われます。

12.2 初期化と簡単な描画

まずは Python のインタラクティブシェル（IDLE など）で、Pygame の基本機能を試してみましょう。

```
>>> import pygame # (1)
>>> screen = pygame.display.set_mode((640, 320)) # (2)
>>> RED = (255, 0, 0) # (3)
>>> pygame.draw.rect(screen, RED, (100, 50, 150, 200)) # (4)
>>> pygame.display.flip() # (5)
```

- (1) この import 文は、pygame モジュールを利用可能にする宣言である

- (2) タプル (640，320) は、横 640、縦 320 を表す。このサイズの pygame display (以降、ディスプレイと呼ぶ) を生成して表示させる
- (3) 色空間は、RGB 値を表す三つ組み (Red、Green、Blue) で表現し、(255, 0, 0) は R = 255、G = B = 0 より「赤」を表す [2]
- (4) pygame のサブモジュール draw (pygame.draw) の rect 関数は、ディスプレイ (実際には Surface) に四角形を描かせる
  - (100，50，150，200) は、左上の座標を (100，50) として、箱のサイズを (150，200) すなわち、幅 150、高さ 200 とすることを意味する。後ろのふたつの要素、150 と 200 は、右下の座標を (150，200) にするという意味ではないことに注意が必要である
- (5) ディスプレイへの描画を更新する。これで、四角形が物理的なディスプレイ上に表示される

実行すると、次のように表示されます。

図 12.1　Pygame での四角形の描画

　ディスプレイへの描画は、tkinter の Canvas への描画と似ています。ただし tkinter とは違い、描かれたオブジェクトを id で管理する、といった機能は含まれていません。

【2】pygame.Color("red") のように、他のデータを名前で取得することも可能です。

例題 12.1　基本図形の描画

> リスト 12.1 のコマンドを 1 行ずつ実行し、どんな図形が表示されるか確認せよ。

　簡単に機能を試すために、次のようにモジュールを別名で呼び出せるよう登録します。

```
>>> draw = pygame.draw
```

　次の関数の動作をひとつずつ試してみましょう。

リスト 12.1　Pygame での基本図形の描画

```
>>> draw.rect(screen, RED, (50, 50, 100, 25), 5)
>>> draw.ellipse(screen, RED, (50, 50, 50, 50), 10)
>>> draw.ellipse(screen, RED, (150, 100, 100, 50))
>>> draw.circle(screen, RED, (200, 200), 20)
>>> draw.polygon(screen, RED, ((300, 100), (400, 300), (200, 300)))
>>> draw.line(screen, RED, (0, 0), (640, 320), 1)
```

　なお、描画した動作を確認するには、先ほどの (5) のように

```
>>> pygame.display.flip()
```

を実行します。画面を掃除するには、背景色を一面に塗りつぶします。

```
>>> screen.fill((0,0,0))
```

　各関数の機能の詳細は、Pygame のリファレンスの pygame.draw の項で確かめてください。英語で書かれていますが、プログラム例を参考にすると動作はすぐに理解できると思います。

```
https://www.pygame.org/docs/ref/draw.html[6]
```

　ところで、インタラクティブシェルを用いて動きなどを試す際には、ヒストリ機能（履歴）機能を活用すると効率的です。Windows の場合、「Alt」キーを押しながら「P」キーや「N」キーを繰り返し押すことで、以前入力したコマンドを表示できます。Previous（前）の P と、Next（次）の N です。macOS の場合、上下の矢印キー「↑」「↓」で履歴を切り替えることができます。

12.3　Surface

　Pygame において、画像描画や、アニメーションを行う上で基本となる Surface について説明します。詳しくは、リファレンスの pygame.Surface の項に書かれているのですが、ここでは Surface の概念と、それがどのように使われるのかを説明します。

　まず、Surface は画像（image）を表現するための Python のオブジェクトです。たとえば、pygame.draw.rect 関数のリファレンスを見ると、

```
rect(Surface, color, Rect, width=0) -> Rect
Draws a rectangular shape on the Surface.
```

「第 1 引数に指定する Surface に四角形を描く」と説明されています。この例で推測できるように、Surface は図形を描画する「画面」の役割を果たします。言い方を変えると Surface は、画像を記録しておくメモリです。なお 1 行目の「-> Rect」は、この関数の実行結果の戻り値が pygame.Rect のオブジェクトであることを指しています。pygame.Rect は矩形領域を扱うオブジェクトを定義するクラスであり、矩形どうしの衝突判定なども含んだ、矩形に関する便利な計算をツールとして利用できます。詳しくはリファレンスで調べてみましょう。

　さて、冒頭の例では、rect 関数を次のように利用しました。

```
>>> screen = pygame.display.set_mode((640, 320))   # (2)
>>> RED = (255, 0, 0)   # (3)
>>> pygame.draw.rect(screen, RED, (100, 100, 100, 200))   # (4)
```

　この 3 行目の rect 関数の呼び出しでは、第 1 引数の screen は Surface であり、screen に四角形を書き込んで保存することを示しています。ここで screen は、実際には pygame.display.set_mode で作成した、ディスプレイウィンドウ自体を示しています。このように、ディスプレイウィンドウも Surface として扱うことができます。Pygame の用語では、このディスプレイウィンドウ自体を表す Surface を「display Surface」と呼んでいます。

12.4　blit による画像合成と表示

　「画像の描画は物理的なディスプレイの上に対して行うわけだから、display Surface さえあれば十分」と考える方がいるかもしれません。しかし、ある特定のキャラクタをディスプレイに表示させる場合、特に、大量のオブジェクトが画面に同時に存在するような場合に、全体を再描画する速度が低下してしまうという問題があります。このような場合には、

1. キャラクタを仮想画面である Surface 上に用意しておき
2. それを別の仮想画面上にコピーすることで画像を構成していき
3. 最終的に物理的なディスプレイに転送させる

といった手法をとることで、高速な描画を実現させます。ここで「仮想画面」と言っているのは、この 1 と 2 がメモリ上の処理であるため、物理的なディスプレイへのデータ転送が行われないことを表しています。次の例を見てみましょう。

blit を試す

複数の同心円を重ねて作画した画像を用意し、座標をずらして 3 回その画像をディスプレイに転送して、表示させよ。

リスト 12.2　12-blit.py (blit の導入)

```
1   # Python によるプログラミング：第 12 章
2   # 例題 12.2 blit を試す
3   # --------------------------
4   # プログラム名: 12-blit.py
5
6   import pygame
7
8   RED = (255, 0, 0)
9
10  screen = pygame.display.set_mode((640, 320))  # 描画領域を準備する
11  image = pygame.Surface((100, 100))    # 画像描画用の Surface を用意
12  image.fill((0, 0, 0))                 # 背景を黒一色で塗りつぶす
13
14  pygame.draw.circle(image, (255, 0, 0), (50, 50), 50)  # 一番外側
15  pygame.draw.circle(image, (191, 0, 0), (50, 50), 40)
16  pygame.draw.circle(image, (127, 0, 0), (50, 50), 30)
17  pygame.draw.circle(image, (63, 0, 0), (50, 50), 20)
18  pygame.draw.circle(image, (0, 0, 0), (50, 50), 10)    # 一番内側
19
20  screen.blit(image, (100, 100))    # screen の (100, 100) に円を転送
21  screen.blit(image, (150, 150))
22  screen.blit(image, (200, 200))
23  pygame.display.flip()             # 描画内容を画面に反映させる
```

このプログラムを実行すると、**図 12.2** のように表示されます。

図 12.2 blit による円の描画

10 行目で定義されている screen は、最終的に物理的なディスプレイに転送させるべき仮想画面で、11 行目の image は、画像描画用の仮想画面です。ここでは image に濃淡の異なる同心円を描画していますが、「キャラクタ」が描かれたものを用意することもあります。18 行目で、個々の「キャラクタ」の準備が終わったとします。20 行目から 22 行目まで、ひとつの「キャラクタ」を画面の 3 か所に書き出していますが、ここまでの作業はすべてメモリ上の操作です。23 行目の flip を実行したときに初めて、物理的なディスプレイに描画内容が転送されます。

blit は、BLock Image Transfer の略です。つまり「イメージ（画像 / メモリの状態）をブロック（かたまり）で転送する」ものです。

図 12.2 の例では、image を blit メソッドで転送したときに、円のまわりの黒い部分が先に描いた円の一部を上書きしてしまっています。これは、次のように黒い部分を透明として扱う（黒を colorkey として blitting する）と宣言することで対処できます。

```
image.set_colorkey((0,0,0))
```

この行を、20 行目の screen.blit... の上の行に入れてみましょう。実行すると、**図 12.3** のようになります。

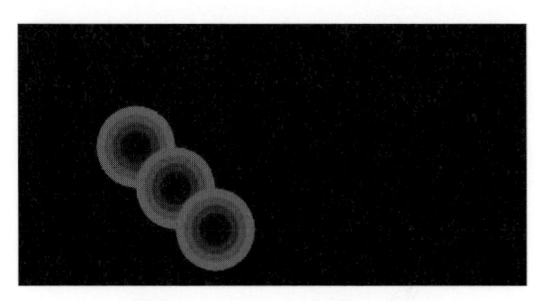

図 12.3　colorkey を指定した blit

　同心円の外側にあった、四角の内側の黒い部分が「透明」になり、背景にある画像が見えるようになりました。

例題 12.3　背景画像を表示する

外部の任意のイメージファイルを Surface にロードせよ。さらに、ボールの画像を読み込み、その「背景色」指定することで透明化処理を行い、背景の上にボールを 2 個表示せよ。

リスト 12.3　12-read-image.py (画像の読み込み)

```
 1  # Python によるプログラミング：第 12 章
 2  # 例題 12.3 背景画像を表示する
 3  # --------------------------
 4  # プログラム名: 12-read-image.py
 5
 6  import pygame
 7
 8  screen = pygame.display.set_mode((640, 320))    # screen を準備する
 9  background = pygame.image.load("background.png")  # 背景画像を読み込む
10  ball = pygame.image.load("ball.png")             # ボール画像を読み込む
11  ball = ball.convert()                            # 画像を変換する
12  ball.set_colorkey(ball.get_at((0, 0))) # 左上の (0, 0) を背景色に指定
13  background.blit(ball, (100, 100))    # 背景画像上にボールを転送
14  background.blit(ball, (200, 200))
15  screen.blit(background, (0, 0))      # screen に背景ごと画像を転送
16  pygame.display.flip()
```

　この例では、背景とキャラクタの2種類の画像を pygame.image.load 関数を用いて読み込んでいます。画像ファイルは、このプログラムと同じフォルダに配置しましょう[3]。

　リスト12.3 は、画像の上に画像を重ねる方法のサンプルとして読んでください。

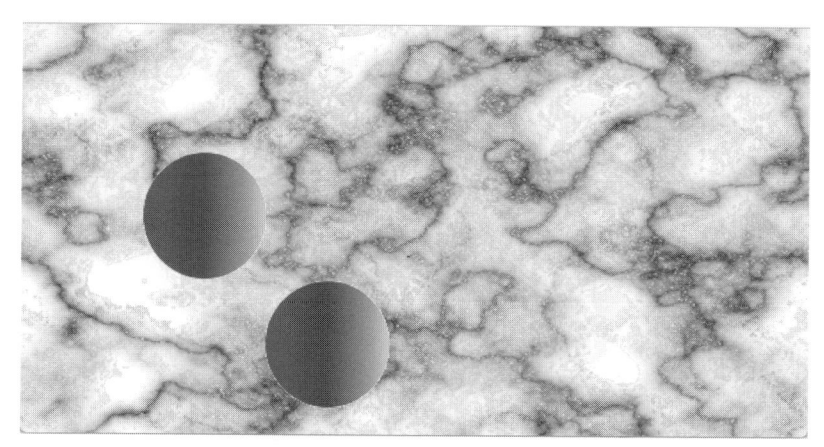

図12.4　背景画像の上にボールを描画

　次の2行で、背景の画像と、その上に重ねて表示する画像を読み込みます。

```
background = pygame.image.load("background.png")
ball = pygame.image.load("ball.png")
```

　上に重ねる画像については、colorkey を指定した blit を行うために、次の処理

```
ball = ball.convert()
ball.set_colorkey(ball.get_at((0,0)))
```

を行っています。ここでは、読み込んだ画像の左上端の色が背景色であるとして、

【3】背景画像のサンプルとして background.png、ボール画像のサンプルとして ball.png がソースコード群
　　に含まれています。

その色を透明色とすることにします。

　Pygame は、自動的に画像タイプ（GIF、PNG、bitmap など）を決定し、データから新しい Surface オブジェクトを生成します。拡張子がファイル名に含まれていれば、Pygame は拡張子から画像タイプを類推します。このプログラムで利用している convert は、display Surface と画像の形式を合わせることで転送を高速に行うための処理です [4]。また、convert の処理を施した結果でないと、背景色の設定がうまくいかない場合があります。

　最後に blit メソッドでキャラクタを背景の上にコピーし（13、14 行目）、最終的には背景ごと display Surface に送ります（15 行目）。

12.5　Pygame のアニメーション

　次に、本書の前半で扱った「ブロック崩しゲーム」を題材として、Pygame におけるアニメーション、イベント処理の例を紹介します。なお、前節で紹介した blit は利用していません。

例題 12.4　アニメーション

> ボールが左右の壁で跳ね返るアニメーションを、pygame を用いて作成せよ。

リスト 12.4　12-animation.py（アニメーション）

```
 1  # Python によるプログラミング：第 12 章
 2  # 例題 12.4 アニメーション
 3  # ------------------------
 4  # プログラム名: 12-animation.py
 5
 6  import pygame
 7
 8  FPS = 60     # Frame per Second 毎秒のフレーム数
```

---

[4] https://www.pygame.org/docs/ret/surface.html

```
 9  LOOP = True
10
11  # ボールの描画関数
12  def draw_ball(screen, x, y, radius=10):
13      pygame.draw.circle(screen, (255, 255, 0), (x, y), radius)
14
15  screen = pygame.display.set_mode((640, 320))
16  clock = pygame.time.Clock()   # 時計オブジェクト
17  x, y = (100, 100)   # ボールの初期位置
18  vx = 10             # ボールの速度
19
20  while LOOP:  # 描画のループ
21      for event in pygame.event.get():
22          # 「閉じる」ボタンを処理する
23          if event.type == pygame.QUIT: LOOP = False
24      clock.tick(FPS)       # 毎秒の呼び出し回数に合わせて遅延
25      x += vx
26      if not (0 <= x <= 640):  # 画面の外に出たら、向きを変える
27          vx = -vx
28      draw_ball(screen, x, y)  # ボールを描画する
29      pygame.display.flip()  # ボール描画を画面に反映
30      screen.fill((0, 0, 0))  # 塗りつぶし：次の flip まで反映されない
31  pygame.quit()    # 画面を閉じる
```

　この例は、ボール（円）がディスプレイの左右で跳ね返るアニメーションです。書き換えのスピードは、8行目の FPS = 60 で指定しています。

　このアニメーションは、Pygame の「時計」（pygame.time.Clock クラスのオブジェクト）を利用します。ループの中で clock.tick(60) のように呼び出すことで、最大で毎秒60回だけこの tick が呼ばれるよう遅延をかけます。FPS は、Frame Per Second（秒あたりのフレーム数）から名前を取っています。

リスト 12.5 アニメーションでの遅延

```
FPS = 60
...
clock = pygame.time.Clock()
...
```

```
while LOOP:
    ...
    clock.tick(FPS) # 速く進みすぎないように遅延をかける
    ...
```

　次の部分は、Pygame の右上のボタン（「閉じる」ボタン）が押された場合のイベント処理を記述しています。これは次節で扱います。

リスト 12.6　閉じるボタンの処理

```
while Loop:
    for event in event.get()
        if event.type == pygame.QUIT: LOOP = False
        ...
```

図 12.5　Pygame でのアニメーション

12.6　イベント処理

　Pygame でイベント処理を扱う方法はいくつかありますが、tkinter のように
イベントハンドラを登録しておくだけでイベント処理ができたのとは異なり、メ
インループの中で毎回イベントを能動的に取得させる方法をとります[5]。次のパ
ドルを動かす例を見てみましょう。

例題 12.5　イベント処理

> 上下のキー入力を処理して、画面上のパドルを上下に操作せよ。

リスト 12.7　12-event.py（イベント処理）

```python
 1  # Python によるプログラミング：第 12 章
 2  # 例題 12.5 イベント処理
 3  # -------------------------
 4  # プログラム名: 12-event.py
 5
 6  import pygame
 7
 8  FPS = 60      # Frame per Second 毎秒のフレーム数
 9  LOOP = True
10
11  # パドルの描画関数
12  def draw_paddle(screen, x, y):
13      pygame.draw.rect(screen, (0, 255, 255), (x, y, 40, 100))
14
15  screen = pygame.display.set_mode((640, 320))
16  clock = pygame.time.Clock()     # 時計オブジェクト
17  paddle_x, paddle_y = (540, 100) # パドルの初期位置
18  paddle_vy = 10                  # パドルの速度
19
```

【5】厳密に言えば、tkinter ではメインループの中の update などで未処理のイベントが処理されます。その
ため、メインループの中にもイベント関連の処理はあります。

```
20   while LOOP:  # メインループ
21       for event in pygame.event.get():
22           # 「閉じる」ボタンを処理する
23           if event.type == pygame.QUIT: LOOP = False
24       clock.tick(FPS)        # 毎秒の呼び出し回数に合わせて遅延
25       pressed_keys = pygame.key.get_pressed() # キー情報を取得
26       if pressed_keys[pygame.K_UP]:     # 上が押されたら
27           paddle_y -= paddle_vy         # y 座標を小さく
28       if pressed_keys[pygame.K_DOWN]:   # 下が押されたら
29           paddle_y += paddle_vy         # y 座標を大きく
30       draw_paddle(screen, paddle_x, paddle_y)  # パドルの描画
31       pygame.display.flip()    # 画面への反映
32       screen.fill((0, 0, 0))  # 塗りつぶし：次の flip まで反映されない
33   pygame.quit()
```

パドルを動かすためのキー操作の処理は、25 行目からの部分、

リスト 12.8　キーイベントの取得

```
pressed_keys = pygame.key.get_pressed()
if pressed_keys[pygame.K_UP]:
    paddle_y -= paddle_vy
...
```

です。pygame.key.get_pressed は、呼び出された時点でのキーボードの状態一覧を取り出します。pygame.K_UP は、定数 273 ですが、これは「↑」キーに対するキーコード（keyboard constant）です。どのようなキーコードがあるかは、リファレンス（https://www.pygame.org/docs/ref/key.html[8]）で調べられます。

pressed_keys[pygame.K_UP] の値は、押されていないときには 0 (False) ですが、押されている間は 1 (True) になります。

一般のイベントは pygame.event.get で取得し、type 属性を使ってイベントの種類（type）を調べます。どのようなイベントがあるかは、リファレンス（https://www.pygame.org/docs/ref/event.html[9]）で調べられます。**リスト 12.9** に、リファレンスから引用したイベントの種類と属性の対応を示します。

リスト 12.9　イベントの種類 (type)

```
QUIT              none
ACTIVEEVENT       gain, state
KEYDOWN           unicode, key, mod
KEYUP             key, mod
MOUSEMOTION       pos, rel, buttons
MOUSEBUTTONUP     pos, button
MOUSEBUTTONDOWN   pos, button
JOYAXISMOTION     joy, axis, value
JOYBALLMOTION     joy, ball, rel
JOYHATMOTION      joy, hat, value
JOYBUTTONUP       joy, button
JOYBUTTONDOWN     joy, button
VIDEORESIZE       size, w, h
VIDEOEXPOSE       none
USEREVENT         code
```

　左側の大文字で書かれた名前はイベントの種類、右側は、そのイベントが持つ属性名のリストです。たとえば、どのキーが押されたかを判断するために、キーボードイベントのひとつである pygame.KEYDOWN を次のように利用します。

リスト 12.10　キーイベント

```
for event in pygame.event.get()
    if event.type == pygame.KEYDOWN: # 何かのキーが押されたか？
        if event.key == pygame.K_UP:
            ...
        if event.key == pygame.K_RIGHT:
            ...
```

　type 属性でキーボードのイベントであることを確認し、key 属性でキーコードを調べます。なお、pygame.KEYDOWN イベントは押された瞬間に一度だけ発行されます。一方、例題 12.5 のようにパドルの移動をキーボードで行うようにしたい場合、「押されている間はパドルを移動させる」という処理を行いたいので、pygame.key.get_pressed を利用する方がプログラムが簡単になります。

図 12.6　パドルの操作

最後に、ボールとパドルの衝突処理をプログラムしましょう。

例題 12.6　　**衝突処理**

パドルとボールを同時に動かし、ボールとパドルの衝突判定を行い、パドルでボールを跳ね返すようにプログラムせよ。

リスト 12.11　　12-collision.py (パドルとボールの衝突処理)

```
 1  # Python によるプログラミング：第 12 章
 2  # 例題 12.6 衝突処理
 3  # -------------------------
 4  # プログラム名: 12-collision.py
 5
 6  import pygame
 7
 8  FPS = 60      # Frame per Second 毎秒のフレーム数
 9  LOOP = True
10
11  # ボールの描画関数
12  def draw_ball(screen, x, y, radius=10):
13      return pygame.draw.circle(screen, (255, 255, 0), (x, y), radius)
14
```

```
15  # パドルの描画関数
16  def draw_paddle(screen, x, y):
17      return pygame.draw.rect(screen, (0, 255, 255), (x, y, 40, 100))
18
19  screen = pygame.display.set_mode((640, 320))
20  clock = pygame.time.Clock()   # 時計オブジェクト
21
22  x, y= (100, 100)   # ボールの初期位置
23  vx = 10            # ボールの速度
24  paddle_x, paddle_y= (540, 100) # パドルの初期位置
25  paddle_vy = 10                 # パドルの速度
26
27  while LOOP:  # メインループ
28      for event in pygame.event.get():
29          # 「閉じる」ボタンを処理する
30          if event.type == pygame.QUIT: LOOP = False
31
32      clock.tick(FPS)       # 毎秒の呼び出し回数に合わせて遅延
33      pressed_keys = pygame.key.get_pressed() # キー情報を取得
34      if pressed_keys[pygame.K_UP]:    # 上が押されたら
35          paddle_y -= paddle_vy        # y 座標を小さく
36      if pressed_keys[pygame.K_DOWN]:  # 下が押されたら
37          paddle_y += paddle_vy        # y 座標を大きく
38      # パドルを取得する
39      paddle_rect = draw_paddle(screen, paddle_x, paddle_y)
40
41      x += vx             # ボールの移動
42      if not (0 <= x <= 640):  # 画面の外に出たら、向きを変える
43          vx = -vx
44      ball_rect = draw_ball(screen, x, y)   # ボールの取得
45      if ball_rect.colliderect(paddle_rect):
46          vx = -vx    # パドルと衝突したら、ボールを反転
47      pygame.display.flip()   # パドルとボールの描画を画面に反映
48      screen.fill((0, 0, 0))  # 塗りつぶし：次の flip まで反映されない
49
50  pygame.quit()   # 画面を閉じる
```

このプログラムは、基本的には例題 12.4 と例題 12.5 を合わせたようなプログ

ラムになっています。ボールとパドルの衝突判定には、pygame.Rect クラスの
colliderect メソッドを利用しています。

リスト 12.12　衝突判定

```
ball_rect = draw_ball(screen, x, y)
if ball_rect.colliderect(paddle_rect):
    vx = -vx
    ...
```

　この処理でふたつの矩形（ball_rect と paddle_rect）に重なりがあるかどうか
を判定しています。ボールとパドルの矩形領域を表す ball_rect と paddle_rect
は、それぞれ draw_ball 関数、draw_paddle 関数で生成させます。draw_ball 関
数は次のようになっています。

リスト 12.13　ボールの描画

```
def draw_ball(screen, x, y, radius=10):
    return pygame.draw.circle(screen, (255, 255, 0), (x, y), radius)
```

　pygame.draw の circle 関数が計算した値を、return で呼び出し元に戻します。
circle 関数は Surface に円を描画するとともに、その円を囲む矩形を戻り値で
教えてくれるので、これを利用します。パドルを描画する draw_paddle 関数も同
様です。

練習問題 12.1　例題 1.1 の「家」の描画

図 12.7 のように、異なる外観を持つ家を横に並べて描画せよ。ただし、デザイン
は各自がアレンジして構わない。
（ファイル名：ex12-houses.py）

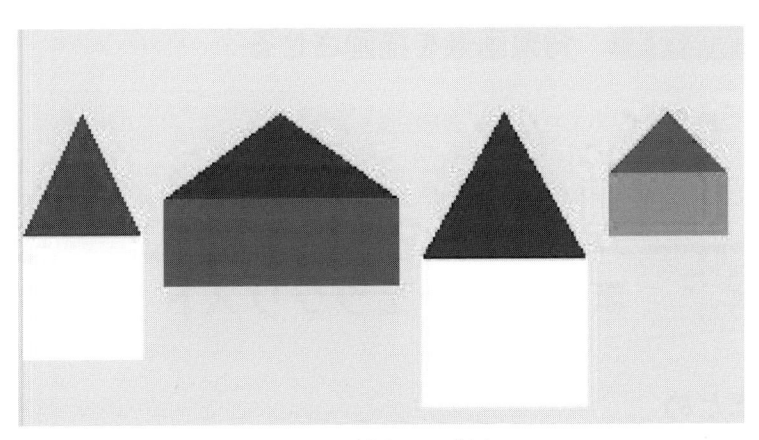

図 12.7 例題 1.1 の「家」

練習問題 12.2　箱の中のボール移動

箱を作り、その中でボールを次の 2 通りの方法で動かすようにせよ。
- **(1)** 例題 12.1 と同様に、pygame.draw モジュールの関数を使い、直接ディスプレイにオブジェクトを描画する方法
（ファイル名：ex12-bouncing-draw.py）
- **(2)** 外部ファイルから取り込んだイメージを利用する方法
（ファイル名：ex12-bouncing-blit.py）

発展問題 12.3　複数のボールが箱の中を移動する

箱を作り、その中で複数のボールを動かすようにせよ。ボールは画像ファイルから取り込むものとする。
（ファイル名：ex12-balls.py）

発展問題 12.4 **背景画像を描画させる**

> 発展問題 12.3 のプログラムで、背景画像を表示せよ。
> （ファイル名：ex12-background.py）

12.7　まとめ / チェックリスト

まとめ

1. Pygame は、ゲームを作成するための様々なツールを揃えたライブラリです。
2. Surface オブジェクトは、画像を表現するための仮想的な描画領域です。
3. pygame.draw モジュールの関数を使うと、Surface に直接描画することができます。
4. Surface から Surface に画像を転送して描画する blit という処理があります。
5. blit では、「背景色」を指定することにより、透明化処理を実現できます。
6. 外部画像を Surface に読み込むことが可能です。
7. pygame.time モジュールの Clock（時計）オブジェクトを使い、アニメーションを作成できます。
8. pygame.event モジュールの関数を使うと、「閉じる」ボタンが押されたといったイベントを取得できます。
9. pygame.key モジュールの関数を使うと、「押されているキー」などの情報を取得できます。

チェックリスト

- [ ] Surface に描画した内容を、実際の画面に反映させる関数は何ですか？
- [ ] 画面をすべて塗りつぶす関数は、何ですか？
- [ ] pygame.event からもキーの押し下げ情報を得られますが、pygame.key を使った方が便利な理由は何でしょうか？
- [ ] pygame.time.Clock クラスで、描画頻度はどのように設定しますか？

☐ pygame では衝突を簡単に判定する方法がありますが、どのような方法でしょうか？

COLUMN　pygame のリファレンスを読むポイント

　pygame のリファレンスの項目には、pygame.Rect や pygame.Surface のように、名前の最後の部分がキャピタライズされたものと、そうでない、pygame.display や pygame.draw といった名前のものがあり、これらの違いには注意する必要があります。前者は、それぞれの項目を読むとわかるように、ゲームオブジェクトを構成するためのクラスです。一方で、後者はモジュールを表し、そのモジュールに関数群が用意されています。ただし、pygame.time.Clock のように、モジュールの下にクラスが属していることもあります。

　前者の例として pygame.Rect のリファレンスを見ると、これはクラスであると書かれています。その説明の下に書いてある

リスト 12.14　Rect のリファレンス

```
Rect(left, top, width, height) -> Rect
Rect((left, top), (width, height)) -> Rect
Rect(object) -> Rect
```

は、コンストラクタの説明です。さらに続いて列挙されている copy などは、そのクラスのメソッドです。

　簡単な例を次に示します。

リスト 12.15　Rect の copy

```
rect = pygame.Rect(100, 100, 100, 100)
rect2 = rect.copy()
```

　copy はメソッドですから、**オブジェクト .copy()** という形で呼び出します。リファレンスの「copy()」の項目にある「copy() -> Rect」は、copy が引数なしのメソッドで、Rect オブジェクトを戻す、ということを示しています。

　後者（pygame.draw、pygame.display など）は、すでにたくさん出てきていますが、モジュールの名前です。

リスト 12.16　draw.circle

```
pygame.draw.circle(screen, (255, 255, 0), (x, y), radius)
```

は、pygame.draw モジュールの circle 関数の呼び出しですから、**モジュール名 . 関数名 (引数)** という呼び出し方になっています。

　このように、説明されている項目が、クラスのメソッドについて述べているのか、モジュールの関数について述べているのか、という違いを意識して読む必要があります。

第13章

スコープ、実体と参照

　プログラムの規模が大きくなってくると、様々なモジュール（部品）を使うようになります。この際に、注意しなければならない点がふたつあります。

　ひとつはスコープ（変数の有効範囲）です。モジュールの中で定義した変数は、通常はモジュールの外から操作させません。一方で、モジュール間をまたいで利用する変数も必要となることがあります。今操作している変数の使用範囲が、そのモジュールの中に留まるのか、あるいは外部のプログラムに影響を与えるのか、気をつけてプログラムを書かないと予期しないトラブルの原因になります。

　もうひとつは、モジュールへのデータの渡し方です。実体（値）が受け渡されるのか、参照（値が格納されている場所の情報）が受け渡されるのかが大きな問題となります。どんな問題になるか、本文を読み進めてください。

13.1　マウスイベントの処理

　前章では外部ライブラリとして Pygame の導入を行いました。本章では、まずゲーム作成で使う要素のいくつかを紹介しながら、これまでに学んだプログラムの構造を復習します。

例題 13.1　時間経過の取得

画面の中央に円を描き、1 秒ごとにその色を変えよ。色は任意のもので構わない。

リスト 13.1　13-signal.py (1 秒ごとの変化)

```
 1  # Python によるプログラミング：第 13 章
 2  # 例題 13.1 時間経過の取得
 3  # --------------------------
 4  # プログラム名: 13-signal.py
 5
 6  import pygame
 7
 8  S_RED, S_GREEN, S_YELLOW = (0, 1, 2)
 9  COLOR_LIST = [(255, 0, 0), (0, 255, 0), (255, 255, 0)]
10
11  screen = pygame.display.set_mode((640, 320))
12  clock = pygame.time.Clock()
13
14  signal = S_RED
15  center, radius = (screen.get_rect().center, 100)
16  loop = True
17  while loop:
18      for event in pygame.event.get():
19          if event.type == pygame.QUIT:
20              loop = False
21      pygame.draw.circle(screen, COLOR_LIST[signal], center, radius)
22      signal = (signal + 1) % len(COLOR_LIST) # 色をローテーションする
23      pygame.display.flip()
```

```
24    clock.tick(1) # 1 秒経過を待つ
25  pygame.quit()
```

　このプログラムでは、画面の中央の円の色を、赤、緑、黄、赤、緑、黄、……
と約1秒ごとに切り替えます。この小さなプログラムでも、「マインスイーパー」
の演習で取り上げた、モデル、ビューの考え方を利用しています。円の色を表す
モデル（変数 signal）の状態を1秒ごとに変化させるのです。状態を変化させる
部分だけを抜き出すと、次のようになります。

リスト 13.2　Pygame の時間の管理

```
import pygame
S_RED, S_BLUE, S_YELLOW = (0, 1, 2)
clock = pygame.time.Clock()
signal = S_RED
loop = True
while loop:
    signal = (signal + 1) % len(COLOR_LIST)
    clock.tick(1)
```

　最終的なプログラムには、**リスト 13.2** に、モデルの変化に応じてビュー（変
数 screen）を描き直す部分と、終了のイベントを検知してプログラムを終了させ
る部分が加わっています。
　リスト 13.1 の15行目は、次のようになっています。

リスト 13.3　矩形中心座標の取得

```
center, radius = (screen.get_rect().center, 100)
```

　screen.get_rect().center の部分は、screen.get_rect() によって screen に
対応する pygame.Rect クラスのオブジェクト（ここでは pygame.Rect(0, 0, 640,
320)）を得て、そのオブジェクトの center 属性によって矩形の中心座標（ここで
は (320, 160)）を取得します。
　メインループ内の最初の部分に書かれているのが次の部分です。

リスト 13.4　イベントの能動的取得

```
for event in pygame.event.get():
    if event.type == pygame.QUIT:
        loop = False
```

　第 12 章の復習になりますが、**リスト 13.4** では pygame.event.get() によって
イベントを能動的に取得します。一般のケースでは複数のイベントを取得でき
ますが、ここではウィンドウの「閉じる」ボタンが押されたときに発生される、
pygame.QUIT という type を持つイベントのみを検出し、メインループを打ち切
ります。

図 13.1　円の色が 1 秒ごとに変わる

例題 13.2　マウスイベントの取得

例題 13.1 で作成した円で、マウスのクリックでその色を変えよ。色は任意のもの
で構わない。

リスト 13.5　13-click-signal.py（クリックで変化）

```
 1  # Python によるプログラミング：第 13 章
 2  # 例題 13.2 マウスイベントの取得
 3  # ----------------------------
 4  # プログラム名: 13-click-signal.py
 5
 6  import pygame
```

```
 7
 8  S_RED, S_GREEN, S_YELLOW = (0, 1, 2)
 9  COLOR_LIST = [(255, 0, 0), (0, 255, 0), (255, 255, 0)]
10
11  def handles_mouseup(event):
12      global signal     # 関数外で宣言されたsignalを使う
13      print("pressed")   # 動作確認用
14      print(event.button)
15      # 最初は以下のif文全体がない状態で試しにプログラムを動かしてみましょう
16      if event.button == 1 and rect.collidepoint(event.pos):
17          signal = (signal + 1) % len(COLOR_LIST) # 色をローテーションする
18          color = COLOR_LIST[signal]
19          pygame.draw.circle(screen, color, center, radius) # 円の描画
20          pygame.display.flip()
21
22  screen = pygame.display.set_mode((640, 320))
23  clock = pygame.time.Clock()
24
25  signal = S_RED
26  center, radius = (screen.get_rect().center, 100)
27  color = COLOR_LIST[signal]    # 初期設定の色
28  rect = pygame.draw.circle(screen, color, center, radius)
29  pygame.display.flip()
30
31  loop = True
32  while loop:
33      for event in pygame.event.get():
34          if event.type == pygame.QUIT:
35              loop = False
36          if event.type == pygame.MOUSEBUTTONUP:
37              handles_mouseup(event)
38      clock.tick(50)
39
40  pygame.quit()
```

まず、ループの部分を見てみましょう。

ここでは、例題 13.1 でも示した pygame.event.get 関数で取得したイベントから、「閉じる」ボタンのイベントと、マウスに関するイベントを検知し、それに

応じて必要な処理を呼び出します。これらはイベントループ、あるいは、**イベントディスパッチャ (dispatcher)** と呼ばれます。その内部では特定のイベントが発生するのを監視し（「イベントを **listen** する」と言います）、発生したイベントに対応する適切なイベント処理を呼び出します（「イベント処理を **dispatch (ディスパッチ＝発行) する**」と言います）。この例の場合、「押されているマウスボタンが離された」というイベントを listen し、イベントが届いたら、イベントハンドラである handles_mouseup 関数を dispatch します。このイベントハンドラには、引数でイベントを渡します。「閉じる」ボタンについても同様に listen し、イベントを検知したらその場で変数 loop を False に設定するというイベント処理を行います。

　第 11 章まで利用してきた tkinter では、イベント処理のために、bind メソッドや bind_all メソッドを利用して、特定のイベントに対して実行されるイベントハンドラを登録しました。実は tkinter では、はじめからイベントディスパッチャに相当するものが用意され、起動と同時に動作を開始しています。大ざっぱに言うと、bind メソッドは**リスト 13.5** のループ内の if 文の処理に相当するものをディスパッチャの処理に追加するのです。その結果、登録されたイベントが通知されるとハンドラが呼び出されるという仕組みになっています。

　次に、イベントハンドラの方を見てみましょう．

リスト 13.6　イベントハンドラ

```
def handles_mouseup(event):
    global signal
    print("pressed")
    print(event.button)
    if event.button == 1 and rect.collidepoint(event.pos):
        signal = (signal + 1) % len(COLOR_LIST)
        color = COLOR_LIST[signal]
        pygame.draw.circle(screen, color, center, radius)
        pygame.display.flip()
```

　この関数は、起きたイベントの情報を保持したイベントオブジェクトを引数に取ります。ここでは、テストのために print(event.button) とすることで、イベントオブジェクトの button 属性を取り出して表示しています。マウスやトラッ

クパッドのボタンを色々押してみてください。

　その次の if 文の条件式（**リスト 13.7**）は、離されたボタンがマウスの左ボタン（1 番）で、かつ、そのときのマウスカーソルの座標（event.pos）を矩形領域 rect が含んでいるならば、True となるような式です。

リスト 13.7　マウスの左ボタンが矩形領域内で押されたかどうかの判定

```
event.button == 1 and rect.collidepoint(event.pos)
```

　collidepoint は、pygame.Rect のメソッドです。リファレンスで調べてみましょう。**リスト 13.7** の条件が成り立ったときに、円の色をひとつ切り替えて（signal = ... の部分）、同時に、その色の円を表示する、というのが if ブロックの処理です。

13.2　変数の有効範囲（スコープ）

　さて、復習になりますが、**リスト 13.6** の 2 行目の global signal について説明します。これは、この関数内の変数 signal が、外側で定義された変数 signal であることを宣言しています。6 行目に、

リスト 13.8　signal の更新

```
signal = (signal + 1) % len(COLOR_LIST)
```

という文がありますが、このように関数外で定義された変数へ関数内で値を代入する場合には、global 宣言が必要になります。一方、次の行の

リスト 13.9　color の更新

```
color = COLOR_LIST[signal]
```

における変数 color には global 宣言がありません。つまり、この関数内のみが有効範囲のローカル変数です。その外側で定義される変数 color（**リスト**

13.5 の 27 行目）とは、同じ名前でも関係ありません。COLOR_LIST、screen、radius など、関数外で定義された変数は他にもありますが、関数内でそれらの変数への**代入を行っていないので**、global 宣言は不要です。

13.3　テキストの表示

次に、Pygame でのテキストの表示方法をチェックしておきましょう。

例題 13.3　テキストの表示

任意の色表示のテキストを、1 秒おきに切り替えて表示せよ。

リスト 13.10　13-signal-text.py

```
 1  # Python によるプログラミング：第 13 章
 2  # 例題 13.3 テキストの表示
 3  # ------------------------
 4  # プログラム名: 13-signal-text.py
 5
 6  import pygame
 7
 8  COLOR_NAMES = ["red", "green", "yellow"]
 9  COLOR_LIST = [pygame.Color(COLOR_NAMES[i])
10              for i in range(len(COLOR_NAMES))]
11
12  pygame.init() # pygame.font.init()
13
14  screen = pygame.display.set_mode((640, 320))
15
16  clock = pygame.time.Clock()
17  font = pygame.font.SysFont('comicsansms', 32)
18
19  signal = 0
20  loop = True
21  while loop:
```

```
22    for event in pygame.event.get():
23        if event.type == pygame.QUIT:
24            loop = False
25    color = COLOR_LIST[signal]
26    text = font.render(COLOR_NAMES[signal] + " Light !",
27                    True, color)
28    screen.blit(text, (0, 0))  # テキストを画面に転送する
29    pygame.display.flip()  # 描画内容を更新する
30    clock.tick(1)
31    screen.fill((0, 0, 0))
32    signal = (signal + 1) % len(COLOR_LIST)
33 pygame.quit()
```

　リスト 13.10 のプログラムで、テキスト表示を行っているのは、変数 text へ
の代入を行っている行とその次の行です（26～28 行目）。詳しくは後述します。
　12 行目の、

リスト 13.11　pygame の初期化

```
pygame.init()
```

は様々な Pygame のサブモジュールを初期化する関数です。ここでは、フォン
ト（テキストに表示する字体）のモジュールを初期化するために必要になります。
`pygame.font.init()` とすれば、`pygame.font` モジュールのみを初期化できます。
　そして 17 行目の、

リスト 13.12　font の宣言

```
font = pygame.font.SysFont('comicsansms', 32)
```

では、`comicsansms` という、あらかじめ Pygame が組み込んだフォントを利用で
きるようにします。第 2 引数の 32 は、文字の大きさです。なお、

```
>>> all_fonts = pygame.font.get_fonts()
>>> print(all_fonts)
```

とすれば、使えるフォント名の一覧が表示されます。

さて、

リスト 13.13 テキスト表示

```
text = font.render(COLOR_NAMES[signal] + " Light !", True, color)
screen.blit(text, (0, 0))
```

の中で、font.render は何をしているのでしょうか？

リファレンス **[10]** を見ると [1]

```
render(text, antialias, color, background=None) -> Surface
```

と書いてあります。

この情報は非常に重要です。render は Surface オブジェクトを生成するメソッドであることがわかります。文字列 text のテキストを指定した色 color で、Surface 上にレンダリング（投影する）したものを返します。antialias は、アンチエイリアシング（ギザギザが目立たないようにする処理）を行うかどうかを真偽値で指定します。

screen.blit(text, (0, 0)) については、前章で説明しました。ここでは、text に保存されたイメージを screen の上の (0, 0) を左上とする領域に転送します。

図 13.2 1秒ごとのテキスト切り替え

本章での Pygame ライブラリについての説明はこれで終わりです。

---

[1] https://www.pygame.org/docs/ref/font.html#pygame.font.Font.render

13.4 実体と参照

　この節では、「Python のデータ（オブジェクト）がどのように保持されていて、そのデータをどうやって取得したり、書き換えたりしているのか」について詳しく説明します。まず、次のプログラムを見てみましょう。

リスト 13.14 リストの操作 (1)

```
>>> x = {"a": 1, "b": 0}
>>> y = [x, x, x]
>>> print(y)
[{'a': 1, 'b': 0}, {'a': 1, 'b': 0}, {'a': 1, 'b': 0}]
```

　y はリストで、みっつの辞書 {"a": 1, "b": 0} を要素としています。さて、ここで次の操作をします。この結果はどうなるでしょうか。

リスト 13.15 リストの操作 (2)

```
>>> y[0]["a"] = 100
>>> print(y)
```

　第 0 要素のみを変更するのだから、次の表示になると予想できると思います。

```
[{"a": 100, "b": 0}, {"a": 1, "b": 0}, {"a": 1, "b": 0}]
```

　しかし、実際に試してみると、

```
[{"a": 100, "b": 0}, {"a": 100, "b": 0}, {"a": 100, "b": 0}]
```

と表示されます。なぜでしょうか？
　リスト 13.14 の実行例で、y = [x, x, x] として作成したリストは

```
[{"a": 1, "b": 0}, {"a": 1, "b": 0}, {"a": 1, "b": 0}]
```

のように表示されますから、**図 13.3** のような形であると想像するかもしれません。

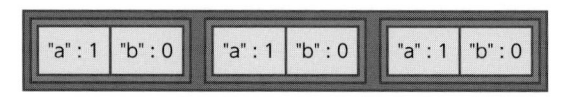

図 13.3　リスト [x, x, x]

　しかし、リストの第 0 要素のキー a の値を 100 に変えたときに、第 1 要素と第 2 要素の a の値まで変わってしまうのはどういうことでしょうか？　実は、先のプログラムで示したリスト [x, x, x] の構造は、より正確には次の**図 13.4** のようになっています。

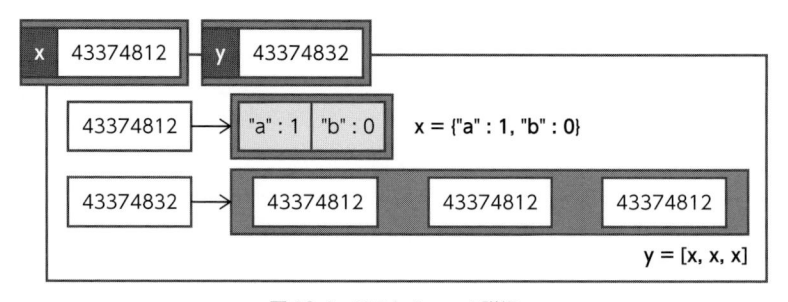

図 13.4　リスト [x, x, x] 詳細

　この図の 43374812 や 43374832 は参照です。データが格納されているメモリ上のアドレスと考えることもできます。参照の矢印の先にあるものが実体（実際のデータ）です。この図を見てわかるように、リスト [x, x, x] は、{"a": 0, "b": 1} というひとつの辞書本体のありかを示す「住所」を、みっつ持っているにすぎないのです。住所の役割をするものが「**参照**」、その参照が示している場所に存在する本体にあたるものが「**実体**」です。この場合、辞書本体が実体です。

　さて、y[0]["a"] = 100 は、「y[0] が指す実体の辞書」のキー a の値を 100 に置き換えることを意味します。そして、先に示した y = [x, x, x] の例では、リス

トのみっつの要素が同じ参照であるために、結局同じ実体を共有しています。以上が、**リスト 13.14**、**リスト 13.15** の動きの説明です。

　ここで、id 関数を用いると、参照（Python の用語では **Identity**）の値を知ることができます。

リスト 13.16　参照の確認

```
>>> print(id(y))     # --> 43374832
>>> print(id(y[0]))  # --> 48596712
>>> print(id(y[1]))  # --> 48596712
>>> print(id(y[2]))  # --> 48596712
```

　表示される値は実行するごとに変わると思いますが、常に id(y[0]) == id(y[1]) == id(y[2]) という条件が成り立っていて、y = [x, x, x] のリストの要素がひとつの実体を共有していることを確認できます。

13.5　Deep Copy と Shallow Copy

　次は先ほどと似た例です。

リスト 13.17　リストの操作 (3)

```
>>> x = [0, 1]
>>> y = [x, x, x]
>>> y[0][0] = 100
>>> print(y)
```

　print(y) の表示はどうなるでしょうか？　これは、前節で示した通りの理由で、

```
[[100, 1], [100, 1], [100, 1]]
```

と表示されます。

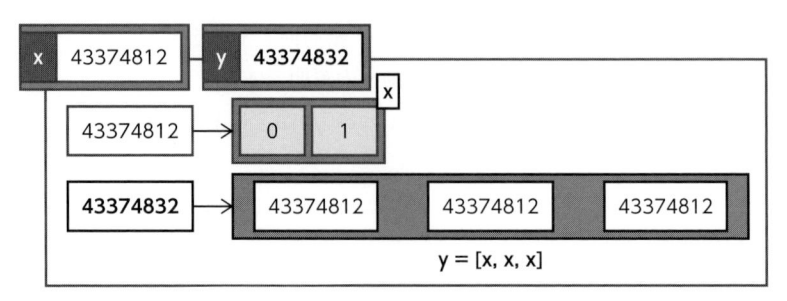

図13.5　リストのリスト [x, x, x]

では、

リスト13.18　リストの操作 (4)

```
>>> y[0][0] = 100
```

の操作によって、

```
[[100, 1], [0, 1], [0, 1]]
```

という結果を得たいときには、どうすればよいでしょうか？　これは、次のように
にオブジェクトを複製することで実現できます。

リスト13.19　リストの操作 (5)

```
y = [x.copy(), x.copy(), x.copy()]
```

　x.copy() と呼び出されるごとに、x の実体が複製され、y は複製した x の実体
に対する新たな参照を要素として持つことになります。

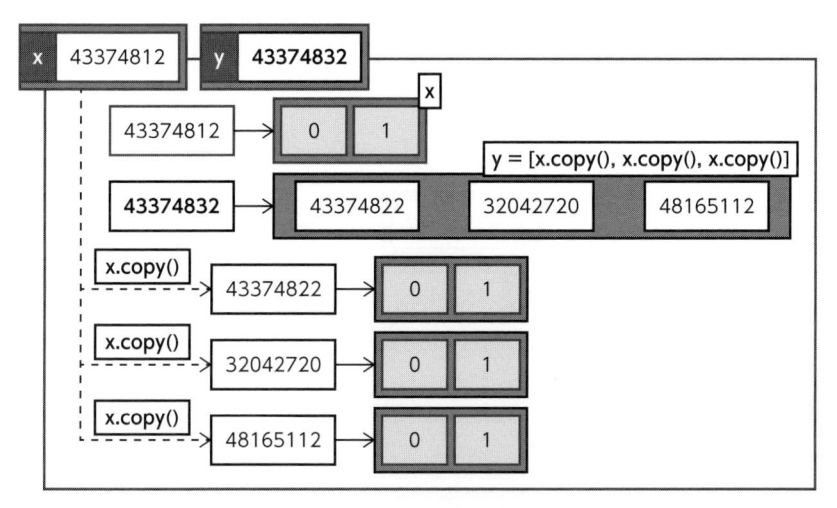

図 13.6 リスト要素の copy

　なお Python の場合は、次のように [...] によってリストを記述すれば、それぞれ新しいリストのオブジェクトが生成され、共有されることはありません。

リスト 13.20　リストの操作 (6)

```
y = [[0, 1], [0, 1], [0, 1]]
```

　さて、次の例ではリスト x はふたつのリスト [1, 2]、[3, 4] を要素として含んでいます。2 行目でこの x に対し x.copy() としてリストを複製しています。これを図示すると**図 13.7** のようになります。x.copy() も、x の要素としてリストや辞書などが含まれると参照がコピーされ、同一の実体がふたつのリストから利用されることになるからです。

リスト 13.21　リストの操作 (7)

```
>>> x = [[1, 2], [3, 4]]
>>> y = x.copy()
>>> y[0][0] = 100
>>> print(x) # --> [[100, 2], [3, 4]]
# ...( コピーしたはずの y を書き換えたのに、x が書き換えられている )
```

　このようなオブジェクトの複製の操作は、**Shallow Copy**（シャローコピー、浅いコピー）と呼ばれます。**図 13.7** を見ると x[0] と y[0] は同じ実体を参照していることがわかります。

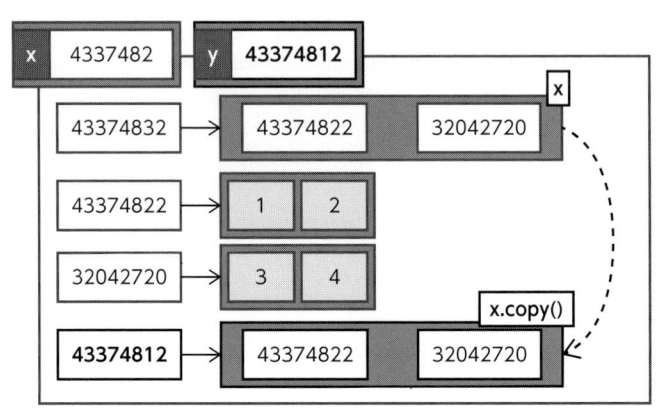

図 13.7　Shallow Copy

　これに対して、**Deep Copy**（ディープコピー、深いコピー）は、要素（参照）のオブジェクトのコピーも作成する操作です。

リスト 13.22　リストの操作 (8)

```
>>> x = [[1, 2], [3, 4]]
>>> y = [x[0].copy(), x[1].copy()]
>>> y[0][0] = 100
>>> print(x)  # --> [[1, 2], [3, 4]]
# (yの要素を書き換えてもxの要素は書き換えられていない)
```

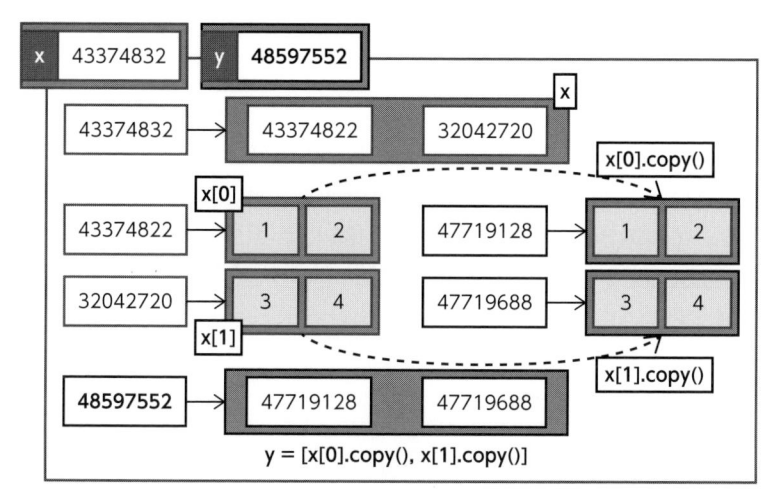

図13.8 Deep Copy

　プログラムする際には、どちらの複製操作を用いるのかを判断する必要があります。

　たとえば、ゲームの中であるオブジェクトの複製（クローン）を細胞分裂のように作りたい場合、Deep Copy を用いる必要があるでしょう。一方で、ゲーム中のオブジェクト群から、ある条件を満たすようなオブジェクトを選んでリストアップする、という場合には、そのような条件を満たすオブジェクトの参照だけをコピーしてリストに追加する Shallow Copy で十分でしょう。

13.6 引数と参照

　次のプログラムを見てみましょう。

リスト 13.23　更新される関数呼び出し

```
def update(y):
    y[0] = 100

x= [0, 1, 2]
```

```
update(x)
print(x) # ==> [100, 1, 2]
```

この例では update 関数の実行後に、リストの内容が変化していることに注目してください。これは、メソッドや関数の実引数には、実際には参照が渡されるためです。この例では、関数内の y[0] = 100 によって、y が参照している実体のインデックス 0 の要素を 100 に書き換える、ということが行われます。

次の例はどうでしょうか？

リスト 13.24　更新されない関数呼び出し

```
def update_simple(y):
    print(id(y))
    y = [100]
    print(id(y))

x = [0]
print(id(x))
update_simple(x)
print(id(x))
print(x) # -> [0]
```

変数 y に割り当てられる参照（アドレス）が、関数内で生成するリスト [100] の参照に書き換えられます。しかし変数 y は関数内のみで利用可能なローカル変数ですから、関数の外の変数 x とは無関係です。update_simple(x) を実行しても、x に割り当てられている参照は変化しないことに注意してください。

練習問題 13.1 文字列の表示位置

リスト **13.10** では画面の左上にテキストを表示したが、同様のテキストが中央に表示するようにせよ。
（ファイル名：ex13-text.py）
ヒント：
- **リスト 13.1** にもあったように、screen を display Surface とすると、その中心は screen.get_rect().center で取得できる
- text = font.render(...) で取得した Surface の矩形は、text.get_rect() で取得できる

図 13.9 中央表示のテキスト

練習問題 13.2 クリック回数の表示

正方形をみっつ描画し、それぞれをクリックした回数だけ、その正方形の中央に数が表示されるようにせよ。
（ファイル名：ex13-click.py）

練習問題 13.3　Deep Copy と Shallow Copy

与えられた「数値リスト」のリストを「深い」コピーによって複製する関数 deep_copy を作成せよ。なお、リストの深さや要素数が変わってもコピーできるようにせよ。
（ファイル名：ex13-deepcopy.py）

具体的には、

```
def deep_copy(x):
    ...ここにdeep_copyを行う手続きを書く

x = [[1, 2], [[3, 4, 5], 6, 7], [8, 9, 10]]
y = deep_copy(x)
x [1][0][2] = 100
print("x = {}".format(x))
print("y = {}".format(y))
```

x[1][0][2] の要素（x の第 1 要素の x[1] の第 0 要素 x[1][0] の第 2 要素）のみが変更されて、y の方には影響がないことを確認せよ。この例であれば、次の表示になるはずである。

```
x = [[1, 2], [[3, 4, 100], 6, 7], [8, 9, 10]]
y = [[1, 2], [[3, 4, 5], 6, 7], [8, 9, 10]]
```

ヒント：
- 変数 x がリストかどうかを調べるのに isinstance(x, list) という関数を使うことができる
- 「深さ」がわからない場合には、再帰呼び出しを使うと効果的である

13.7 まとめ / チェックリスト

まとめ

1. pygame で時間を扱う場合には、pygame.time.Clock を利用すると便利です。
2. pygame.time.Clock で、一定時間待つ場合には tick 関数を使うことができます。
3. pygame.Surface.get_rect().center で、描画領域の中央の座標を得ることができます。
4. event.pos で、マウスがクリックされた座標などを得ることができます。
5. リストや辞書では、実体が格納されている住所を用いて実体を参照するため、リストや辞書の参照を代入した場合、同じ実体を指します。
6. リストに対して copy 関数を実行すると、複製が作成され、異なる実体を保持することができます。
7. copy 関数を実行しても、複製する元データが「参照の住所」であった場合、さらにその「参照の住所」も copy しない限り、「完全に分離された複製」は作成できないため、注意が必要です。
8. 同じ実体を参照しているコピーを、Shallow Copy と呼びます。
9. Deep Copy では、完全に異なる住所に存在する独立した「複製」を作成します。

チェックリスト

- [ ] 関数の外で宣言された変数へ、関数の中で値を代入する場合には、どんな宣言をしますか？
- [ ] 関数の外で宣言された変数を、関数の中で参照するだけの場合には、何か特別な配慮が必要ですか？
- [ ] event から、マウスがクリックされた座標を調べるには、どんな属性値を参照しますか？
- [ ] tkinter と pygame のイベント処理の違いを説明できますか？

□　リストなどの参照で、実体が保存されている「住所」を指すPythonでのプログ
　　ラミング用語は何ですか？
□　プログラムで変数の複製を行ったときに、その処理が、Shallow Copyになって
　　いるか、Deep Copyになっているかを確認するためには、どんな方法がとれま
　　すか？

COLUMN　「値渡し」か「参照渡し」か

「値渡し」か「参照渡し」か、という疑問があります。そもそも「値渡し」や「参
照渡し」とはどんな意味でしょうか？

「値渡し」は、関数に引数を渡す際にC言語で用いられた、その変数の「値」そ
のものを渡すやり方です。この場合、関数の中でその変数の値を書き換えても、
関数の外には一切影響を与えません。一方、「参照渡し」では、変数の参照を関数
に渡します。C言語では「アドレス渡し」とも言います。

「値渡し」に似た動作をするのが、次のプログラムの例です。

```
def func(a):
    print("before", a, id(a))
    a += 11
    print("after", a, id(a))

b = 1
func(b)
print("outside", b, id(b))
```

このプログラムの実行結果は、次のようになります（表示される値は実行する
ごとに変わります）。

```
before 1 4304944160
after 12 4304944512
outside 1 4304944160
```

この結果は、どう読んだらよいでしょうか？　まず、bに1が代入され、bが

func 関数に渡されます。受け取った値にかかわらず a に 11 を加算すると、関数内での a の「入れ物」が新しく作られて、そこに 12 という値が入れられます。関数を抜けて外に出ると、元々の b の値も b の参照も書き換わってはいません。また、b の参照が関数の中に渡されていることもわかります。

つまり、Python では、一見「値渡し」のように見える関数呼び出しの引数の渡し方が、実は「参照値渡し」であり、かつ、関数内で代入があると新しく「参照」が作られるため、処理結果が関数の外に影響を与えない、ということがわかります。C 言語のように「値渡し」の言語でのプログラミング経験がある方には、この Python の動作が「値渡し」に見えてしまう、ということがありそうです。

逆に「参照渡し」だと思ってプログラムを書いていると、関数内部で「参照値」が上書きされてしまうので、実行結果を外から受け取れないことに戸惑うでしょう。Java でも、変数の「参照値」を関数に渡します [2]。

動作は同じなのに、リストや辞書ではデータとして参照を保持しているため、「参照値渡し」が「参照渡し」のように動作して見える、ということになります。

---

[2] https://docs.oracle.com/javase/specs/jls/se11/html/jls-4.html#jls-4.3.1

第14章

Sprite と Group

　Pygame ライブラリを使用すると、Sprite と Group という便利なクラスが使えるようになります。どう便利なのでしょうか？

　Sprite を使うと、モデルとして計算し内部的に表現したゲームオブジェクトを画面に展開する際に、プログラム表現がコンパクトになります。この結果、より物理モデルの振る舞いを中心としてプログラムを書けるようになります。

　また、グラフィカルなゲームでは、複数種類の「モノ」が画面上に表現されていますが、Group として一括して扱うことができます。これにより、さらにプログラムはコンパクトに、読みやすくなります。

　具体的に、どのように Sprite や Group を使うかを、本章で見ていきましょう。

14.1　Sprite クラスを使用する準備

これまで見てきたボールのアニメーションやブロック崩しゲームのプログラム
では、アニメーションを表現するために、背景とそれとは別に用意したキャラ
クタのイメージデータを適宜重ね合わせ、ディスプレイに表示させる方法をとり
ました。キャラクタ画像のように、アニメーションを構成するために個別に用意
した画像データを**スプライト**と呼ぶことがあります。スプライトを利用してアニ
メーションを構成する技法は**スプライト処理**と呼ばれ、2D ゲームを実現する際
の標準的な手法となっています。pygame には pygame.sprite というスプライト
処理用の道具が用意されているので、本章ではこれを利用することを目標としま
す。

例題 14.1　移動する物体

図 14.1 のように、赤と白のボールが左右に動いていくプログラムを作成せよ。

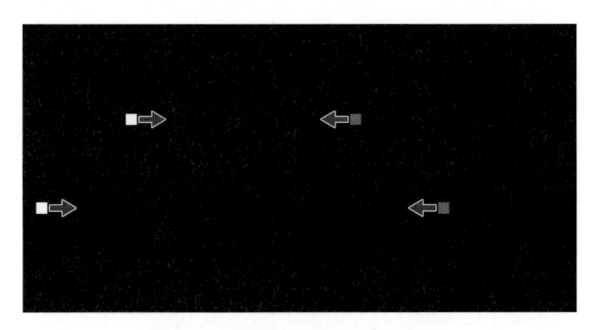

図 14.1　移動する物体のプログラム

リスト 14.1　14-move-sample.py（blit の利用）

```
1  # Python によるプログラミング：第 14 章
2  # 例題 14.1 移動する物体
3  # ---------------------------
4  # プログラム名: 14-move-sample.py
```

```
 5
 6  import pygame
 7
 8  WHITE, RED=((255, 255, 255), (255, 0, 0))
 9  D = 10
10  FPS = 20
11
12  class Ball:
13      def __init__(self, x, y, vx, vy, color):
14          self.vx, self.vy = (vx, vy)
15          self.image = pygame.Surface((D, D))
16          self.image.fill(color)
17          self.rect = pygame.Rect(x, y, D, D) # screen への blit 座標
18
19      def move(self):
20          # 描画位置を移動させる
21          self.rect.move_ip(self.vx, self.vy)
22
23  screen = pygame.display.set_mode((640, 320))
24  clock = pygame.time.Clock()
25
26  # ボールを準備する
27  whites = []
28  reds = []
29  whites.append(Ball(100, 100, 10, 0, WHITE))
30  whites.append(Ball(100-100, 200, 10, 0, WHITE))
31  reds.append(Ball(400, 100, -10, 0, RED))
32  reds.append(Ball(400+100, 200, -10, 0, RED))
33
34  done = False
35  for i in range(60):
36      for event in pygame.event.get():
37          # 「閉じる」ボタンを処理する
38          if event.type == pygame.QUIT: done = False
39      if done: break
40      clock.tick(FPS)
41      for ball in reds + whites:
42          ball.move()
43          screen.blit(ball.image, ball.rect)
```

```
44   pygame.display.flip()
45   screen.fill((0, 0, 0))
46 pygame.quit()
```

　このプログラムを基本として、ライブラリ pygame.sprite を使用したプログラムに変えていきます。なお、@dataclass を用いると後述する pygame.sprite. Group が利用できないため、本章では @dataclass を用いません。

　リスト 14.1 のプログラムを簡単に説明します。Ball クラスのオブジェクトは動き回るボールを表し、

- vx、vy：速度
- image：画像 (Surface)
- rect：スクリーン上に表示する領域

の情報を持ちます。また、move メソッドでボールを移動させます。

```
self.rect.move_ip(self.vx, self.vy)
```

は、オブジェクトの矩形領域 (self.rect) を、今の位置から (vx, vy) 平行移動させた領域に変更します。ここで ip は「in-place」の略です。「in-place」ではない move メソッドを用いて、

```
self.rect = self.rect.move(self.vx, self.vy)
```

としても同様の効果が得られます。ただしこの場合、move は呼び出すごとに新しい矩形を毎回生成して返します。この例では、それまで self.rect が保持していた Rect オブジェクトを破棄することになって無駄が多くなるので、「in-place」の move メソッドである move_ip を利用する方がよいでしょう。

　次にメインルーチンを見てみます。

リスト 14.2 14-move-sample.py (メイン)

```
done = False
for i in range(60):
    for event in pygame.event.get():
        # 「閉じる」ボタンを処理する
        if event.type == pygame.QUIT: done = True
    if done: break
    clock.tick(FPS)

    for ball in reds + whites:
        ball.move()
        screen.blit(ball.image, ball.rect)
    pygame.display.flip()
    screen.fill((0, 0, 0))
```

reds + whites の reds と whites は、それぞれ赤と白のボールを保持するリストです。+でリストをつなげています。reds + whites に含まれているボールをそれぞれ move メソッドで動かした後に、

```
screen.blit(ball.image, ball.rect)
```

によって、画像 (ball.image) を display Surface 上における ball.rect の矩形領域に表示させます。これで1フレーム分の画像ができあがります。**リスト14.1** の最初のプログラムの説明は以上です。

次に、このプログラムを、赤と白の物体が左右から向かってきて交差したときに、白い物体を赤に変えるプログラムに変更してみます。

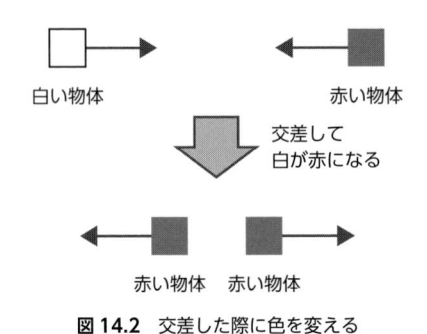

図 14.2　交差した際に色を変える

まず、Ball クラスには、色を変えるメソッドを追加します。

リスト 14.3　change_color メソッド

```
class Ball:
    def __init__(self, x, y, vx, vy, color):
    ...
    def move(self): ...
    def change_color(self, color):
        self.image.fill(color)
```

メインルーチンでは、ボールを動かした後に、衝突判定の処理が入ります。

リスト 14.4　14-change-color.py (メイン)

```
done = False
for i in range(60):
    for event in pygame.event.get():
        # 「閉じる」ボタンを処理する
        if event.type == pygame.QUIT: done = True
    if done: break
    clock.tick(FPS)
    collided = [] # 衝突判定用
    for white in whites:
        for red in reds:
            if white.rect.colliderect(red.rect):  # 衝突判定
                collided.append(white)
    for white in collided: # 衝突判定後の処理
```

```
        white.change_color(RED)
        whites.remove(white)
        reds.append(white)
    for ball in reds + whites:
        ball.move()
        screen.blit(ball.image, ball.rect)
    pygame.display.flip()
    screen.fill((0, 0, 0))
```

　衝突処理を行っている部分にはコメントをつけてあります。まず、衝突判定用のリスト collided に、赤の物体に触れた白の物体を加えます。衝突を判定するために、pygame.Rect クラスの colliderect メソッドを利用して、矩形領域に交わりがあるかどうかを調べます。True（交わりがある）ならば、衝突した白の物体をリスト collided に加えます。

リスト 14.5　衝突した白を衝突リストに追加する

```
if white.rect.colliderect(red.rect):
    collided.append(white)
```

その下にある for 文

リスト 14.6　14-move-sample.py (collided)

```
for white in collided:
    white.change_color(RED)
    whites.remove(white)
    reds.append(white)
```

は、赤の物体に交差した白の物体の色を変更し、赤のリスト（reds）に移し替える処理です。

14.2　Sprite クラスの活用

例題 14.2　Sprite の利用

> リスト 14.1 のプログラムにリスト 14.3 とリスト 14.4 の変更を加えたプログラ
> ムを元に、pygame.sprite モジュールで用意されている Sprite クラスを利用する
> ように書き換えよ。

　前のプログラムからの変更点は、次のプログラムのコメントが記された 4 行の
みです。

リスト 14.7　Sprite 版への変更箇所

```python
class Ball(pygame.sprite.Sprite):        # ← pygame.sprite.Sprite
    def __init__(self, x, y, vx, vy, color):
        super().__init__()               # ←この1行
        self.vx, self.vy = (vx, vy)
        self.image = pygame.Surface((D, D))
        self.image.fill(color)
        self.rect = pygame.Rect(x, y, D, D)
    def update(self):                    # ← この update
        self.rect.move_ip(self.vx, self.vy)
    ...


...


for i in range(60):
    for ball in reds + whites:
        ball.update()                    # ← この update の実行
        screen.blit(ball.image, ball.rect)
    ...
```

　まず次の部分を見ればわかるように、**リスト 14.7** では Sprite クラスを継承
して Ball クラスを構成します。

リスト 14.8 pygame.sprite.Sprite の継承

```
class Ball(pygame.sprite.Sprite):      # ← pygame.sprite.Sprite
    def __init__(self, x, y, vx, vy, color):
        super().__init__()
        ...
```

また、move メソッドの名前が update に変わっています。さらに、元のプログラムの判定で、

```
if white.rect.colliderect(red.rect):
  ...
```

となっていた部分は、スプライトどうしの判定メソッド pygame.sprite.collide_rect を利用して、

```
if pygame.sprite.collide_rect(white, red):
  ...
```

とすると、さらにプログラムがわかりやすくなります。なお、pygame.sprite モジュールの説明はリファレンスの https://www.pygame.org/docs/ref/sprite.html[11] を参照してください。

Ball の親クラス pygame.sprite.Sprite クラスに定義されているメソッドは、

```
update, add, remove, kill, alive, groups
```

です。**リスト 14.7** の Ball クラスの定義では、update メソッドを上書き（オーバーライド）して、ボールを動かす処理に割り当てました。ここでリファレンスの pygame.sprite.Sprite.update の説明を読むと、「このメソッドは Group.update が実行されたときには必ず呼び出される」と書かれています（Group については次節で説明します）。実は、Sprite クラスの他のメソッドも Group クラスのオブジェクトと連動するメソッドです。つまり Sprite は、次に説明する Group クラスと一緒に利用することで、効果的にプログラミングができるようになります。

14.3　Group クラスの活用

例題 14.3　Group の利用

リスト **14.7** のプログラムを、さらに Group クラスを利用して書き換えよ。ただ
し、Ball クラスは前節で示したものと同じとする。

リスト 14.9　14-group-sample.py（Group 版への変更箇所）

```python
# ボールを準備する
whites = pygame.sprite.Group()    # ← Group クラス
reds = pygame.sprite.Group()      # ← Group クラス
whites.add(Ball(100, 100, 10, 0, WHITE))      # ← add メソッド
whites.add(Ball(100-100, 200, 10, 0, WHITE))  # ← add メソッド
reds.add(Ball(400, 100, -10, 0, RED))         # ← add メソッド
reds.add(Ball(400+100, 200, -10, 0, RED))     # ← add メソッド

for i in range(60):
    ...
    clock.tick(FPS)
    reds.update()    # ← update メソッド
    whites.update()  # ← update メソッド
    collided = pygame.sprite.groupcollide(whites, reds, False, False)
                    # ↑ 衝突判定は groupcollide 関数を使って1行で書ける
    if collided != {}: print(collided)    # デバッグ用
    for white in collided: # 衝突判定後の処理
        white.change_color(RED)
        whites.remove(white)  # remove メソッドはそのまま
        reds.add(white)       # ← add メソッド
    reds.draw(screen)         # ← draw メソッド
    whites.draw(screen)       # ← draw メソッド
    pygame.display.flip()
    screen.fill((0, 0, 0))
pygame.quit()
```

　前節までのプログラムでは、ボールを保持する whites と reds をリストにして
いましたが、このプログラムでは

リスト 14.10 Group オブジェクトの利用

```
whites = pygame.sprite.Group()    # ← Group クラス
reds = pygame.sprite.Group()      # ← Group クラス
whites.add(Ball(100, 100, 10, 0, WHITE))    # ← add メソッド
...
```

として、Group オブジェクトを利用しています。ここで利用している Group は、
Sprite オブジェクトを保持する入れ物（コンテナ、Container）です。リストは
append で要素を追加しましたが、Group では add を利用します。一方、要素の削
除はリストと同じく remove です。
　前節の最後で述べたように、Group オブジェクトの update メソッドは、保持
しているオブジェクトすべてについて update メソッドを呼び出します。そして
draw メソッドは引数で渡された Surface 上に、そのグループが保持するオブジェ
クトを描画します。

リスト 14.11 Group クラスの update と draw

```
for i in range(60):
    reds.update()    # ← update メソッド
    whites.update()  # ← update メソッド
    ...
    reds.draw(screen)      # ← draw メソッド
    whites.draw(screen)    # ← draw メソッド
```

　衝突判定には、ふたつのグループのオブジェクトどうしの衝突を判定する関数
groupcollide を利用しました。

リスト 14.12 Group クラスの衝突判定

```
collided = pygame.sprite.groupcollide(whites, reds, False, False)
for white in collided:
    white.change_color(RED)
```

```
whites.remove(white)
reds.add(white)
```

　リファレンスを見ると、この関数の引数と戻り値の関係は、

```
groupcollide(group1, group2, dokill1, dokill2, collided=None) -> Sprite_dict
```

とあります。dokill1 には、衝突した場合に group1 からオブジェクトを外す場合に True を指定します。dokill2 も同様です。collided は何も指定しないと、矩形どうしが重なったかどうかで衝突の判定を行うことを表します。別の判定方法を設定したい場合は、このキーワード引数に衝突判定を行う関数をセットします。groupcollide の戻り値は Python の辞書（dict）で、このプログラムの場合、

```
{
    白のボール1: 白のボール1 に衝突した赤のボールのリスト
    白のボール2: 白のボール2 に衝突した赤のボールのリスト
    ...
}
```

のような結果を戻します。衝突したものがない場合は空の辞書です。衝突判定後の処理では、この辞書に対して for 文を使い、キー部をひとつずつ取り出しています。

　Sprite、Ball、Group の各クラスの関係を**図 14.3**に示します。この図では、Sprite と Ball の継承関係を、三角形のついた線で表しています。Ball クラスのクラス名の下に書かれた rect と image は、このクラスのオブジェクトが保持する属性を示します。一方、Group と Sprite を結ぶ線には、ひし形が Group の側に描かれています。これは、Group オブジェクトが複数の Sprite（および、Sprite の子クラス）のオブジェクトを保持することを示しています。このような関係のとき、Group は Sprite を「集約する」（aggregate）すると言います[1]。

---

[1] 第 6 章を参照してください。

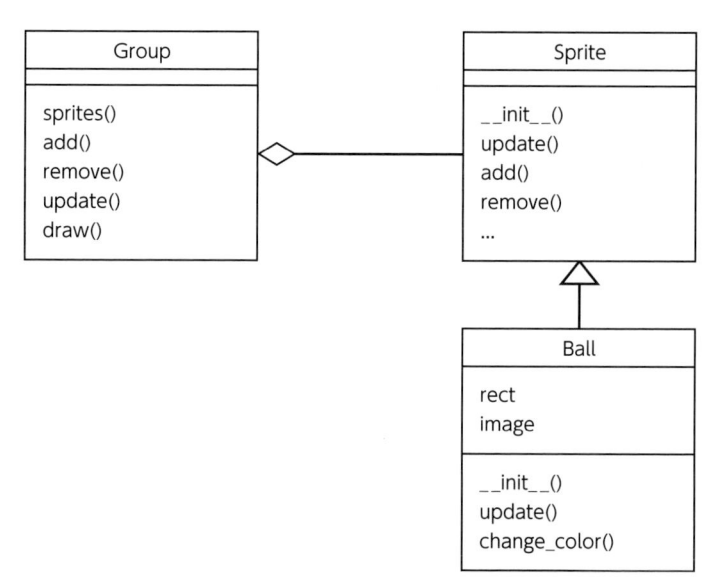

図 14.3 Sprite、Ball、Group の関係を表すクラス図

　以上のように、Pygame の sprite モジュールは、スプライト処理のための一連のツールを提供しています。Sprite を拡張したクラスを作成し、そのオブジェクトを保持するコンテナとして Group オブジェクトを利用する、というのが基本です。Group による処理は色々ありますが、ここでは 2D ゲームの処理で重要となる衝突の検出を、ライブラリ関数を用いて簡単に行う例を紹介しました。

リスト 14.13　14-group-sample.py（完成版）

```
 1  # Pythonによるプログラミング：第 14 章
 2  # --------------------------
 3  # プログラム名: 14-group-sample.py
 4
 5  import pygame
 6
 7  WHITE, RED = ((255, 255, 255), (255, 0, 0))
 8  D = 10
 9  FPS = 20
10
11  class Ball(pygame.sprite.Sprite):      # ← pygame.sprite.Sprite
```

```
12      def __init__(self, x, y, vx, vy, color):
13          super().__init__()              # ←この1行
14          self.vx, self.vy = (vx, vy)
15          self.image = pygame.Surface((D, D))
16          self.image.fill(color)
17          self.rect = pygame.Rect(x, y, D, D)
18
19      def update(self):                    # ← このupdate
20          # 描画位置を移動させる
21          self.rect.move_ip(self.vx, self.vy)
22
23      def change_color(self, color):
24          self.image.fill(color)
25
26  screen = pygame.display.set_mode((640, 320))
27  clock = pygame.time.Clock()
28
29  # ボールを準備する
30  whites = pygame.sprite.Group()   # ← Group クラス
31  reds = pygame.sprite.Group()     # ← Group クラス
32  whites.add(Ball(100, 100, 10, 0, WHITE))      # ← add メソッド
33  whites.add(Ball(100-100, 200, 10, 0, WHITE))  # ← add メソッド
34  reds.add(Ball(400, 100, -10, 0, RED))         # ← add メソッド
35  reds.add(Ball(400+100, 200, -10, 0, RED))     # ← add メソッド
36
37  for i in range(60):
38      for event in pygame.event.get():
39          # 「閉じる」ボタンを処理する
40          if event.type == pygame.QUIT: i = 60
41      clock.tick(FPS)
42      reds.update()    # ← update メソッド
43      whites.update()  # ← update メソッド
44      collided = pygame.sprite.groupcollide(whites, reds, False, False)
45                       # ↑ 衝突判定は groupcollide 関数を使って1行で書ける
46      if collided != {}: print(collided)   # デバッグ用
47      for white in collided: # 衝突判定後の処理
48          white.change_color(RED)
49          whites.remove(white)  # remove メソッドはそのまま
50          reds.add(white)       # ← add メソッド
```

```
51    reds.draw(screen)           # ← draw メソッド
52    whites.draw(screen)         # ← draw メソッド
53    pygame.display.flip()
54    screen.fill((0, 0, 0))
55  pygame.quit()
```

14.4 仮想世界（ゲーム）のモデリング

　ゲームは、それ自体がひとつの「仮想世界」になっています。

　その仮想世界（ゲーム）での「約束事（ルール）」が存在し、ゲーム世界での「オブジェクト」が存在します。存在するものは、ボールや地雷のような簡単な「モノ」の場合もありますし、主人公のような「キャラクタ」ということもあるでしょう。以下、ゲーム世界に登場する「モノ」や「キャラクタ」をすべて「オブジェクト」と呼ぶことにします。

　これらのオブジェクトを動かしたり描画したりする際には、オブジェクトごとの細かい「設定」が必要になります。ゲームをモデリングする際に最初に行う設計は、このオブジェクトごとの「設定」でしょう。第10章で行ったように、「ゲーム世界」そのものを「オブジェクト」として設計し、他のオブジェクトを集約して表す場合もあります。

　描画環境では、最初は平面的に表示し、その後、三次元にモデリングされた「三次元モデル」から「視点」を設定することで「二次元」に投影して描画するような発展系もあるかもしれません。モデル自体が二次元でも、オブジェクトの進行方向によって見え方が変わる（右からの横顔、左からの横顔のような）表示も考えられるでしょう。ここでは単なる■の表示でしたが、画像を用意して二次元的な範囲内で多少見え方を変えることは、比較的簡単な操作で実現できます。

　オブジェクトを動かすための共通メソッドは、Pygame の Sprite クラスなどを継承したり update メソッドなどをオーバーライドしたりすることで実装が可能で、プログラム全体をスッキリと記述できるようになります。

　ゲームの仮想世界を作るときは、最初に、ゲーム世界に存在するそれぞれのオブジェクトの「設定」をイメージして設計し、それらを「実装」する際に、どんな

形でオブジェクトを設計するかを考えます。その際には、継承や集約を活用していくと、より読みやすく、発展させやすいプログラムになります。

発展問題 14.1　自分のイメージでゲーム作成

各自のイメージで、ゲームの仮想世界を設定し、ゲーム世界内のオブジェクトを設定して、ゲーム世界をプログラムせよ。
実際に遊んだことのあるゲームや、見たことのあるゲームで構わない。オリジナリティがなくても構わないが、そのゲーム世界内の約束事 (オブジェクトの動作) や、オブジェクトの役割などは明確に「設定」してからプログラムすること。
(この発展課題には「プログラム例」はありません)

14.5　まとめ / チェックリスト

まとめ

1. pygame.sprite モジュールを利用すると、ゲームのプログラムを簡潔に書くことができます。
2. pygame.sprite.Sprite クラスを継承して、ゲーム内の表示オブジェクトを表現します。
3. pygame.sprite.Group クラスを活用すると、Sprite を継承したオブジェクトの更新や描画、衝突判定を簡潔に表現することができます。
4. groupcollide による衝突判定の結果は、Python の辞書として返されます。

チェックリスト

☐ Sprite を継承したクラスを移動させるためには、どんなメソッドを呼び出しますか?

☐ Group に Sprite を追加、削除するためのメソッドは何ですか?

☐ groupcollide による衝突判定の結果を処理する際、辞書からどのように情報を取り出しますか?

COLUMN **ポーリング**

イベントを取得するために、

```
while 条件:
    for event in pygame.event.get():
        ...
    clock.tick(FPS)
```

というループ処理を行うプログラムを見てきました。

tkinter では、イベントハンドラでイベントを取得しました。システムからの「割込み (Interrupt)」を受け付け、「割込み処理プログラム」でキー操作やマウス操作の情報を受け取って処理しました。

pygame では、割込み処理を受け付けるのではなく、自分から発生済みのイベントを取得しにいきます。取得する際は、毎回（定期的に）ループの先頭で「イベントが発生したなら、発生したイベントをひとつずつ渡してください」と、自分からイベント情報を受け取りにいきます。このように、割込み処理ではなく、自分から定期的に問い合わせて状態を把握する処理のことを、**ポーリング (polling)**と言います。

先ほどのプログラムでは、

```
clock.tick(FPS)
```

で「待ち」が入っています。これにより、1 秒間に FPS 回、定期的にポーリングが実行されることがわかります。

ポーリングは、通信処理などでもよく利用されます。データ受信の割込みでは、一旦データをバッファに保存して、ポーリング処理でバッファ内に蓄積されたデータを処理することもあります。

一般的に、割込み処理の方が時間的な制約が大きいので、割込み処理プログラムの中では必要最小限の処理だけを実行し、割込み処理の方に時間的な余裕を持たせて、計算量の大きい処理はポーリングで行う、という実装の考え方があります。

　本章で見たプログラムではキーイベントやマウスイベントを処理するために
ポーリングしているので、それぞれのイベント処理にかかる時間の合計が、FPS
から計算される「ループを 1 回実行する持ち時間」に対して余裕があるかを考えま
す。計算量が多くなる場合は、メインループの実行間隔を広げて処理時間に余裕
を持たせたり、処理方法や処理の内容に応じて FPS の値を調整したりする必要が
あります。ただ、このプログラムの場合には、たっぷり余裕がありそうです。

# 第 15 章

風船割りゲーム

　本書を第1章から読み進め、プログラミングを実際に試した皆さんは、だいぶプログラムの書き方をマスターしてきたことでしょう。この最終章では、プログラム全体を大きく捉えて、ゼロから全体を構想する、いわゆる「上流工程」の組み立て方を扱い、それによってプログラムを作成する流れをたどります。

　題材として、往年のアーケードゲームのひとつ「風船割り」[1] を取り上げました。

【1】 YouTube などで、「アーケードゲーム　サーカス」で検索してみてください。どんなゲームかつかんでいただけると思います。

15.1　風船割りゲームの世界

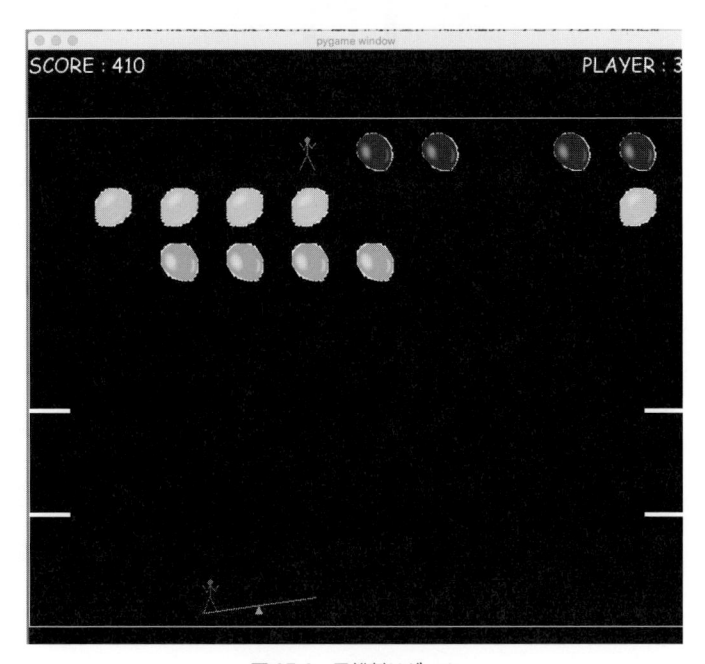

図 15.1　風船割りゲーム

　風船割りゲームは、**図 15.1** のような画面になります。

　オープニング画面でコインを投入すると（ここでは、SPACE キーを押すと）ゲームが開始されます。「プレイヤ」[2] はシーソーを左右に動かして、シーソーの左側に人が乗っているときは右側に、右側に人が乗っているときは左側に着地するように操作し、「パフォーマ」[3] を床に落とさないようにしながら、上に流れている風船を割っていくゲームです。1 列の風船が全部割れると、ボーナス点が加算されて、再びその列の風船が全部揃うため、これは「ゲームクリア」は存在せ

【2】 ゲームで遊ぶ人を、ここでは「プレイヤ」と定義します。
【3】 ゲーム世界の中で、ジャンプする人をこう呼びましょう。

ず、延々と続けていくゲームです。

　なお、第 14 章までは「パーツ」の作り方やプログラミングの基本要素から始めて、これらを応用する形、すなわちボトムアップ的なアプローチで解説を進めてきましたが、本章では「全体」からマクロにプログラムを考え、「大きな視野」から細かくブレイクダウンしていくトップダウンの方法で解説していきます。

15.2　用語の定義

　プログラムを書く前に、「どんなプログラムを作るか」を明確にします。そして、最初に「要求仕様」を文書化します。ここで作るのは「風船割り」というゲームですが、仮に複数の人がプログラミングに参加するとして、参加メンバが「同じ表現」を使ったときに「同じもの」を意味するように、紛らわしい言葉を事前に洗い出して定義します。

　また、「変数名」などに意味のある単語を使うと場合、定義された用語から変数名をつけることもあるので、用語の定義では英単語なども明記する必要があるでしょう[4]。

　ここでまず、風船割りゲームで使われる用語を定義してみましょう。

- **プレイヤ (Player)**
  ゲームプログラムを起動して、遊ぶ人。ただし、スコア表示では、パフォーマ（次項）の人数を「Player 3」のように表示する。それ以外では、操作する人を指す言葉として仕様書では使用する
- **パフォーマ (Performer)**
  ゲーム中で、ジャンプする擬人化されたアイテム
- **ジャンパ (Jumper)**
  パフォーマのうち、現在空中にいるアイテムの方を指す

【4】　たとえばシーソーは英語で seesaw ですが、誰かが誤った綴りで seesow と書くとプログラムに混乱が生じます。最初にプログラムした人は seesow と書いて、その変数名がそのまま最後まで残ることがあります。そして後日修正をかけた人が別に seesaw という（正しい綴りの）変数を作ってしまうと、Python など「変数の宣言」を明示的に行わない言語では両方の変数が独立して存在することになり、致命的なバグの原因になります。

- バルーン (Balloon)

  風船アイテム

- シーソー (Seesaw)

  シーソー。プレイヤの操作対象であり、画面下を左右に移動させることができる。ジャンパの着地の目標地点となるアイテム

- 着地 (landing、landed)

  ジャンパがシーソーの正しい側に落ちてきたとき、着地したとする

- 墜落、ダウン (down)

  ジャンパが着地できず、シーソーのパフォーマがいる側や、シーソーの外に落ちてきた場合、そのジャンパは墜落した (ダウンした) として、パフォーマの数が一人減る

- ジャンプ台 (JumpBoard)

  ジャンプ台。ジャンパが画面の左右の端に落ちてきた際、画面端がシーソーの着地できない側 [5] になっていると、墜落となる。この確率を下げるためのアイテム

- ボード (Board)

  ゲーム全体をコントロールするモデル

　最初に思いつくのは、こんなところでしょうか。「用語の定義」は、プロジェクトの進行に合わせて追記し、「新しい概念」が登場するたびに、プログラマ全員で「言葉の定義」を明確に擦り合わせていく必要があるでしょう。

15.3　モデリング

　では、Balloon クラス、Performer クラス、Seesaw クラスなどを Sprite クラスのサブクラスとして設計し、属性値とメソッドを定義していきましょう。必要に応じてクラス図を描く場合もあります。

　まず、クラスの属性値を列挙します。それぞれのコンストラクタの引数は、リ

【5】 画面の左端にシーソーがあり、シーソーの左側にパフォーマが乗っているとき、ジャンパが左端に落ちてくると墜落になります。

スト15.1のように定義しました。クラスをそれぞれSpriteを継承して定義し、クラスのインスタンスをGroupに追加して、さらに全体をBoardクラスの変数self.objectsに一括して登録しています。このため、毎フレームの描画処理はself.objectsに対して行うだけになり、プログラムが簡略化できます。

　Balloonは、青グループ、緑グループ、黄色グループに分けますが、ここでは黄色グループの実装例だけを示します。

リスト15.1 クラスの初期化

```
 1  class Balloon(pygame.sprite.Sprite):
 2      def __init__(self, x, y, d, vx, score, image1, image2):
 3          pygame.sprite.Sprite.__init__(self)
 4          self.vx = vx          # 縦方向には動かない
 5          # Balloonは、Board側でSurfaceに展開して、「参照」のみを渡す
 6          self.image = self.image1 = image1
 7          self.image2 = image2
 8          self.rect = pygame.Rect(x, y, d, d)
 9          self.balloon_tilt = 0
10          self.score = score    # このバルーンを割った際に加算される
11
12  class Seesaw(pygame.sprite.Sprite):
13      def __init__(self, x, y, l, h, speed, image1, image2):
14          pygame.sprite.Sprite.__init__(self)
15          self.speed = speed
16          self.image1 = pygame.image.load(image1) # 左下がりの絵
17          self.image1 = self.image1.convert()
18          self.image1.set_colorkey((255, 255, 255)) # 白を透過色に指定
19          self.image2 = pygame.image.load(image2) # 右下がりの絵
20          self.image2 = self.image2.convert()
21          self.image2.set_colorkey((255, 255, 255))  # 白を透過色に指定
22          self.image = self.image1
23          self.rect = pygame.Rect(x, y, l, h)
24          self.init_x = x
25          self.vx = 0                # 初期状態は静止
26
27  class JumpBoard(pygame.sprite.Sprite):
28      def __init__(self, x, y, w, h, color):
29          pygame.sprite.Sprite.__init__(self)
```

```
30        self.image = pygame.Surface((w, h))
31        self.image.fill(color)
32        self.rect = pygame.Rect(x, y, w, h)
33        self.id = id
34        if x < X_CENTER:
35            self.side = LEFT_BOARD  # 左と右の区別
36        else:
37            self.side = RIGHT_BOARD
38
39  class Performer(pygame.sprite.Sprite):
40      def __init__(self, id, x, y, w, h, status, image):
41          pygame.sprite.Sprite.__init__(self)
42          self.status = status    # 状態
43          self.image = pygame.image.load(image)
44          self.image = self.image.convert()
45          self.image.set_colorkey((255, 255, 255))  # 白を透過色に指定
46          self.rect = pygame.Rect(x, y, w, h)
47          self.vx = self.vy = 0
48          self.init_x, self.init_y = (x, y)
49          self.init_status = status
50          self.id = id
51          self.down = False
52          self.inactive_y = 0
53
54  class Board():
55      def __init__(self, width, height, num_jumper):
56          pygame.init()
57          self.screen = pygame.display.set_mode((width, height))
58          self.width, self.height = (width, height)
59          self.clock = pygame.time.Clock()
60          self.font = pygame.font.SysFont('comicsansms', FONT_SIZE)
61          self.score = 0
62          self.balloon_tilt = 0
63          self.num_jumper_org = self.num_jumper = num_jumper
64
65      def setup_yellows(self):
66          image1 = pygame.image.load(YELLOW_IMAGE1).convert()
67          image1.set_colorkey((255, 255, 255))  # 白を透過色に指定
68          image2 = pygame.image.load(YELLOW_IMAGE2).convert()
```

```
69      image2.set_colorkey((255, 255, 255))  # 白を透過色に指定
70      y = BALLOON_TOP + 2*(BALLOON_DIAM + BALLOON_GAP_Y)
71      for x in range(0, BALLOON_LAST_X, BALLOON_STEP):
72          self.yellows.add(Balloon(x, y, BALLOON_DIAM,
73                                   -BALLOON_VX, YELLOW_SCORE,
74                                   image1, image2))
75  # 緑と青は省略
76
77  def setup(self):
78      self.stage = STAGE_START
79      # Groupを準備する
80      self.yellows = pygame.sprite.Group()    # 一番下の列
81      self.greens = pygame.sprite.Group()     # 真ん中の列
82      self.blues = pygame.sprite.Group()      # 一番上の列
83      seesaws = pygame.sprite.Group()         # シーソー
84      self.performers = pygame.sprite.Group() # 二人のパフォーマ
85      self.jumpboards = pygame.sprite.Group() # 4つのジャンプ台
86
87      self.setup_blues()        # 青のバルーンを準備
88      self.setup_greens()       # 緑のバルーンを準備
89      self.setup_yellows()      # 黄色のバルーンを準備
90      self.setup_jumpboards()   # ジャンプボードを準備
91
92      # シーソーを準備する
93      self.seesaw = Seesaw(SEESAW_X, SEESAW_Y, SEESAW_W, SEESAW_H,
94                           SEESAW_VX, SEESAW1_IMAGE,
95                           SEESAW2_IMAGE)
96      seesaws.add(self.seesaw)  # Event を受けるため、Group 以外を持つ
97
98      # パフォーマを準備する ( 一人目はジャンプ中 )
99      self.performers.add(Performer(1, WEST, PERFORMER_Y,
100                                    PERFORMER_W, PERFORMER_H,
101                                    STATE_JUMPING,
102                                    PERFORMER1_IMAGE))
103      # 二人目はシーソーの右端に立つ
104      performer = Performer(2, SEESAW_X + SEESAW_W - PERFORMER_W,
105                            SEESAW_Y + SEESAW_H - PERFORMER_H,
106                            PERFORMER_W, PERFORMER_H,
107                            STATE_STANDING, PERFORMER2_IMAGE)
```

```
108      self.performers.add(performer)
109      # 二人目は、シーソーに乗っていることを伝える
110      self.seesaw.ride(performer)
111
112      # Group の一括管理
113      self.objects = [self.yellows, self.greens, self.blues,
114                      seesaws, self.performers, self.jumpboards]
115      self.balloons = [self.yellows, self.greens, self.blues]
116      self.screen.fill(BLACK)
117      self.frame()
118      self.show_score()
```

　なお定数的な変数[6]は、**リスト 15.2** のように、プログラム冒頭で定義しました。

リスト 15.2　固定値変数

```
 1  WHITE, RED, GREEN = ((255, 255, 255), (255, 0, 0),(0, 255, 0))
 2  BLUE, YELLOW, BLACK = ((0, 0, 255), (255, 255, 0), (0, 0, 0))
 3  FPS = 40          # 描画更新速度(flame per second)
 4
 5  WIDTH = 800       # 画面全体幅
 6  HEIGHT = 700      # 画面全体高さ
 7  NORTH = 80        # 盤面トップ
 8  WEST = 0          # 盤面左端
 9  EAST = 800        # 盤面右端
10  SOUTH = 680       # 盤面ボトム
11  X_CENTER = (WEST + EAST)/2  # 画面 X の中心
12
13  BALLOON_TOP = 18 + NORTH   # バルーンのトップの高さ => 98
14  BALLOON_GAP = 35  # バルーンの列の間隔
15  BALLOON_GAP_Y = 20
16  BALLOON_DIAM = 45 # バルーンの直径
17  BALLOON_VX = 2    # バルーンの移動する速度
18  BALLOON_JUMP = WIDTH + BALLOON_DIAM + BALLOON_GAP
19  BALLOON_LAST_X = BALLOON_JUMP + 1       # 初期設定
```

【6】 Python では「定数」はないため、固定値の変数としました。

```
20  BALLOON_STEP = BALLOON_DIAM + BALLOON_GAP   # バルーンのY加算
21
22  YELLOW_IMAGE1 = 'yellow1.png'
23  YELLOW_IMAGE2 = 'yellow2.png'
24  GREEN_IMAGE1 = 'green1.png'
25  GREEN_IMAGE2 = 'green2.png'
26  BLUE_IMAGE1 = 'blue1.png'
27  BLUE_IMAGE2 = 'blue2.png'
28
29  YELLOW_SCORE = 10
30  GREEN_SCORE = 20
31  BLUE_SCORE = 30
32  YELLOW_BONUS = 100
33  GREEN_BONUS = 200
34  BLUE_BONUS = 300
35
36  SEESAW_H = 20     # シーソーの高さ
37  SEESAW_W = 140    # シーソーの横幅
38  SEESAW_X = (EAST-SEESAW_W)/2 + WEST
39  SEESAW_Y = SOUTH - SEESAW_H - 15
40  SEESAW_VX = 8     # シーソーの移動スピード
41  SEESAW1_IMAGE = "seesaw1.png"
42  SEESAW2_IMAGE = "seesaw2.png"
43
44  FONT_SIZE = 24
45
46  SCORE_X = 0       # スコア表示位置
47  SCORE_Y = 0
48
49  MESSAGE_TOP = BALLOON_TOP + 3*BALLOON_DIAM + 2*BALLOON_GAP_Y + 50
50  MESSAGE_GAP = 40    # タイトルメッセージの表示位置
51
52  PERFORMER_H = 40 # パフォーマの身長
53  PERFORMER_W = 20 # パフォーマの幅
54  PERFORMER1_IMAGE = "performer1.png"
55  PERFORMER2_IMAGE = "performer2.png"
56
57  # 落ちる人の初期位置
58  PERFORMER_X = (EAST-PERFORMER_W)/2 + WEST
```

```
59  PERFORMER_Y = BALLOON_TOP + 3*BALLOON_DIAM + 2*BALLOON_GAP_Y + 50
60  JUMP_CENTER = (SEESAW_W-PERFORMER_W)/2  # ジャンプ速度の計算に使用
61  STATE_JUMPING = 1
62  STATE_STANDING = 2
63  GRAVITY = 0.3
64  MAX_VX = SEESAW_VX/1.2
65  MAX_VY = SEESAW_H - 2
66
67  # ジャンプボード
68  JUMP_BOARD_HIGH = MESSAGE_TOP + 100
69  JUMP_BOARD_LOW = SEESAW_Y - 100
70  JUMP_BOARD_WIDTH = 50
71  JUMP_BOARD_HEIGHT = 5
72  LEFT_BOARD = 1
73  RIGHT_BOARD = 2
74
75  NUM_JUMPER = 5
76
77  # 状態遷移
78  STAGE_START = 1
79  STAGE_INTRO = 2
80  STAGE_RUN = 3
81  STAGE_DOWN = 4
82  STAGE_NEXT = 5
83  STAGE_OVER = 6
84  STAGE_QUIT = 7
```

　このプログラムでは、それぞれのクラスメソッドでプログラムを記述します。メインのプログラムは**リスト 15.3**のようになります。

　第 3 章末尾のコラムでも説明したように、main() 関数は必ずしも必要というわけではありません。しかし、一般的には「どれが main() か」が明確になるように書き記します。これを見ると 9 行目で、外からこのファイルが直接実行されたときには、main() が実行されることがわかります。そして main() 関数の定義から、Board クラスがゲーム全体を管理するクラスであること、5 行目で board.run() から抜けると、すぐに pygame.quit() で pygame を抜け、さらに sys.exit() ですべてを終了することがわかります。

リスト 15.3 メインプログラム

```
 1  # メインプログラム
 2  def main():
 3      board = Board(WIDTH, HEIGHT, NUM_JUMPER)
 4      board.setup()
 5      board.run()
 6      pygame.quit()
 7      sys.exit()
 8
 9  if __name__ == "__main__":
10      main()
```

15.4 状態遷移

さて、プログラムの実行状態を考えてみましょう。**リスト 15.2** の最後に、STAGE_START、STAGE_INTRO、……、STAGE_QUIT という 7 つの「定数」が定義されています。

これらはゲームの進行状況を「状態」の名称として定義したものですが、これらも最初にゲームデザインとして定義を明確にしておきましょう。それぞれの状態変数がどんな「状態」を指しているかを整理すると、次のようになります。

- STAGE_START (1)：プログラムの起動直後、初期化中
- STAGE_INTRO (2)：オープニングの画面
- STAGE_RUN (3)：ゲームの進行中
- STAGE_DOWN (4)：ジャンパの墜落直後の状態
- STAGE_NEXT (5)：パフォーマが残っていて、次の進行までの状態
- STAGE_OVER (6)：最後のパフォーマの墜落後の状態
- STAGE_QUIT (7)：プログラムの実行終了

　このゲームは単純なので、START や QUIT (以降の説明では「STAGE_」の部分を略しています[7]) を含めても状態は 7 つしか定義されていません。しかし、規模の大きいプログラムを構築する場合には、それぞれの「状態の名称」などについてもきちんと整理して定義する必要があります。こうした「上位設計」をおろそかにすると、実際に開発が始まってから意思疎通がうまくいかない、という問題が発生します。

　一般的に「状態」は「イベント」によって推移します。GUI プログラムの場合は、マウスクリックやアイコンのタップなどが状態遷移の重要な要素となりますが、ゲームではプレイヤの操作以外に「進行」によって定義された内部的な変化 (処理の完了や、ここではパフォーマの墜落など) も重要なイベントとなります。

- イベント 1 : 初期化完了
- イベント 2 : プレイヤが SPACE キーを押した
- イベント 3 : プレイヤが、ウィンドウの Close[×] ボタンをクリックした
- イベント 4 : その状態での表示の一定時間が経過した[8]
- イベント 5 : パフォーマが「墜落」した

　ここで、それぞれの「状態」が「イベント」によって、どう変化するかを状態遷移表 (**表 15.1**) と状態遷移図 (**図 15.2**) にまとめてみます。状態遷移では、「元の状態」において「どのイベント」が発生した際に「どんな処理」を行い、どの「次の状態」に遷移するか、ということをまとめます。なお、状態とイベントの組み合わせとして存在しない (あるいは、チェックしない) 部分には、N/A (Not Applicable、非該当)[9] を記載します。

　ここでは、QUIT (7) は一定の状態を保たずに、そのままプログラムを終了するので、状態遷移表には記載しません。また、DOWN (4) の状態はゲーム進行のループから抜ける際に判定された後、if 文の判定処理で次の状態を切り分けるように

【7】「STAGE_」は、状態 (ここでは STAGE) を表す名称であるということを明確にするために補ったものです。開発チームなどでこうした接頭語の命名規則を定めている場合も少なくありません。

【8】ここでは一括りに時間の経過としましたが、状態に応じて異なるイベントとして定義してもよいでしょう。正確さとわかりやすさが最優先です。

【9】N/A は Not Available (利用不可の略称) を意味することもあります。分脈によって読み分けましょう。

プログラムしたので、やや変則的な書き方になっています。このあたりは、所属組織などに「厳密な定義方法のルール」がある場合はそれに従ってください。大切なのは、「状態」やイベントによる処理を、最初にきちんと定義しておくことです。

表 15.1 風船割りゲームの状態遷移表

元の状態	E1 (初期化完了)	E2 (SPACE)	E3 (Close)	E4 (時間経過)	E5 (墜落)
START (1)	→ INTRO (2)	N/A	N/A	N/A	N/A
INTRO (2)	N/A	→ RUN (3)	→ QUIT (7)	N/A	N/A
RUN (3)	N/A	N/A	→ QUIT (7)	N/A	→ DOWN (4)
DOWN (4)	N/A	N/A	→ QUIT (7)	N/A	判定 → NEXT (5)/OVER (6)
NEXT (5)	N/A	N/A	→ QUIT (7)	→ RUN (3)	N/A
OVER (6)	N/A	→ INTRO (2)	→ QUIT (7)	→ QUIT (7)	N/A

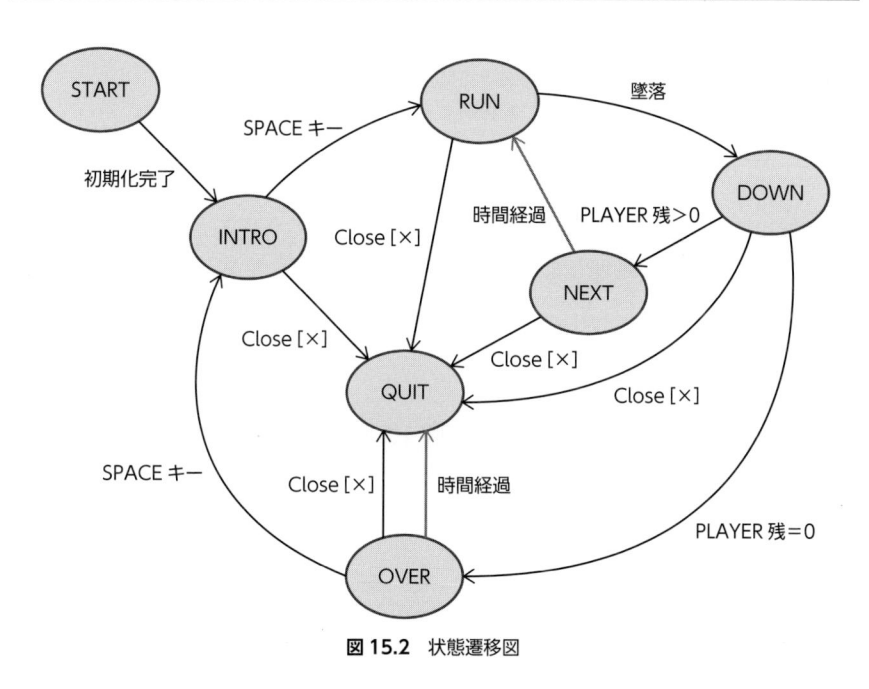

図 15.2 状態遷移図

　図 15.2 の状態遷移図を実装した結果、メインの Board クラスの run の定義は次のようになりました。

リスト 15.4　進行のコントロール

```
 1  class Board():
 2      def run(self):
 3          while (self.stage != STAGE_QUIT):
 4              if self.stage == STAGE_START:
 5                  self.intro()
 6              self.animate()
 7              self.num_jumper -= 1
 8              if self.stage == STAGE_DOWN and self.num_jumper > 0:
 9                  self.stage = STAGE_NEXT
10                  self.next()
11              if self.stage != STAGE_QUIT:
12                  if self.num_jumper == 0:
13                      self.game_over()
14                      self.stage = STAGE_OVER
15                  else:        # 再開する
16                      self.stage = STAGE_RUN
```

　self.intro() は、SPACE キーの入力と、ウィンドウシステムでの「閉じる」ボタンのイベントを処理します。どちらのイベントも発生しなかった場合は、オープニング画面のメッセージをブリンクさせます。さらに、オープニング画面でもバルーンを動かすために、通常のゲームのループ処理と同様に、バルーンの表示を更新させます。

　オープニング（イントロ）の画面は、**図 15.3** のようになります。

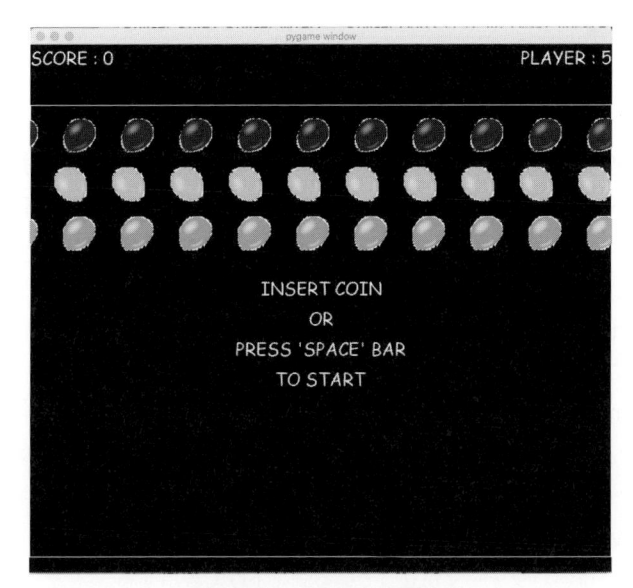

図 15.3 オープニング画面

　画面の構図は同じですが、表示するメッセージを変えた**図 15.4**（1 DOWN 画面）と**図 15.5**（Game Over 画面）もあります。

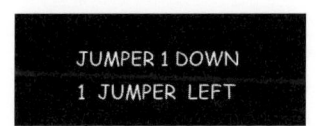

図 15.4 1 DOWN 画面（メッセージ部分のみ）

図 15.5 Game Over 画面（メッセージ部分のみ）

15.5　アニメーション設定

時間の経過とともに、各オブジェクトがどう変化するかを定義します。

Balloon、Performer、Seesaw のそれぞれについて、次のように「動き」をプログラムします。

- **Balloon**

  0.5秒ごとに、風船の傾きを変化させる
- **Performer**

  ジャンパがジャンプしているときには、表示位置を変化させる。また、パフォーマがシーソーの上に立っているときは、シーソーと一緒に移動させる
- **Seesaw**

  シーソーは、パフォーマが立っている側を下げて表示する

ここでは Pygame の Sprite の機能を利用しましょう。Sprite を利用した描画の詳細は、第14章を参照してください。

リスト 15.5　動きのプログラム

```
 1  BALLOON_GAP = 35  # バルーンの列の間隔
 2  BALLOON_DIAM = 45 # バルーンの直径
 3  BALLOON_JUMP = WIDTH + BALLOON_DIAM + BALLOON_GAP
 4
 5  class Balloon(pygame.sprite.Sprite):
 6      def update(self):
 7          # 描画位置を移動させる
 8          self.rect.move_ip(self.vx, 0)
 9          if self.rect.x <-BALLOON_DIAM:  # 消えるまで表示
10              self.rect.move_ip(BALLOON_JUMP, 0)
11          if self.rect.x > EAST:
12              self.rect.move_ip(-BALLOON_JUMP, 0)
13          if self.balloon_tilt < FPS/2:
14              self.image = self.image1
15          else:v
```

```
16          self.image = self.image2
17
18 class Seesaw(pygame.sprite.Sprite):
19     def update(self):
20         if self.rect.x + self.vx < WEST:  # これ以上左には動けない
21             self.rect.move_ip(-self.rect.x, 0)
22             self.vx = 0
23             self.rider.move(0)
24         elif self.rect.x + self.rect.w + self.vx > EAST: # 右端
25             self.rect.move_ip(EAST - self.rect.w - self.rect.x, 0)
26             self.vx = 0
27             self.rider.move(0)
28         else:
29             self.rect.move_ip(self.vx, 0)
30
31     # 「←」キーが押されたときの処理
32     def move_left(self):
33         self.vx = - self.speed
34         self.rider.move(self.vx)
35
36     # 「→」キーが押されたときの処理
37     def move_right(self):
38         self.vx = self.speed
39         self.rider.move(self.vx)
40
41 class Performer(pygame.sprite.Sprite):
42     def update(self):
43         # ジャンプ中は、重力の影響で縦方向の加速度を持つ。最初に移動させる
44         if self.status == STATE_JUMPING:
45             self.vy += GRAVITY
46             self.vy = min(self.vy, MAX_VY)
47             self.rect.move_ip(self.vx, self.vy)
48         else:
49             self.vy = 0
50             self.rect.move_ip(self.vx, 0)
51
52         # 移動後の座標について、「跳ね返り」を調べる
53         if self.status == STATE_JUMPING:
54             if self.rect.y + self.rect.h > SOUTH:    # 墜落の判定
```

```
55             self.vy = 0
56             self.down = True
57         if self.rect.x <= WEST: # 左の壁で跳ね返る
58             if self.vx < 0:
59                 self.vx = -self.vx
60             elif self.vx == 0:  # 左の端で、無限ループを避けるトラップ
61                 self.vx = 1
62         if self.rect.x + self.rect.w >= EAST:  # 右の壁で跳ね返る
63             if self.vx > 0:
64                 self.vx = -self.vx
65             elif self.vx == 0:  # 右の端で、無限ループを避けるトラップ
66                 self.vx = -1
67         if self.rect.y <= NORTH:
68             self.vy = -self.vy
69
70 class Board():
71     def animate(self):
72         while (self.stage == STAGE_RUN):
73             # RUN中のループの中で、以下のイベント処理を行っている
74             for event in pygame.event.get():
75                 # 「閉じる」ボタンを処理する
76                 if event.type == pygame.QUIT:
77                     self.stage = STAGE_QUIT
78                 if event.type == pygame.KEYDOWN:
79                     # 「←」キーを処理する
80                     if event.key == pygame.K_LEFT:
81                         self.seesaw.move_left()
82                     # 「→」キーを処理する
83                     if event.key == pygame.K_RIGHT:
84                         self.seesaw.move_right()
85             self.clock.tick(FPS)
86             # バルーンのアニメーション
87             self.balloon_anime()
88             # オブジェクトの描画
89             for obj in self.objects:
90                 obj.update()
91                 obj.draw(self.screen)
92
93     def balloon_anime(self):
```

```
94      self.balloon_tilt += 1
95      if self.balloon_tilt >= FPS:
96          self.balloon_tilt = 0
97      # バルーンのアニメーション
98      for color_groups in self.balloons:  # Balloon
99          for balloon in color_groups:
100             balloon.set_balloon_tilt(self.balloon_tilt)
```

　Balloon は、画面の端で消えたら、反対側の端から現れるという処理を行います。このため、左に移動するバルーンが左端に消えた後は右側の画面外から登場させ、また、右に移動するバルーンが右端に消えた後は左側の画面外から登場させるように、BALLOON_JUMP のオフセット値を加算します。これにより、画面の左端と画面の右端がつながっているかのように見えます。

　なお、WIDTH は画面幅、BALLOON_GAP はバルーンとバルーンの間隔です。つなぎ目が不自然にならないように、バルーンの直径とバルーンの間隔の和が、画面横幅の約数となるように設定しました。

　self.balloon_tilt は、画面描画のサイクルでインクリメントし、FPS で 0 に戻すようにプログラムしているので、1 秒間に 0 から FPS − 1 まで値が変化します。そして、この値が FPS/2 より小さければ画像 1（self.image1）、FPS/2 以上ならば画像 2（self.image2）になるように、if 文で切り分けました。この結果、バルーンの表示では 0.5 秒ごとに画像 1 と画像 2 が切り替わります。この変数はボード内で管理し、個々の Balloon インスタンスに通知するという形で実装しました。こうした「実装形態」を採用した理由は、Balloon と Board の独立性を高め、「外部参照」（global な変数利用）を極力行わないようにするためです。

15.6　アイテムデザイン

風船割りゲームでは、**図 15.6** のような画像を用意します。

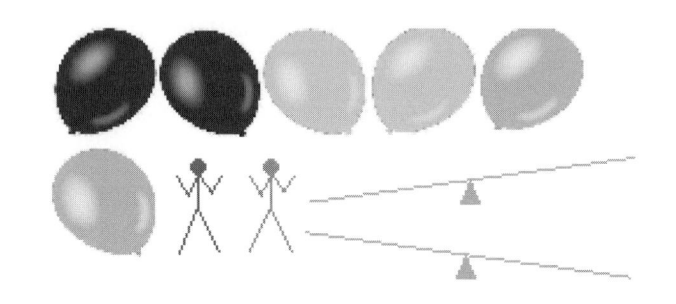

図 15.6　風船割りゲームの画像

　これらの画像ファイルは、**リスト 15.2** の中でファイル名を固定値として変数に定義しています。そして、それぞれのインスタンス初期化の際にファイル名を渡し、インスタンスの中で Surface オブジェクトに展開しています。

　メモリの使用量を考えると、Board クラスのインスタンスとして Balloon の画像の Surface オブジェクトを持たせ、その参照を Balloon オブジェクトにそれぞれ保持させるプログラムの方が効率はよいと考えられますが、ここでは読みやすさを優先し、個々のインスタンスに Surface オブジェクトを持たせるようにしました。

　Seesaw と Performer の画像はどちらもふたつありますが、Seesaw の方はひとつのオブジェクトのふたつの状態を表し、Performer の方は左側に立つパフォーマと右側に立つパフォーマという別のオブジェクトに対応します。

　より凝ったプログラムでは、ジャンプ中の Performer の姿勢を色々と変えると面白くなります。ここでは紙面の都合で、この機能は省きました。

15.7　物理モデル

　シーソーにパフォーマが着地する動作を場合分けして定義します。また、ジャンパがバルーンに触れたときの動きを考えてみます。

　ジャンパが着地した際に、シーソーの中心から離れているほど、テコの原理で相手側のジャンパがより高速にジャンプする。

という動作を次のようにプログラムしました。

リスト 15.6　動きのプログラム

```
 1  JUMP_CENTER = (SEESAW_W-PERFORMER_W)/2  # ジャンプ速度の計算に使用
 2
 3  class Performer(pygame.sprite.Sprite):
 4      def jump(self, vx, vy, seesaw):
 5          self.vx = vx
 6          self.vy = vy
 7          self.status = STATE_JUMPING
 8          ymove = SEESAW_Y - PERFORMER_H - 1 \
 9                  - self.rect.y - seesaw.rect.h
10          self.rect.move_ip(self.vx, ymove)
11          self.inactive_y = self.rect.y - seesaw.rect.y + self.rect.h
12
13      # 着地点に応じて、加速する
14      def check(self, seesaw):
15          x_diff = self.rect.x - seesaw.rect.x
16          # id:1 は左に着地、id:2 は右に着地しないと、アウト
17          # はみ出したらアウト
18          if self.id == 1:
19              if (x_diff + self.rect.w < 0 \
20                  or x_diff + self.rect.w/2 > JUMP_CENTER):
21                  return (0, 0)
22              x_offset = -1
23          else:
24              if (x_diff + self.rect.w/2 < JUMP_CENTER \
```

```
25              or x_diff > seesaw.rect.w):
26                  return (0, 0)
27          else:
28              x_diff = seesaw.rect.w - x_diff - self.rect.w
29          x_offset = 1
30      # ここで、0 <= x_diff <= JUMP_CENTER となる
31      # 0 のとき 2 倍、JUMP_CENTER のとき 0.5 倍に線形に変換する
32      rate = 2 - 1.5 * x_diff / JUMP_CENTER
33      x_offset *= rate
34      return (x_offset, rate)
35
36  class Board():
37      def animate(self):
38          while (self.stage == STAGE_RUN):
39              ...
40              # シーソーとパフォーマの接触をチェック
41              collided = pygame.sprite.spritecollide(self.seesaw,
42                                                      self.performers,
43                                                      False)
44              if len(collided) > 1:  # 必ず一人は、接触していることに注意
45                  for person in self.performers.sprites():
46                      if person.status == STATE_JUMPING:  # 着地
47                          jumper = person
48                      else:  # 今、立ってる人
49                          stand_by_player = person
50                  if jumper.inactive_y == 0: # ジャンパが着地
51                      x_offset, y_rate = jumper.check(self.seesaw)
52                      # rateが0なら墜落
53                      if y_rate==0:
54                          self.stage = STAGE_DOWN
55                      # 着地したジャンパの情報を、立っているパフォーマにひき継ぐ
56                      vx, vy = jumper.landed(self.seesaw)
57                      vx = max(min((self.seesaw.vx + vx)/2 + x_offset,
58                                  MAX_VX), -MAX_VX)
59                      vy = min(vy * y_rate, MAX_VY)
60                      stand_by_player.jump(vx, -vy, self.seesaw)
61                  else:  # 今、飛びたてのジャンパ ( 着地じゃない )
62                      jumper.inactive_y += jumper.vy
63                      if jumper.inactive_y <= 0:
64                          jumper.inactive_y = 0 # シーソーを離れた
```

　Performer クラスの check メソッドは、seesaw と performer との相対的な位置関係を計算します。ここで、id = 1 のパフォーマは常に左側に着地しなければならず、同様に id = 2 のパフォーマは右側に着地しなければなりません。パフォーマの体の中心が自分の着地すべき側にあるかを調べるには、シーソーの x 座標とパフォーマの x 座標との差 (x_diff) を求めます。この値を、

```
rate = 2 - 1.5 * x_diff / JUMP_CENTER
```

として 0.5 から 2 までの値に変換します。
　そして Board クラスの animate メソッドでは

```
vx, vy = jumper.landed(self.seesaw)
```

によってジャンパの着地時の速度を取得し、着地地点がシーソーの端の場合はその 2 倍、着地地点がシーソーの中心の場合は 0.5 倍というように、y 軸方向の「飛び出し初速度」を計算します。つまり、ずっとシーソーの中心付近に着地していると、だんだんと y 軸方向の初速は小さくなります。
　また、x 軸方向の移動速度については

```
vx = max(min((self.seesaw.vx + vx)/2 + x_offset,
             MAX_VX), -MAX_VX)
```

で、シーソーの移動速度と自分自身の移動速度の平均値を計算し、さらに、外側に向かうように x_offset の値を加算しています。こういった係数の決定や、シーソーでのジャンプの初速度の設定は、ゲームの操作性や面白さ、難易度などに大きく関係します。
　シーソーとパフォーマの衝突判定には、pygame.sprite.spritecollide を利用しています。この結果、ひとつ問題が発生します。現在立っているパフォーマは、シーソーが下がっている側にいます。その位置からジャンプすると、ジャンプした直後はシーソーの Rect（正方形領域）と、重なった位置にいるため、「衝突判定」の結果が True になってしまいます。このため、Performer クラスに inactive_

y という属性値を用意して、この値が 0 になるまでは「重なっているが、着地ではない」と判断できるようにプログラムしました。inactive_y の初期値には、パフォーマの一番下の座標 (performer.rect.y + performer.rect.h) と、シーソーの一番上の座標 (seesaw.rect.y) との差を代入します。y 軸方向の初速度 (performer.vy) は、画面の上に向かうマイナスの値ですから、vy を加算して（値が小さくなって）inactive_y が 0 以下に転じた時点で、ジャンパがシーソーから離れたと判断できます。

　次に、ジャンパに重力が働いた場合の速度変化を考えます。**リスト 15.5** で

```
self.vy += GRAVITY
```

を実行していますが、処理はこれだけです。「速度」は「加速度」の時間積分ですが、微小な時間差 Δt における速度の「変化分」から 1 秒あたりの「変化分」を計算した値が加速度です。等加速度運動の物理モデルは、これだけで実装できます。

15.8　風船割りゲームの完成

　ボードクラスの初期化部分を実装し、スコア表示、ジャンパが「墜落」したときの処理、ゲームオーバ処理などがイメージ通りになっているかテストランを繰り返して、風船割りゲームを完成させていきます。

　実際に自分で作ることで、プログラミングのスキルが身についていきます。「こういう動作をさせるためには、どうすればよいだろうか」と考えて、ときにはインターネットで検索し、他の人のプログラムコードを参考にしてもよいでしょう。また、ライブラリの使用法が不確かな場合には必ずライブラリのリファレンスを参照し、どういった動作をするように設計されているかを確認してください。

　ここではゲームの実装例の一部として、Board クラスの animate メソッドを示します。実際に動作する風船割りゲームのソースコードについては、ダウンロードしたプログラムを参照してください。

　なお、オリジナルの「風船割り」では、ジャンパはジャンプ台を歩き、そこか

らシーソーを目掛けて飛び降りてゲームが開始されます。今回は「歩いて飛び降りる」という部分は省略しました。

リスト 15.7 ゲーム制御の中心部分

```
 1  class Board():
 2      def animate(self):
 3          while (self.stage == STAGE_RUN):
 4              for event in pygame.event.get():
 5                  # 「閉じる」ボタンを処理する
 6                  if event.type == pygame.QUIT: self.stage = STAGE_QUIT
 7                  if event.type == pygame.KEYDOWN:
 8                      # 「←」キーを処理する
 9                      if event.key == pygame.K_LEFT:
10                          self.seesaw.move_left()
11                      # 「→」キーを処理する
12                      if event.key == pygame.K_RIGHT:
13                          self.seesaw.move_right()
14                  if event.type == pygame.KEYUP:
15                      # 「←」キーを処理する
16                      if event.key == pygame.K_LEFT:
17                          self.seesaw.stop()
18                      # 「→」キーを処理する
19                      if event.key == pygame.K_RIGHT:
20                          self.seesaw.stop()
21              self.clock.tick(FPS)
22              # バルーンのアニメーション
23              self.balloon_anime()
24              # オブジェクトの描画
25              for obj in self.objects:
26                  obj.update()
27                  obj.draw(self.screen)
28              # パフォーマの墜落を確認
29              for performer in self.performers.sprites():
30                  if performer.down:
31                      self.stage = STAGE_DOWN
32              # パフォーマとジャンプ台の接触をチェック
33              collided = pygame.sprite.groupcollide(self.jumpboards,
34                                                    self.performers,
```

```
35                                          False, False)
36              if len(collided)>0:
37                  for jumpboard in collided:
38                      performer = collided.get(jumpboard).pop()
39                      jumpboard.bump(performer)
40
41              # シーソーとパフォーマの接触をチェック
42              collided = pygame.sprite.spritecollide(self.seesaw,
43                                                      self.performers,
44                                                      False)
45              if len(collided) > 1:  # 必ず一人は、接触していることに注意
46                  for person in self.performers.sprites():
47                      if person.status == STATE_JUMPING:  # 着地
48                          jumper = person
49                      else:  # 今、立ってる人
50                          stand_by_player = person
51                  if jumper.inactive_y == 0: # ジャンパが着地
52                      x_offset, y_rate = jumper.check(self.seesaw)
53                      # rateが0なら墜落
54                      if y_rate==0:
55                          self.stage = STAGE_DOWN
56                      # 着地したジャンパの情報を、立っているパフォーマにひき継ぐ
57                      vx, vy = jumper.landed(self.seesaw)
58                      vx = max(min((self.seesaw.vx + vx)/2 + x_offset,
59                                  MAX_VX), -MAX_VX)
60                      vy = min(vy * y_rate, MAX_VY)
61                      stand_by_player.jump(vx, -vy, self.seesaw)
62                  else:  # 今、飛びたてのジャンパ (着地じゃない)
63                      jumper.inactive_y += jumper.vy
64                      if jumper.inactive_y <= 0:
65                          jumper.inactive_y = 0 # シーソーを離れた
66              # パフォーマと風船の接触をチェック
67              for balloons in self.balloons:
68                  collided = pygame.sprite.groupcollide(
69                      balloons, self.performers, False, False
70                      )
71                  if len(collided)>0:
72                      for balloon in collided:
73                          performer = collided.get(balloon).pop()
```

```
74                        self.score += balloon.bump(performer)
75                        balloons.remove(balloon)
76                    if len(balloons) == 0:
77                        if balloons == self.yellows:
78                            self.score += YELLOW_BONUS
79                            self.setup_yellows()
80                        elif balloons == self.greens:
81                            self.score += GREEN_BONUS
82                            self.setup_greens()
83                        else:
84                            self.score += BLUE_BONUS
85                            self.setup_blues()
86
87            # 表示の更新
88            self.show_score()
89            pygame.display.flip()
90            self.screen.fill(BLACK)
91            self.frame()
```

self.balloons で self.yellows、self.greens、self.blues をリストにして抽象化を図っていましたが、**リスト 15.7** の 77〜85 行目では、ボーナス点の加算と setup の処理を色ごとに行っています。当たった色によって音を変えるなど、プログラム全体の「構想」によっては抽象化しすぎない方がよいかな、とも思われました。

全体で約 650 行のプログラムですが、必要に応じてクラスごとにファイルを分割するとメンテナンスしやすくなります。学習素材として活用してください。

15.9 まとめ

まとめ

1. プログラムを書き始める前に、全体としてどんな動作をさせたいか、要求仕様を整理します。

2. 全体のイメージが固まったら、要求仕様に使われている「用語」を明確に定義します。

3. プログラムを構成する主な要素のモデル (Class) を定義していきます。

4. 全体の進行状況によって変化する「状態」を定義します。

5. 状態を変化させる「イベント」を整理し、状態遷移表や状態遷移図を作ります。

6. 必要に応じて、個々の動作を確認するためのミニプログラムを書きます。

7. 画像や動きのあるゲームプログラムの場合、画像を用意したり、アニメーションの時間制御を行ったりします。

8. 物理モデルに基づいた動作を設計し、プログラムします。

付録 A

エラー図鑑

　「動きません」「何が起きているかわかりません」という質問を受けることがあります。同じようなコードで、似たような失敗をしている質問を受けたとき、「よくある失敗」というものがあるように思えました。本章では、そうした事例のいくつかを抜き出して、まとめてみました。

エラー図鑑 1　ImportError: No module named tkinter

```
>>> import tkinter

Traceback (most recent call last):
  File "<pyshell#1>", line 1, in <module>
    import tkinter
ImportError: No module named tkinter
>>>
```

図 A.1　ImportError: No module named tkinter

tkinter をインポートできなかった場合に発生するエラーです。メッセージ表示はバージョンによって異なる場合があります。

tkinter のインストールの問題を回避する一番簡単な方法は、Python 3 を使うことです。

Windows の場合

Windows で tkinter がインストールできないというエラーが出た場合は、**図 1.9** のサイトから、最新版の Python をダウンロードします。ここで、インストールする際に、**図 A.2** で「Install Now」ではなく、「Customize installation」を選びます。クリックすると**図 A.3** の画面が開きます。ここで、「tcl/tk and IDLE」にチェックを入れます。

図 A.2　Windows 版 Python Installer の起動画面

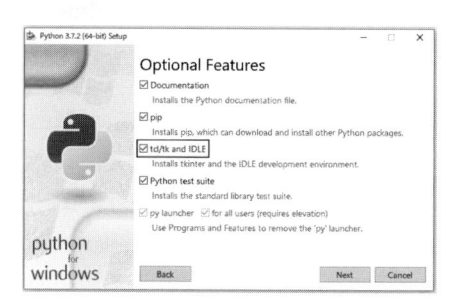

図 A.3 Windows 版 Python Installer のオプション画面

macOS の場合

モジュールの名称に注意してください。Python 2 では Tkinter（**図 A.4**）ですが、Python 3 では tkinter（**図 A.5**）であり、T が大文字か小文字かが違っています。

基本的には、Python 3 で実習を進めてください。

```
Python 2.7.13 Shell
Python 2.7.13 (v2.7.13:a06454b1afa1, Dec 17 2016, 12:39:47)
[GCC 4.2.1 (Apple Inc. build 5666) (dot 3)] on darwin
Type "copyright", "credits" or "license()" for more information.
>>> import tkinter

Traceback (most recent call last):
  File "<pyshell#0>", line 1, in <module>
    import tkinter
ImportError: No module named tkinter
>>> import Tkinter
>>>
```

図 A.4 Python 2 の場合には、Tkinter

```
Python 3.7.2 Shell
Python 3.7.2 (v3.7.2:9a3ffc0492, Dec 24 2018, 02:44:43)
[Clang 6.0 (clang-600.0.57)] on darwin
Type "help", "copyright", "credits" or "license()" for more information.
>>> import tkinter
>>> import Tkinter
Traceback (most recent call last):
  File "<pyshell#1>", line 1, in <module>
    import Tkinter
ModuleNotFoundError: No module named 'Tkinter'
>>>
```

図 A.5 Python 3 の場合には、tkinter

　macOS の環境でどうしても Python2 を使わざるを得ない事情がある場合で、モジュール名を変えてもうまくいかないときは、macOS に組み込まれた Tcl/tk ではなく、**ActiveTcl 8.5.18.0** を https://www.activestate.com/activetcl/downloads からダウンロード・インストールしてください。そして、(その環境で)最新の Python 2.7 をインストールし、Python 自身に Tk の環境を設定させる、という方法を試してみてください。また、idle2（idle ではない）で起動し、立ち上がった Python Shell で試すという方法もあります。

Linux の場合

　まず、https://bootstrap.pypa.io/get-pip.py から、get-pip.py をダウンロードします。そして、このファイルをダウンロードしたディレクトリで、次のコマンドを実行します。正しく実行できると、pip がインストールされます。

```
> python get-pip.py
```

　もし、Permission denied というエラーが出た場合には、次のコマンドを実行しましょう。

```
> sudo python get-pip.py
```

　sudo は、管理者権限でコマンドを実行するためのコマンドです。管理者権限で実行すると破壊工作を行ってしまう場合があります[1]ので、sudo コマンドを実行する場合は細心の注意を払ってください。

　pip をインストールしたら、今度は pip を用いて tkinter のモジュールをインストールします。

```
> pip install tkinter
```

　そして IDLE を起動し、

---

[1] 管理者権限（root）はシステムの設定ファイルを壊すことができます。

```
>>> import tkinter
```

を試してみてください。

エラー図鑑 2　Invalid character in identifier

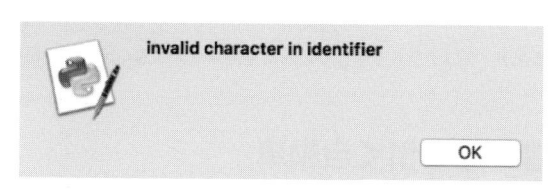

図A.6　エラー：Invalid character in identifier

　何が起きているのか、とてもわかりにくいエラーです。これはプログラムを「実行」させようとすると発生するエラーです。

　これはたとえば、コメントをたくさん入れて、特に日本語でわかりやすくコメントを書いた後、うっかりそのままプログラム中に「スペース」を書き込んでしまった場合に発生します。「全角スペース」は目視できないので、どこに書き込まれているのかわからないまま実行することになり、その「全角文字」のところでエラーが起きます。

　幸いなことに、IDLEはメニューの「Run」から「Check Module」を実行すると、全角文字が入っている場所をピンク色にハイライト表示して教えてくれます。他の言語環境でも、プログラム中の「見えない場所」に入った全角文字はエラーの原因になりますが、処理系によっては、全然関係ない場所のエラーとしてメッセージを出してくる場合もあります。この処理に関しては、IDLEはかなり親切なインタープリタ環境かもしれません。

```
# パラメータは、一ヶ所にまとめておく。
duration = 0.001      # sleep時間=描画の間隔
x0 = 150              # ボールの X初期値
y0 = 150              # ボールの Y初期値
d = 15                # ボールの直径
vx0 = 2               # ボールの移動量
▮ ←─────────────────────
# 壁の座標も、辞書で定義する。
border = {"left":100, "right":800, "top":100, "bottom":600 }
```

うっかり全角スペースが入った場所を、表示してくれるので、削除。

図 A.7　プログラム中に入り込んだ全角スペースのハイライト表示

エラー図鑑3　尾を引く自動車

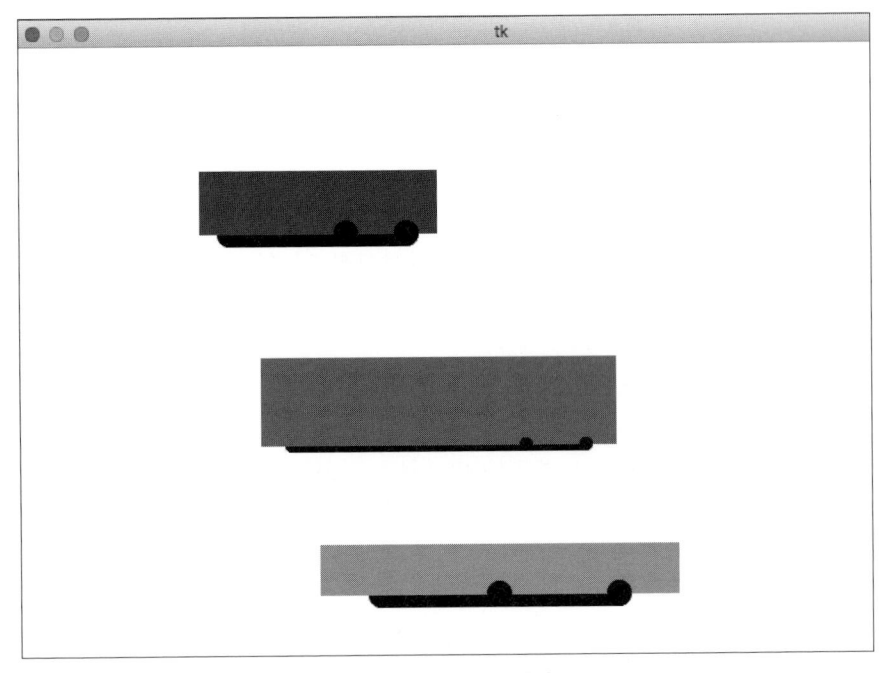

図 A.8　残像が残る自動車

　次のようなプログラムを実行したら、自動車の残像が残って細長くなってしまいました。一体何が悪かったのでしょうか？

リスト A.1　ex02-1-cars-err.py

```
 1   # Python によるプログラミング：第 2 章
 2   # 練習問題 2.1 「車」を動かす
 3   # エラーの例
 4   # -------------------------
 5   # プログラム名: ex02-1-cars-err.py
 6
 7   from tkinter import *
 8   from dataclasses import dataclass
 9   import time
10
11   # 初期データ
12   DURATION = 0.01      # sleep時間=描画の間隔
13   steps = 20000        # コマ数
14   RIGHT = 700          # 右側の「折り返し」位置
15   LEFT = 100           # 左側の「折り返し」位置
16
17   @dataclass
18   class Car:
19       x: int
20       y: int
21       l: int
22       h: int
23       wr: int
24       vx: int
25       c: str
26
27   # 個々の自動車を生成する。「辞書」を返す
28   def create_car(x, y, l, h, wr, bcolor):
29       canvas.create_rectangle(x, y, x + l, y + h,
30                               fill=bcolor, outline=bcolor)
31       wh_1_x = x + l/4 - wr    # 前輪の中心は、全体の1/4の位置とする
32       wh_2_x = x + 3*l/4 - wr  # 後輪の中心は、全体の3/4の位置とする
33       wh_y = y + h - wr
34       canvas.create_oval(wh_1_x, wh_y, wh_1_x + 2*wr, wh_y + 2*wr,
35                          fill="black", outline="black")
36       canvas.create_oval(wh_2_x, wh_y, wh_2_x + 2*wr, wh_y + 2*wr,
37                          fill="black", outline="black")
38
```

```
39  tk=Tk()
40  canvas = Canvas(tk, width=800, height=600, bd=0)
41  canvas.pack()
42  tk.update()
43
44  # 車のデータ
45  cars = [
46      Car(150, 100, 100, 50, 10, 1, "blue"),
47      Car(200, 250, 100, 70, 5, 2, "red"),
48      Car(250, 400, 200, 40, 10, 1, "orange")
49      ]
50
51  # 全体のプログラムのループ
52  for s in range(steps):
53      for car in cars:        # すべての車について反復
54          # 左側が次に壁を抜けるか、
55          if (car.x + car.vx <= LEFT \
56              or car.x + car.l >= RIGHT):   # 右側が壁を抜けるなら、
57              car.vx = -car.vx     # 移動方向を反転
58          car.x = car.x + car.vx
59          create_car(car.x, car.y, car.l, car.h, car.wr, car.c)
60      tk.update()             # 描画が画面に反映される
61      time.sleep(DURATION)    # 次に描画するまで、sleepする
```

　第 2 章の練習問題 2.1 のプログラム（ex02-1-cars.py）では、create_rectangle などの実行結果を id で受け、その id で描画された図形の座標を変えて再描画することで、車を動かしていました。

　一方、このプログラムでは create_rectangle はループの中で反復実行され、id は保存していません。このふたつのプログラムは、どこがどう違うのでしょうか？

　tkinter の環境では、画面に描画された図形のそれぞれに id が振られ、「資源が割り振られて」tkinter によって管理されます。そこで Canvas の coords によって「座標が変わったよ」ということを伝えてあげると、描かれていた図形を消してから新しい座標に描画する、という作業を行ってくれます。しかし**リストA.1** のプログラムの例では、毎秒 100 回描画されるすべての自動車が、それぞれ独立した図形になります。つまり、元の車を残したまま新しい車が作られて、少

しだけずらした位置に「新たに現れる」というプログラム動作になっています。この結果として、自動車の残像が残り、細長く尾を引いて見えている、ということになります。

さらに、このプログラムの悪い点は、create_rectangle や create_oval で描画された四角や丸が、Canvas 上に「資源確保」されたままの状態で「描き捨て」されているために、コンピュータのメモリ資源を猛烈な勢いで「食いつぶす」という動作になっている点です。その結果として、このプログラムをずっと走らせていると、車の速度がどんどん遅くなります。それは、それまで描画したすべての車の「再描画」も行っているからです。

なぜ、こんな失敗をしたのでしょうか？　それは、create_rectangle を、ただ単に Canvas 上に「お絵描きするだけ」のメソッドだと思って使ったことが原因でしょう。これは勘違いです。create_rectangle では四角形が「資源確保」され、Canvas は「この図形は、今ここにある」という状態を記録、管理します。ですから、coords で行ったのは図形を移動することであって、結果として Canvas 上の絵を消して描き直すということをやっています。プログラマが「消す」方の動作を一切意識しなくてもよいようにしてくれていたのです。そして、これまでに描画したすべての図形が「生きた」ままでいたために、画面上では尾を引いて見えたのです。

■エラー図鑑4　name 'function name' is not defined

```
canvas.bind_all('<KeyPress-Left>', left-paddle)
NameError: name 'left_paddle' is not defined
```

このエラーの例は、第3章のイベント処理以降、tkinter での bind や bind_all が関係します。

bind_all の関数で、エラーが出てしまいました。left_paddle が見つからない！と文句を言われました。ですが、プログラムを見ると、間違いなく left_paddle は定義されています。何が悪かったのでしょうか？

このとき、プログラムは次の**リストA.2**のようになっていました。書くべきことを書いていましたが、順番が違っています。def 文で関数を定義する前に、

bind_all で関数をイベントハンドラのプログラムとして登録しています。

リスト A.2　name 'function name' is not defined エラーのプログラム

```
# イベントと、イベントハンドラを連結する
canvas.bind_all('<KeyPress-Left>',    left_paddle)
canvas.bind_all('<KeyPress-Right>',   right_paddle)
...
# パドル操作のイベントハンドラ
def left_paddle(event):         # 速度を左向き(マイナス)に設定
  pad["vx"] = - pad_vx
```

　Python のプログラムは、上から順番に解釈されます。def のブロックは関数の定義ですので、まだ実行されませんが、先に定義として解釈されます。この書き方だと、bind_all が実行された時点ではまだ left_paddle は定義されていないため、name 'left_paddle' is not defined というエラーになりました。

　このため、通常上から順番に

1. import 文や、tkinter のような環境関係の初期設定
2. 関数の定義
3. 変数などの初期設定
4. 実行の初期設定
5. メインループ

という順番に記述して、定義された関数を呼び出すようにプログラムを書いていきます。

　関数の定義の部分ではまだ実行はされないので、関数内部で使用する変数の初期化は、関数の定義の後になっていても大丈夫です。

エラー図鑑 5　「帰ってこない」関数呼び出し

第 11 章の発展問題 11.3 に挑戦しました。マインスイーパーで連鎖的・自動的に「0」に隣接するマスを開くため、再帰呼び出しを利用する自動探索プログラムです。

さて、次のようなコードを書きましたが、いつまでたっても反応が戻ってきません。どこが悪いのでしょうか？

リスト A.3　「帰ってこない」プログラム

```
def open_neighbors(i, j, board):
    if board.count(i, j) == 0:  # そのマスが 0 のとき
        for (x, y) in board.neighbors(i, j):
            board.open(x, y)
            open_neighbors(x, y, board)
```

こうした場合、実行中に何が起きているかを調べるために、print 文を入れるなどするのが良策です。4 行目と 5 行目の間に print(x, y) を入れて実行してみましょう。すると、画面には次のような表示が出ます。

リスト A.4　「帰ってこない」理由

```
>>> 0 3
0 2
0 4
0 3
0 2
0 4
```

何が起きているのでしょうか？　再帰呼び出しした (x, y) のマスから見た「ご近所」には、最初に呼び出した自分自身も含まれるため、隣どうしで延々と呼び出し合っているのです。

　なぜ、このようなことが起きたのでしょうか？　訪ねた「ご近所」が「開いて」いるのに open_neighbors を再帰的に呼び出してしまったために、「戻る」ことができなくなったことが原因です。ひとつのマスについて「**たった一度だけ**」実行されるためには、「開いた」状態のときにはもう呼び出さないようにすることが大切です。そこで次のように修正すると、この「帰ってこない」現象は解決します。

リスト A.5　「帰ってこない」プログラムの修正

```
def open_neighbors(i, j, board):
    if board.count(i, j) == 0:  # そのマスが 0 のとき
        for (x, y) in board.neighbors(i, j):
            if board.is_open[x][y] == False: # そのマスが開いていないとき、
                board.open(x, y)
                print(x, y)
                open_neighbors(x, y, board)
```

関連資料

　以下の資料は 2019 年 7 月 2 日時点のものです。URL や内容は変更される可能性があります。

[1]　Python のダウンロード、Python.org、https://www.python.org/downloads/

[2]　ビジネスモデル、Wikipedia、https://ja.wikipedia.org/wiki/ビジネスモデル

[3]　ウェブカラー、Wikipedia、https://ja.wikipedia.org/wiki/ウェブカラー

[4]　PEP: 8（Python のコーディング規約）、Guido van Rossum、Barry Warsaw、Nick Coghlan、https://pep8-ja.readthedocs.io/ja/latest/

[5]　Pygame Reference、pygame.org、https://www.pygame.org/docs/

[6]　Pygame Reference - draw、pygame.org、https://www.pygame.org/docs/ref/draw.html

[7]　Pygame Reference - image、pygame.org、https://www.pygame.org/docs/ref/image.html

[8]　Pygame Reference - key、pygame.org、https://www.pygame.org/docs/ref/key.html

[9]　Pygame Reference - event、pygame.org、https://www.pygame.org/docs/ref/event.html

[10]　Pygame Reference - font、pygame.org、https://www.pygame.org/docs/ref/font.html

[11]　Pygame Reference - sprite、pygame.org、https://www.pygame.org/docs/ref/sprite.html

[12]　クラス図、Wikipedia、https://ja.wikipedia.org/wiki/クラス図

[13]　OMG Unified Modeling Language (OMG UML)、https://www.omg.org/spec/UML/2.5.1/PDF

索引

記号

.	30
//	227
:	56
@dataclass	120
\	56
__init__ メソッド	128
__main__	87
__name__	87
__post_init__ メソッド	157
__str__ メソッド	160

A

and	78

B

blit	277
break 文	95

C

Camel ケース	245
Canvas	24
bind_all 関数	69
bind 関数	226
coords 関数	50
create_line 関数	37
create_oval 関数	34, 81
create_polygon 関数	24
create_rectangle 関数	26
create_text 関数	84, 104
delete 関数	78
itemconfigure 関数	62
pack 関数	24

D

copy	306
dataclasses モジュール	157
field 関数	157
Deep Copy	308
dispatch する	298
display Surface	275
DRY (Don't Repeat Yourself)	11

E

encoding	86

F

FIFO (First-In First-Out)	253
format メソッド	160
for 文	27

G

global 宣言	297
Group クラス	326
GUI (Graphical User Interface)	11

I

id (組み込み関数)	305
id (識別子)	50
IDLE	18
idle コマンド	19
if 文	
入れ子構造	92
分割	56
import	12, 35, 164, 246

L

LIFO (Last-In First-Out) 256
listen する 298
list クラス 145
　　pop メソッド 148, 255
　　append メソッド 145

M

math モジュール 36
　　cos 関数 39
　　floor 関数 227
　　sin 関数 39
MVC アーキテクチャ 213
MVC の分離 229

N

N/A 346
named arguments 187
None 143

O

or 79

P

pass 121
PEP 8 113
pip コマンド 270
positional arguments 187
print 関数 69
private 184
public 184
Pygame 270
　　display.flip 関数 271
　　draw.circle 関数 273
　　draw.ellipse 関数 273
　　draw.line 関数 273
　　draw.polygon 関数 273

draw.rect 関数 273
event.get 関数 284
Group クラス 326
image.load 関数 279
key.get_pressed 関数 284
pygame.draw モジュール 273
QUIT 296
quit 281, 344
Rect 274
Rect.collidepoint メソッド 299
Rect.colliderect メソッド 288
Sprite クラス 318
Surface 274
　　アニメーション 280
　　イベント処理 283
　　衝突判定 288
　　テキスト表示 302
　　リファレンス 271, 291
Python Shell 19
python コマンド 86
Python の実行環境 86

R

random モジュール 62
　　randint 関数 62
　　shuffle 関数 146

S

self 124, 125
set クラス 216
　　add メソッド 217
Shallow Copy 308
Snake ケース 245
Sprite クラス 318
super 関数 178
Surface 274
sys.exit 344

T

time モジュール 49
    sleep 関数 49
tkinter モジュール 23
    mainloop 関数 87
    update 関数 52
    インストール 364
    エラー 364
turtle モジュール 172
    Pen クラス.....................................172

U

UML..206

あ

アイテムデザイン 354
値渡し 314
辺 251
アドレス渡し 314
アニメーション 48

い

依存 207
イベント 67
イベントディスパッチャ 298
イベントハンドラ 67, 200
イベントハンドラメソッド.........150
イベント名...69
イミュータブル 217
色の名前...64
インスタンス 8, 124
インスタンス変数 121
インタープリタ 7
インタフェース 67
インタラクティブ 66
インデント 56
インポート.............................23, 35

う

ウィジェット 69

え

エンキュー 253

お

オブジェクト 8, 30, 118, 119
オブジェクト化 245
オブジェクト指向 8
オブジェクト指向プログラミング...........118
親クラス...173

か

外部参照...353
確率...108
可視化...221
カプセル化...194
関連...206

き

キーイベント 68
キュー...253

く

具象クラス...184
クライアントコード 185
クラス...119
クラス図...............................174, 206
グラフ...251
グラフ探索問題 251
グラフ描画...34

け

計算資源...10
継承...............................172, 194
ゲーム世界の拡張...............................98

こ

高級言語 6
構造体 136
コーディング規約 113
子クラス 173
固定値 103, 111, 192
コメントアウト 190
コンストラクタ 128
　　オーバーライド 179
コントローラ 213, 225
コンパイラ 7
コンポジション 150, 194, 207

さ

再帰的 260
再帰的手続き 260
再帰呼び出し 260
サブクラッシング 182
参照 304
　　引数と〜 309
参照渡し 314

し

識別子 50
実現 207
実体 304
集合 (set) 216
　　add メソッド 217
集約 150, 206
終了条件 93
循環参照 176
状態 68
状態遷移 345
衝突判定 75
　　落とし穴 90
ショートサーキット演算子 78
初期化 103, 192

す

図形の描画 24
スコア 103
スコープ 299
スタック 256
スタックトップ 256
スタックの底 256
スプライト 318

そ

属性 118, 121
属性値 9
ソフトウェアアーキテクチャ 231

た

タートルグラフィックス 172
大域変数 195
対話 66
多態性 156
タプル 142, 216

ち

抽象化 118
抽象クラス 184
抽象メソッド 184
頂点 251

て

低級言語 6
ディスプレイ 272
デキュー 253
デコレータ 120
デック 255

な

内部状態の拡張 101
内包表記 222, 232

の

ノード 251

は

バウンディングボックス...........................81
バッファ 259
幅優先探索 252

ひ

ビュー 213
汎化 182, 207

ふ

ファイルの分割 240
深さ優先探索 255
プッシュ 256
物理行 56
物理モデル 100, 355
プログラミング 2
ブロック崩しゲーム 46
プロトコル 160

へ

ヘッダ 58, 192

ほ

ポーリング 333
ポップ 256
ポリモーフィズム 155

ま

マインスイーパー 212

め

メソッド 8, 119, 122
　オーバーライド 175
メッセージング 66

も

モジュール 12, 23, 35
モジュール化 235
モデリング 42, 118, 331, 338
モデル 213

よ

要件定義 47

ら

ライブラリ 269
乱数 62

り

リスト
　append メソッド 79
　remove メソッド 80
リスト化 30
リファクタリング 191
リンク 251

〈著者略歴〉

小林郁夫（こばやし いくお）
法政大学情報科学部非常勤講師
アシストプロ株式会社技術統括
有限会社シグナリス取締役社長　博士（工学）

佐々木晃（ささき あきら）
法政大学情報科学部教授　博士（理学）

- 本書の内容に関する質問は，オーム社書籍編集局「（書名を明記）」係宛に，書状または FAX（03-3293-2824），E-mail（shoseki@ohmsha.co.jp）にてお願いします．お受けできる質問は本書で紹介した内容に限らせていただきます．なお，電話での質問にはお答えできませんので，あらかじめご了承ください．
- 万一，落丁・乱丁の場合は，送料当社負担でお取替えいたします．当社販売課宛にお送りください．
- 本書の一部の複写複製を希望される場合は，本書扉裏を参照してください．
  JCOPY ＜（社）出版者著作権管理機構 委託出版物＞

Python によるプログラミング

2019 年 8 月 5 日　　第 1 版第 1 刷発行

著　　者　小林郁夫・佐々木晃
発 行 者　村上和夫
発 行 所　株式会社オーム社
　　　　　郵便番号　101-8460
　　　　　東京都千代田区神田錦町 3-1
　　　　　電話　03（3233）0641（代表）
　　　　　URL　https://www.ohmsha.co.jp/

組版　トップスタジオ　　印刷・製本　三美印刷
ISBN978-4-274-22357-0　Printed in Japan